职业院校“双证融通”改革示范系列教材

电器安装与线路敷设

主　编　董新娥
副主编　许鸿雁
参　编　曹婉新

本书参照国家职业技能标准《电工》（2018 版），根据企业配电、量电和照明线路的电气工作任务，以中等职业学校学生在电器安装与线路敷设技术方面所需的职业能力为主线进行编写。全书共分为 6 个项目，包括职业素养与岗位安全、常用电工工具与材料、导线加工与连接、常用电工仪表、照明线路安装与调试、动力线路安装与调试，每个项目又下设若干典型任务，内容讲解由浅入深，层次分明，理论联系实际，对接岗位实际应用，符合职业教育基本规律。

本书适合作为中等职业学校电气、机电、数控及其他相关专业的教材使用，也可作为等级工的培训教材及竞赛参考。

本书配有助教课件等教学资源，选择本书作为教材的教师可登录机械工业出版社教育服务网 www.cmpedu.com 注册并免费下载。

图书在版编目（CIP）数据

电器安装与线路敷设/董新娥主编．—北京：机械工业出版社，2020.12（2025.8 重印）
职业院校“双证融通”改革示范系列教材
ISBN 978-7-111-66882-4

Ⅰ.①电…　Ⅱ.①董…　Ⅲ.①电器-安装-中等专业学校-教材②电子线路-线路敷设-中等专业学校-教材　Ⅳ.①TM5②TN7

中国版本图书馆 CIP 数据核字（2020）第 219745 号

机械工业出版社（北京市百万庄大街 22 号　邮政编码 100037）
策划编辑：赵红梅　责任编辑：赵红梅　张　丽
责任校对：王　欣　封面设计：陈　沛
责任印制：张　博
固安县铭成印刷有限公司印刷
2025 年 8 月第 1 版第 4 次印刷
184mm×260mm · 12.25 印张 · 303 千字
标准书号：ISBN 978-7-111-66882-4
定价：39.00 元

电话服务	网络服务
客服电话：010-88361066	机　工　官　网：www.cmpbook.com
010-88379833	机　工　官　博：weibo.com/cmp1952
010-68326294	金　　书　　网：www.golden-book.com
封底无防伪标均为盗版	机工教育服务网：www.cmpedu.com

前　言

本书是根据中等职业学校对电器安装与线路敷设课程的教学要求，结合企业对新型技术技能人才的需要编写而成的。本书共6个项目，每个项目中包括若干个由单一到综合的实训任务。例如“照明线路安装与调试”项目，为了使学生的技能达到一定的工艺要求，通过“用PVC管明装照明线路”“荧光灯线路装调”“用PVC管、线槽明装照明线路”三个任务进行训练。此外，每个任务按照“任务概述、知识学习、任务实施、知识拓展”的顺序安排，层次分明，非常适合教学。

本书的主要特色包括：

1. 教材突出技能训练内容，注重知识的应用，体现“必需、够用”的原则，知识和技能的安排从简单到复杂，从单一到综合，有助于提高学生在技能操作方面的工艺水平，符合学生的认知规律。

2. 精选典型内容，可操作性强。根据企业电工岗位要求，结合职业技能鉴定要求，选取触电急救、电工材料的识别、导线的加工、单控开关控制荧光灯线路的安装、家用配电板的安装等内容，具有很强的可操作性。学生通过动手做一做、测一测、算一算，加深对电工基础知识的理解，通过实用简单线路的安装，掌握电工的基本技能。

3. 任务引领，理实结合。本书作为理实一体化教材，以一个个任务的方式展开，实现理论和实践的统一，学生边学边做，加深对理论知识的理解，提高实践动手能力。

4. 版面安排合理，可读性强。采用图文并茂的编排形式，提高内容的直观性和形象性，加深学生对电器安装与线路敷设理论知识和技能的认识与理解。

本书注重学生综合能力、职业能力的培养，以期在为社会培养高素质技能型人才的同时，也为学生将来参加社会实践和就业奠定基础。

本书由董新娥任主编，许鸿雁任副主编，曹婉新参与编写。在编写过程中，编者参阅了同行出版的相关图书资料，在此一并表示感谢！

由于编者水平有限，书中难免存在错误和不足之处，敬请广大读者批评指正。

编　者

目　录

前　言

项目一　职业素养与岗位安全 ……………… 1

任务一　电工职业素养与规章制度的了解 …… 2

任务二　电源的认识…………………………… 7

任务三　安全用电、触电急救与火灾防范 …… 16

项目二　常用电工工具与材料 ……………… 27

任务一　常用电工工具的使用 ……………… 28

任务二　常用电工材料的选择与使用 ……… 42

项目三　导线加工与连接 …………………… 59

任务　导线加工与连接 ……………………… 60

项目四　常用电工仪表 ……………………… 72

任务一　常用电工仪表的认识 ……………… 73

任务二　直流电压表与直流电流表的使用 ………………………………… 89

任务三　交流电压表与交流电流表的使用 ………………………………… 96

任务四　功率表的使用………………………… 103

任务五　万用表的使用………………………… 109

任务六　绝缘电阻表的使用…………………… 115

项目五　照明线路安装与调试………………… 122

任务一　用 PVC 管明装照明线路 ………… 123

任务二　荧光灯线路装调……………………… 134

任务三　用 PVC 管、线槽明装照明线路…………………………………… 143

项目六　动力线路安装与调试………………… 170

任务一　家用配电板的安装…………………… 171

任务二　三相动力配电箱的安装与敷设…… 183

参考文献 ……………………………………… 192

项目一

职业素养与岗位安全

项目导读

【项目概述】

在现代社会生活与生产中，都离不开对电能的需求。电气安全工作直接关系到广大用电人员的生命安全，关系到生产和生活能否正常有序进行。电气作业人员必须懂得安全用电常识，树立安全第一的观念，避免触电事故的发生，以保护人身和设备的安全。

【知识目标】

1）了解作为一名电工作业人员的基本职业素养。

2）了解电工实训室操作规程及安全电压的规定。

3）了解人体触电类型及常见原因，掌握防止触电的保护措施。

【技能目标】

1）树立安全用电与规范操作的职业意识。

2）了解并遵守电工实训室规章制度与操作规范。

3）学会触电急救措施，正确处理电气火灾。

【学习重点】

1）常见供电电源。

2）安全电压。

3）防止触电的保护措施。

任务一　电工职业素养与规章制度的了解

【任务概述】

为了更快适应企业的岗位需求，就要加强学生职业素养的培养，并树立安全用电与规范操作的职业意识。

从认识电工实训室开始，通过对简单负载电路的通断的学习，熟悉电气设备并掌握其基本操作方法；通过案例了解引起触电事故和火灾事故的常见原因；通过模拟练习掌握电气事故的预防措施和急救知识。

【知识学习】

一、电工职业素养的基本要求

电气作业人员在认真学习、贯彻执行《中华人民共和国安全生产法》的基础上，应该遵循的最基本的职业道德规范概括起来有以下 6 个方面：

1. 树立安全用电的责任意识

电气安全工作直接关系到广大用电人员的生命安全，关系到生产和生活能否正常有序进行。自觉遵守《中华人民共和国安全生产法》和其他有关安全生产的法律法规，加强安全生产管理，建立、健全安全生产责任制，完善安全生产条件，是确保安全用电的可靠保证。实践证明，事故出于麻痹，安全源于警惕，每个电气作业人员要热爱本职工作，忠于职守，以高度的安全用电责任感和对广大用电人员极端负责的精神，坚持做到“装得安全、拆得彻底、修得及时、用得正确”。

2. 发扬团结互助的协作精神

现代化生产中，生产区域大多处于立体状态，生产是建立在分工协作基础上的。电工作业也同样如此，往往由几个人同时进行，还牵涉上下、左右、前后之间的关系。如果彼此之间缺少联系和协调，各干各的，不仅生产任务无法顺利完成，而且容易发生事故。所以，每个电气作业人员都应当发扬团结互助的协作精神，相互关心、相互爱护、相互支持。要尊师爱徒，新、老电气作业人员之间团结互助、取长补短、互相监督，就可以减少电气事故的发生，促进企业生产不断发展。

3. 掌握事故发生的规律

电气事故往往是突然发生的，似乎是不可捉摸的，但如果每个电气作业人员能处处为集体着想，作为企业的主人，对已发生的电气事故多作分析、研究，一定能找到电气事故发生的规律。如触电事故：事故多发的场所为潮湿、高温、多尘、有腐蚀性气体等的场所；事故多发的季节为梅雨季节、台汛季节、高温季节、防寒保暖季节；事故多发的电气设备为移动电具、临时用电装置，多为没有装设可靠的剩余电流保护，接地保护及使用外壳、引线、插头有损坏的电气用具；事故多发的作业区和通道为人体容易触及带电体而没有采取绝缘、屏护及保持间距等安全措施的地方。掌握了事故发生的规律，就可以加以防范。

4. 坚持严格执行电气安全各项制度

电气作业人员的职业道德集中体现在“遵章守纪、安全第一”。遵章守纪就是要严格遵守电气安全各项制度，正如《中华人民共和国安全生产法》中指出：“从业人员在作业过程中，应当严格遵守本单位的安全生产规章制度和操作规程，服从管理，正确佩戴和使用劳动防护用品。”实践证明，违章作业、冒险操作是触发事故的主要根源。因此，无论是新电气作业人员还是具有丰富经验的老电气作业人员，都必须严格遵守电气安全各项制度，主要包括以下几个方面：

1）岗位责任制。在自己管辖范围内，保证设备和电气线路的完好，设置必要的安全保护装置，制定和采取切实可行的安全防范措施。

2）安全教育制度。电工是一种特殊工种，必须持证上岗、定期复审，对新进企业的电工学习人员，必须进行三级安全教育，在指定师傅帮带下参加指定的工作，不得擅自开展工作。

3）安全检查制度。要积极参加电气安全检查活动，如日常巡视检查、定期检查和互查、不定期的专项重点检查，发现隐患及时整改，并建立回访制度。

4）事故分析制度。发生电气事故要认真分析事故原因，切实做到“三不放过”（即事故原因不清楚，不放过；事故责任者和应受教育者没有受到教育，不放过；没有采取防范措施，不放过），找出防止事故发生的对策并加以实行，安全管理部门要督促检查其整改情况。

5）安全作业制度。这是电气安全管理的重要内容，主要包括停电检修安全工作制度、不停电及带电工作安全制度、倒闸操作安全制度等。

5. 及时消除事故隐患

隐患是产生电气事故的土壤。《中华人民共和国安全生产法》中明确指出：“从业人员发现事故隐患或者其他不安全因素，应当立即向现场安全生产管理人员或本单位负责人报告；接到报告的人员应当及时予以处理。”电气作业人员应在日常巡视检查中，及时发现隐患和其他不安全因素，并立即加以整改或采取必要的安全防范措施，这对避免各种电气事故的发生，具有十分重要的意义。

要及时发现电气设备及线路的隐患，还必须开展经常性、季节性和专业性的安全检查，做到勤检查、勤保养、勤维修，要主动找问题，消除不安全因素。对于潮湿、高温、有导电粉尘、腐蚀性气体和金属覆盖面较大的场所，是安全用电工作检查的重点。对这些场所的电气设备的绝缘性能、剩余电流保护装置和保护接地措施，更要加强检查，及时消除隐患。

6. 不断进取，掌握先进技术

安全技术离不开科学技术的支持。国家鼓励和支持安全生产科学技术研究和安全生产先进技术的推广应用，提高安全生产水平。因此，电气作业人员努力学习科学文化知识和安全技术知识，刻苦钻研生产技术，精通业务，不仅是完成生产任务、提高工作效率的需要，也是做好安全用电工作的必要前提，同时也关系到电气作业人员的切身安全。

电气操作是一项专门技术，在电气操作时，会与周围事物发生密切联系。作为电气作业人员不仅要掌握和更新电气安全技术知识，而且也要了解和熟悉与电气相关的安全技术知识。例如，电气操作时要登高作业，就要懂得预防高处坠落的安全知识；要防止电火花引起火灾，就要懂得各种物质的理化性质、燃烧条件等特征；要采用剩余电流保护装置，就要懂得它的结构、原理、性能及适用范围等。只有掌握了这些知识，不断提高技术业务水平，才能切实保证电气作业的安全性和可靠性。

因此，要求每个电气作业人员应该做到“四懂”“三好四会”和“四个过得硬”。“四懂”就是懂原理、懂结构、懂性能、懂工艺流程；“三好四会”就是对设备要用好、管好、修好，会操作、会保养、会维修、会排除故障。“四个过得硬”就是第一要设备过得硬，即要熟悉各种设备、工具和安全装置的用途；第二要操作过得硬，即要动作熟练不误操作；第三要质量过得硬，即要符合要求不留隐患；第四要在复杂情况下过得硬，即要能判断和预防事故，做到防患于未然。

二、电工实训室规章制度

实训室是进行理实一体化教学、提高实践技能的教学实训场所。尽管各学校的电工实训室配置不同，但基本功能大体一致。

在实训过程中，应自觉遵守《电气实训室安全操作规程》。一般规定如下：

1）学生应按时上下课，严格遵守操作规程，注意保持实训室整洁，共同维持良好的秩序。

2）操作前，应明确操作要求、操作顺序及所用设备的性能指标。

3）连接电路前，应检查本组实训设备、仪器仪表和工具等是否齐全与完好，若有缺损，及时报告指导教师。

4）按照原理图准确接线。连接电路时，先接设备，后接电源；拆卸电路时顺序相反。

5）电路连接好后，先认真自查，然后请指导教师复查，确认无误后，再给实训设备送电。绝不允许学生擅自合闸送电。

6）实训台的送、停电操作流程：

① 送电流程：先闭合实训台总低压断路器，再闭合实训台各分路开关，最后闭合实训电路的控制开关。

② 停电流程：与送电流程顺序相反。

7）读取并分析相关电路动作现象，操作中应确保人身和设备安全。

8）实训过程中，若遇到异常现象或疑难问题，应立即切断本组电源并进行检查，禁止带电操作。排除故障后，经指导教师同意，方可重新送电。

9）实训完成后，断开本组电源，教师检查实训结果无误后方可拆线。

10）清点器材并归还原处，若有丢失或损坏应及时向指导教师说明，经指导教师允许后方可离开实训室。

【任务实训】

实训室设备的认识

1. 实训目标

1）了解电源箱上各电器的位置与作用。
2）认识简单电路的构成。
3）掌握连接电路和电气设备通断电的正确方法。

2. 实训器材

亚龙 YL-135 电子工艺实训考核装置一套（见图 1-1），简单负载（带灯座的低压 24V/5W 灯泡）一套，通电用绝缘导线两根，电工工具一套。

3. 实训内容

实训室中多是三相电源供电。一般实训台上都有一个实验电源箱，由它来提供交、直流电源。

本实训分熟悉电源面板并调整各低压电源电压、连接简单电路并通断电路、问题讨论三个步骤来实现。

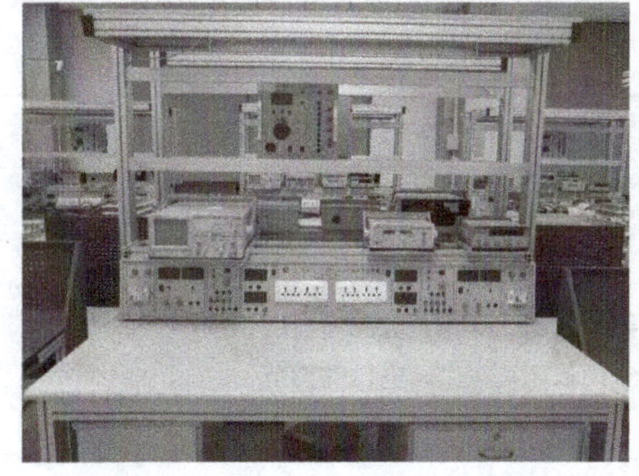

图 1-1　亚龙 YL-135 电子工艺实训考核装置

步骤一：熟悉电源面板（见图 1-2）并调整各低压电源电压

1）先闭合总开关，观察电源面板上指示灯和仪表计数，熟记正常时的状态。

2）调节直流电压调压旋钮并观察电源面板上电压表的指示，并调整电压表显示 24V。

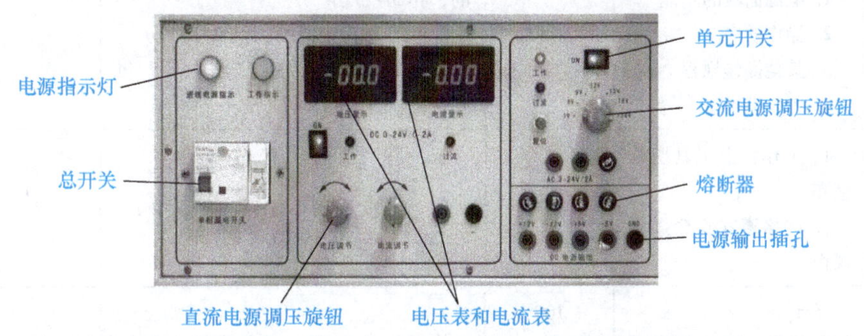

图 1-2　亚龙 YL-135 电子工艺实训考核装置的电源面板

3）调节交流电源调压旋钮，使旋钮刻度指在 24V。

4）关闭总开关。

步骤二：连接简单电路并通断电路

1）将两根绝缘导线的一端接在灯座的两个端子上，并安装上灯泡。

2）将两根绝缘导线的另一端接在调整好电压的直流电源电压两个插孔上。

3）闭合总开关，灯泡应点亮，记住正常亮度，然后关闭总开关。

4）将灯泡的电源端改接在电压同为24V的交流电源电压插孔上，再通电观察灯泡的亮度，并与接直流电源电压时进行对比。

5）将电压降低到原来的一半，重复上述过程。

步骤三：问题讨论（书面完成）

1）通断电的顺序是怎样的，违反这个顺序可能会引起什么后果？

2）实训室内还有哪些规章制度需要遵守？

3）通过教师讲解电工职业素养与实训室规章制度、操作规范，结合学校的校规校纪，谈一谈心得体会。

4. 实训评价

通断电基本操作的评价标准见表1-1。

表1-1 通断电基本操作评价表

班级		学号		姓名		组别	
项目	考核内容		配分	评分标准		自评	互评
熟悉电源面板	1. 电源面板的识别 2. 电压的调节		20	1. 不能正确识别电源面板，扣5~10分 2. 不能正确调整规定电压，扣5~10分			
电路的通断	1. 电路连接正确 2. 电路通断的顺序正确		25	1. 不能正确连接电路，扣5~10分 2. 通断顺序不正确，每次扣5~10分			
问题讨论	1. 电源面板的功能 2. 操作顺序 3. 其他操作规程		45	1. 电源面板功能说不出或说不清的，扣5~15分 2. 操作顺序说错的，扣10~15分 3. 能说出其他合理的操作规程，每一条得3分，不超过15分			
安全文明操作	1. 工作台上工具摆放整齐 2. 严格遵守安全操作规程		10	1. 工作台不整洁，扣1~5分 2. 违反安全操作规程，酌情扣1~5分			
合计			100				
学生交流改进总结：							
教师评价及签名：							

【知识拓展】

某学校电气实训室安全操作规程

1）实训时，必须穿戴规定的安全防护用品，如电工鞋、工作服。

2）实训期间，应严格按照工艺操作规程进行操作；不做与实训无关的事情；不得在室内大声喧哗、打闹。

3）设备、工具、仪器等所用的各种电源引线、插头要保持完好。

4）学生在拆、装线路时，严禁带电操作；需要通电调试时，必须征得实训指导教师的同意，严禁擅自通电。

5）要爱护实训工具、仪表、电气设备和公共财物，凡在实训过程中损坏仪器设备者，应主动说明原因；对因违反操作规程造成损坏的，由事故人做出书面检查，并视情节轻重进行赔偿。

6）离开实训室前，必须关闭工作台电源，认真清点工具和材料，将工作台擦干净，经指导教师同意后方可离开；值日生应认真做好卫生清扫工作；实训指导教师须仔细检查并关闭照明、空调和门窗等，切断总电源。

7）任课教师是实训操作时的第一安全责任人，必须做好安全教育工作。

任务二　电源的认识

【任务概述】

任何用电设备，都会用到电源。通过对实训室、教室、家庭的现场观察，了解并熟悉低压电网的供电，能够正确选择电源，并能合理节约用电。

【知识学习】

一、常见的供电电源

生活中的电器产品种类繁多，它们都需要有相应的供电电源才能正常工作。电源按其提供电能的形式，分为交流电源（提供交流电能）和直流电源（提供直流电能）。

1. 交流电源

交流电源是生产、生活中应用最多的电源，它由国家电网统一供电。交流电源通常又分为两种，单相交流电源和三相交流电源。家庭生活用电如照明、家用电器一般采用单相交流电源供电，而工业生产则多采用三相交流电源供电。

2. 直流电源

最常用的直流电源是各种电池，其中干电池最为广泛，各种电动玩具、钟表、便携式仪表、遥控器等都需要电池供电，如图 1-3 所示。

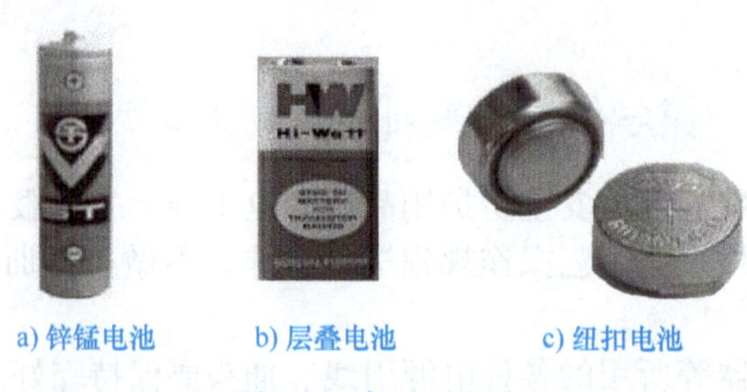

a) 锌锰电池　b) 层叠电池　c) 纽扣电池

图 1-3　常用干电池

此外，为了获得多种电压等级的直流电源，还可以利用特定的电路，将交流电转变成直流电，如图 1-4 所示，开关电源、适配器、蓄电池等都是通过电子电路将交流电变为直流电的直流电源。

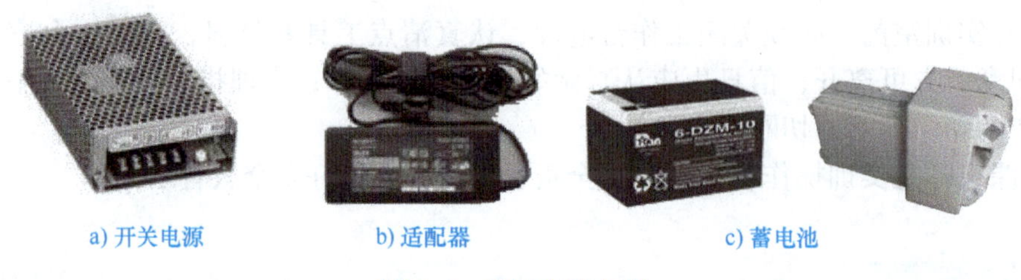

a) 开关电源　b) 适配器　c) 蓄电池

图 1-4　常用直流电源

二、电能的产生与输送

1. 电能的产生

电能在自然界不是自然存在的，而是由其他形式的能量转换而成的。例如，将风能转换成电能的风力发电、将水的动能转换成电能的水力发电、将热能转换成电能的火力发电、将核能转换成电能的核能发电，以及将太阳能转换成电能的太阳能发电等。这些发电站产生的电能通过国家电网传输给各地生产、生活中的用电设备。图 1-5 为各种发电站。

我国过去一直以火力发电为主要电能供电方式。火力发电是利用煤、石油或天然气等一些不可再生的自然资源燃烧产生热能来发电的，不仅消耗大量的不可再生资源，而且会排放大量的“温室气体”（二氧化碳），导致温室效应。随着节能减排观念的进一步加强，火力发电正逐渐被更环保、更利于能源持续发展的方式取代。

2. 电能的输送

由于各地资源的分布不均衡，电能产生后一般要经过远距离传输才能送到用户端，电能传输网络简称电网。目前我国按地域将电网分为华北电网、东北电网、华中电网、华东电网、西北电网和南方电网。我国西北地区资源丰富而用电量少，电力消耗相对集中在经济发达的东部沿海地区，为解决这个问题，我国实施了“西电东送”工程，形成北、中、南三路送电格局。

图 1-5 各种发电站

为了减少电能输送过程中的电能损耗，电网采用高压输电方式。从发电方面来看，发电机不能产生太高的电压，因为发电机要产生 220kV 以上的电压，从材料、结构及安全运行等方面都存在几乎无法克服的困难。从用电方面看，绝大多数的用电设备也不能在高电压下运行。这就决定了从发电到输电到用电过程中，需要一系列电力变压器对电压进行变换。电能从发电厂到用户，要经过升压、输送、减压、配电的过程。这就构成了一个完整的电力系统，如图 1-6 所示。

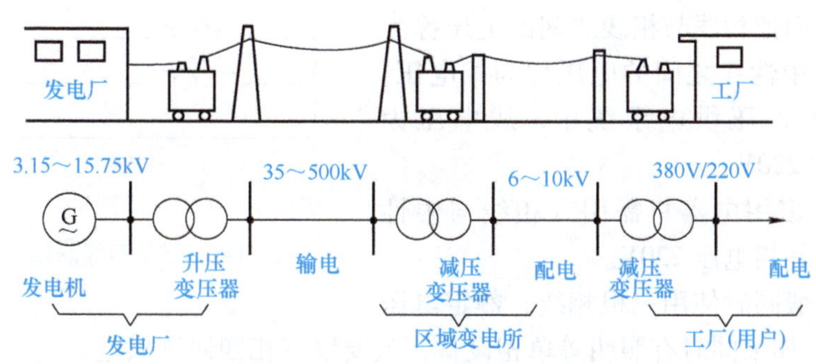

图 1-6 电力系统示意图

三、电力系统的构成

电力系统是由发电厂、变电线路、输电线路、供配电所和电能用户组成的整体。发电厂将燃料的热能、水的位能或动能以及核能转换成电能。这些电能利用输电线路经过变电、配电送到用户，再转换成动力、热、光等不同形式的能量，如图 1-7 所示。

电力系统的运行特点：

1）电能的生产、输送、分配和消费是同时进行的。

2）电力系统的电能输送过程迅速，系统的暂态过程非常短暂。

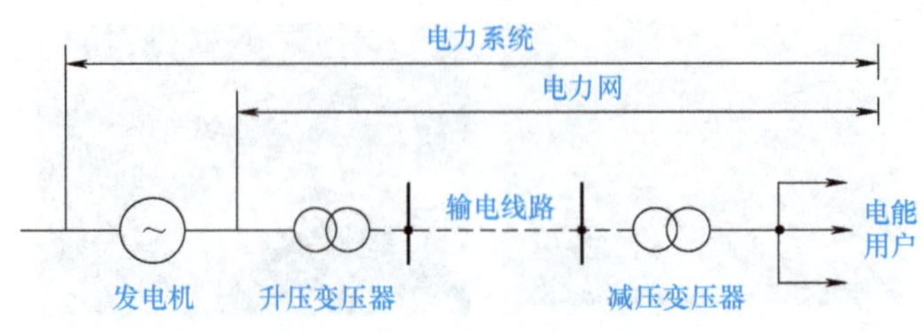

图 1-7　电力系统运行示意图

四、低压供电系统

在 380V/220V 的低压供电系统中，一般采取电源中性点直接接地的运行方式。

即如果把三组相同的绕组依次相隔 120° 布置在旋转的发电机中，并把三个绕组中的三个同名端连接在一起作为公共点并用导线引出，另三个同名端用三根导线分别引出，就形成有公共端的三个单相交流电。

其实我们用的电都是经过变压器变压后提供的。变压器输出绕组就是按上述方式连接后引出的。

公共点引出的导线称为中性线，该中性线与大地连接，通常以大地的电位为零电位，所以旧称为零线，用 N 表示。另外三根导线称为相线（俗称火线），分别以 L_1、L_2、L_3 表示。这样的供电系统，称为三相四线制系统，如图 1-8 所示。

在三相四线制供电系统中，电网为用户提供的交流电源分为两种，三相交流电源和单相交流电源。通常，我们把相线与相线之间的电压称为线电压，相线与中性线之间的电压称为相电压。在 380V/220V 的低压供电系统中，线电压为 380V，相电压为 220V。

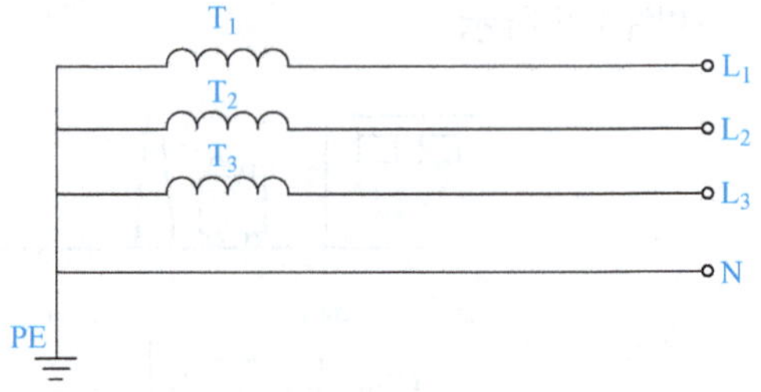

图 1-8　三相四线制供电原理简图

单相设备如家用电器只需引入相线与中性线，额定电压就是相电压 220V。

生产设备一般同时使用三根相线，额定电压为线电压 380V。如果同时有照明等单相设备，就要以三相四线制供电。

为了防止电器由于漏电而引起触电事故，规定在电器的金属外壳上必须加保护接地线（PE 线）。即我们通常看到的插座如图 1-9 和图 1-10 所示。

中性线（N 线）的功能，一是用来连接使用相电压的单相设备，二是用来传导三相系统中的不平衡电流和单相电流，三是减少负荷中性点的电位偏移。保护线是为了保障人身安全，防止发生触电事故。

TT 系统就是电源中性点直接接地、用电设备外壳也直接接地的系统，如图 1-11 所示。通常将电源中性点的接地称为工作接地，而设备外壳接地称为保护接地。TT 系统中，这两个接地必须是相互独立的。设备接地可以是每一设备都有各自独立的接地装置，也可以若干设备共用一个接地装置，图中单相设备和单相插座就是共用接地装置的。

图 1-9　带保护接地插孔的单相插座

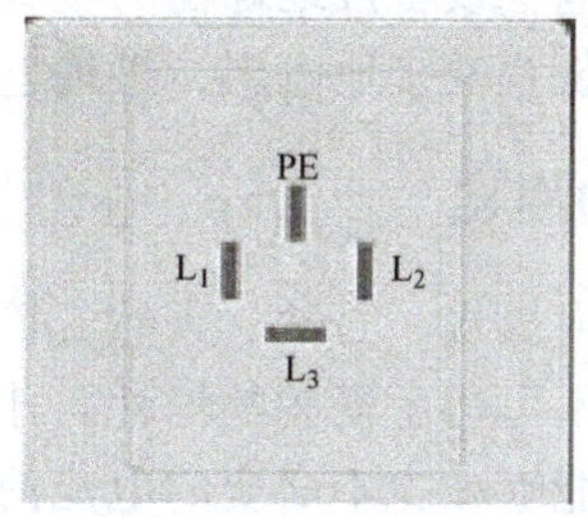

图 1-10　带保护接地插孔的三相四线插座

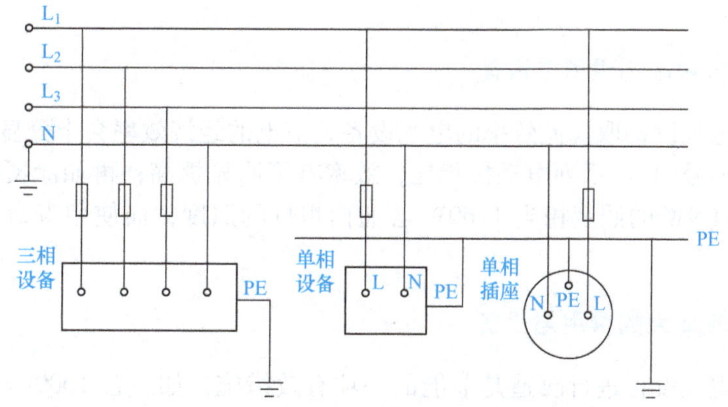

图 1-11　TT 系统运行方式

五、保护接地

为保障人身安全，防止发生触电事故，电气设备常采用保护接地、重复接地等不同的安全措施。保护接地是指为保证人身安全，防止人体接触设备外露部分而触电的一种接地形式。在中性点不接地系统中，设备外露部分（金属外壳或金属构架）必须与大地进行可靠电气连接。

根据安全规程规定，下列电气设备的金属外壳应该接地。

1）电动机、变压器、电器、照明器具、携带式及移动式用电器具等的底座和外壳，如手电钻、电冰箱、电风扇、洗衣机等。

2）交流、直流电力电缆的接线盒，终端头的金属外壳，电线、电缆的金属外皮，控制电缆的金属外皮，穿线的钢管；电力设备的传动装置，互感器二次绕组的一个端子及铁心。

3）配电屏与控制屏的框架，室内、室外配电装置的金属构架和钢筋混凝土构架，安装在配电线路杆上的开关设备、电容器等电力设备的金属外壳。

4）高压架空线路的金属杆塔、钢筋混凝土杆，中性点非直接接地的低压电网中的铁杆、钢筋混凝土杆，装有避雷线的电力线路杆塔。

5）避雷针、避雷器、避雷线等。

接地装置由接地体和接地线组成，埋入地下直接与大地接触的金属导体，称为接地体，连接接地体和电气设备接地螺栓的金属导体称为接地线。接地体的对地电阻和接地线电阻的总和称为接地装置的接地电阻，接地电阻应不大于10Ω。

六、节约用电

火力发电由煤炭、石油、天然气等自然资源转化而形成电能。只有节约用电才能相应地减少对煤炭等不可再生资源的消耗，才能保护环境。

节约电能能够减少不必要的电能消耗，从而将有限的电能用于能够产生更大的社会和经济效益的生产中，提高电能利用率，更有效地利用好电力资源。

每个人都应大力开展节能节电宣传，积极推广节电新技术。节约用电的方法与措施有很多，例如：

1. 更新现有低效率的供用电设备

用高效率的电气设备取代低效率的电气设备，节电的经济效率会十分显著。如新型号Y系列电动机与老型号的JQ系列电动机相比，效率有了明显提高；再如涂覆稀土元素荧光粉的节能荧光灯，其9W的照度相当于60W普通白炽灯的照度，而使用寿命又比普通白炽灯长2倍以上。

2. 改造现有耗能大的供用电设备

对耗能大的电气设备进行改造是节能的一项有效措施，如一台1000kV·A的电力变压器，原采用热轧硅钢片铁心，空载电能损耗为6.5kW，后改用冷轧硅钢片铁心，测定空载电能损耗为2.5kW，一年节约电能约3.5×10^4 kW·h。

3. 合理使用变压器、电动机、电焊机

一般中小型变压器在60%~85%额定容量时效率最高，使用时尽量避免在空载或轻载下运行。如果长时间轻载运行，则应考虑更换较小容量的变压器。对电动机等用电设备，轻载运行是很不经济的，应重新选配合适的电动机。电焊机操作过程中，空载时间较长，浪费电能，可加装空载自动节电装置。

4. 采用无功补偿设备，提高功率因数

工厂用电负荷主要是感性负荷（如变压器、电动机等），功率因数较低，为了减少无功损耗，应加装无功补偿装置，如电力电容器等，这样可提高功率因数。

【任务实训】

生活用电的认识

1. 实训目标

1）了解单相和三相交流电源的区别，能使用低压验电器分辨相线和中性线。

2）学会使用电度表来分析用电设备的耗电能力。

3）了解节约用电的意义和措施。

2. 实训器材

亚龙 YL-135 电子工艺实训考核装置一套，带灯座的低压 220V、9W 节能灯和 60W 普通白炽灯各一套，单相有功电度表一个，通电用导线 6 根，电工工具一套（包括低压验电器）。

3. 实训内容

本实训分为检验电源插座的带电状态、负荷耗电能力的估算和问题讨论三个步骤来实现。

步骤一：检验电源插座的带电状态

用低压验电器分辨电源插座上哪些插孔是相线、哪些插孔是中性线和保护接地线。

1）先将电源箱通电。

2）以中指和拇指持低压验电器笔身，食指接触笔尾金属体。

3）将测试端伸进单相插座的任意一个插孔内，接触孔内导体，观察验电器、氖管是否发光。如果发光，证明插孔内导体接在相线上，并且已通电，如图 1-12 所示。

4）依次检测单相和三相插座的各插孔并记录各插孔的状态和名称。

5）将电源箱断电。

步骤二：负荷耗电能力的估算

比较 60W 白炽灯与 9W 节能灯的耗电情况和发光亮度，说说哪种灯节约电能。

1）按图 1-13 分两次连接带电度表测量的两种照明电路。电源端用插头连接电源插座。

图 1-12　用验电器检验电源插座的带电状态

注：不管是否已通电，验电时严禁用手直接接触验电器测试端的金属部分！

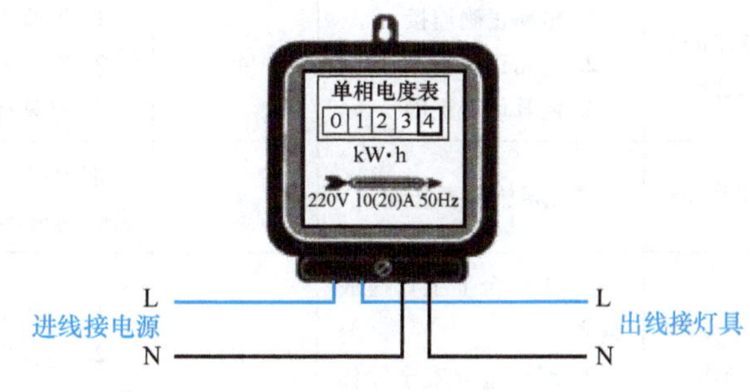

图 1-13　电度表接线图

2）电路连接好检查无误后通电，检测电度表转一圈需要多长时间（s）。

3）计算：每小时耗电量＝3600s/（电度表每转需要时间×电度表常数）

电度表常数可从电度表面板上查得。如：2400r/kW · h 或 1600imp/kW · h 就是电度表常数。前一项是铝转盘式电度表的电度表常数，指每度电的转数。后一项是电子式电度表的电度表常数，指每度电指示灯闪烁的脉冲数。

如果使用的是电子式电度表，表 1-2 中“电度表每转需要的时间”一项应是两个脉冲的间隔时间。

表 1-2　测算结果记录表

灯具种类	灯泡功率/W	电度表每转需要的时间/(s/r)	电度表常数/[r/(kW·h)]	每小时耗电量/(kW·h)	照度（目测光亮度，比较哪个亮）
白炽灯					
节能灯					

比较一下，在光照度相似的情况下，哪种灯具省电。计算如果每天使用 4h，一年后可省电______kW·h。

步骤三：问题讨论（书面完成）

说说日常生活中有哪些节电措施。

4. 实训评价

本实训的评价标准见表 1-3。

表 1-3　通断电基本操作评价表

<table>
<tr><td>班级</td><td></td><td>学号</td><td></td><td>姓名</td><td></td><td>组别</td><td colspan="2"></td></tr>
<tr><td>项目</td><td colspan="2">考 核 内 容</td><td>配分</td><td colspan="3">评 分 标 准</td><td>自评</td><td>互评</td></tr>
<tr><td>验电</td><td colspan="2">1. 手持验电笔的方法
2. 验电步骤</td><td>10</td><td colspan="3">1. 不能正确持笔，扣 5 分
2. 验电步骤不正确，扣 5 分</td><td></td><td></td></tr>
<tr><td>电路的通断</td><td colspan="2">1. 电路正确连接
2. 电路正确通断
3. 测算填表正确</td><td>40</td><td colspan="3">1. 不能正确连接电路，扣 5~10 分
2. 通断失误，每次扣 5~10 分
3. 测算有误，每处扣 5~10 分</td><td></td><td></td></tr>
<tr><td>问题讨论</td><td colspan="2">节能措施是否合理</td><td>40</td><td colspan="3">能说出一条合理的节能措施，给 10 分，总分不超过 40 分</td><td></td><td></td></tr>
<tr><td>安全文明操作</td><td colspan="2">1. 工作台上工具摆放整齐
2. 严格遵守安全操作规程</td><td>10</td><td colspan="3">1. 工作台不整洁，扣 1~5 分
2. 违反安全操作规程，酌情扣 1~5 分</td><td></td><td></td></tr>
<tr><td colspan="3">合计</td><td>100</td><td colspan="3"></td><td></td><td></td></tr>
<tr><td colspan="9">学生交流改进总结：</td></tr>
<tr><td colspan="9">教师总结及签名：</td></tr>
</table>

【知识拓展】

电源类型简介

直流稳压电源按习惯可分为化学电源、线性稳压电源和开关型直流稳压电源。

1. 化学电源

干电池、铅酸蓄电池、镍镉、镍氢、锂离子电池均属于化学电源。随着科学技术的发展，又产生了智能化充电电池，在充电电池材料方面，美国研制人员发现一种锰的碘化物，用它可以制造出便宜、小巧、放电时间长，多次充电后仍保持良好性能的环保型充电电池。

2. 线性稳压电源

线性稳压电源有一个共同的特点，就是它的功率器件调整管工作在线性区，靠调整管之间的电压降来稳定输出。由于调整管静态损耗大，需要安装一个很大的散热器提供散热，而且由于变压器工作在工频（50Hz）上，所以质量较大。

该类电源优点是稳定性高，纹波小，可靠性高，易做成多路输出电压连续可调的成品。它的缺点是体积大、较笨重、效率相对较低。这类稳压电源种类多样，从输出性质可分为稳压电源和稳流电源及集稳压、稳流于一身的稳压稳流（双稳）电源。从输出来看可分定点输出电源、波段开关调整式电源和电位器连续可调式电源等。从输出指示上可分为指针指示型和数字显示型等。

3. 开关型直流稳压电源

与线性稳压电源不同的一类稳压电源就是开关型直流稳压电源，它的电路形式主要有单端反激式、单端正激式、半桥式、推挽式和全桥式。它和线性稳压电源的根本区别在于变压器工作频率不是工频，其工作频率为几十千赫到几兆赫。功率管工作在饱和区或截止区，即开关状态。

开关型直流稳压电源的优点是体积小，质量轻，稳定可靠；缺点相对于线性稳压电源来说纹波较大（一般≤1%$V_{O(P-P)}$，可做到十几 mV 或更小）。它的产品功率可为几瓦到几千瓦，其价位为几元到十几万元。下面就一般习惯分类介绍几种开关型直流稳压电源：

（1）AC/DC 电源　该类电源也称一次电源，它自电网取得能量，经过高压整流滤波得到一个直流高压，经 AC/DC 变换在输出端获得一个或几个稳定的直流电压，其产品功率为几瓦到几千瓦，适用于不同工作场合。此类产品的规格型号繁多，可根据用户需要而定，通信电源中的一次电源（AC 220 输入，DC 48V 或 DC 24V 输出）也属此类。

（2）DC/DC 电源　DC/DC 电源在通信系统中也称二次电源，它是由一次电源或直流电池组提供一个直流输入电压，经 DC/DC 变换后在输出端获得一个或几个直流电压。

（3）通信电源　通信电源实质上就是 DC/DC 电源，只是它一般以直流-48V 或-24V 供电，并用后备电池作为直流供电的备份，将直流供电电压变换成电路的工作电压，一般它又分中央供电、分层供电和单板供电三种，单板供电可靠性最高。

（4）电台电源　电台电源输入 AC 220V/110V，输出 DC 13.8V，功率由所供电台功率而定。其产品电流为几安到几百安。为防止 AC 电网断电而影响电台工作，需要用电池组作为备份，所以此类电源除输出一个 13.8V 直流电压外，还应具有对电池充电自动转换功能。

（5）模块电源　随着科学技术飞速发展，对电源可靠性、容量/体积比要求越来越高，模块电源越来越显示其优越性，它的工作频率高、体积小、可靠性高，便于安装和组合扩容，因此被广泛采用。

DC/DC 模块电源虽然成本较高，但从产品的应用周期来看，特别是因系统故障而导致的高昂的维修成本及商誉损失来看，选用该电源模块比较合理，在此值得一提的是罗氏变换器电路，它的突出优点是电路结构简单，效率高，输出电压、电流的纹波值趋近于零。

（6）特种电源　高电压小电流电源、大电流电源、400Hz 输入的 AC/DC 电源等，可归于特种电源，其可根据特殊需要选用。

任务三　安全用电、触电急救与火灾防范

【任务概述】

电气危害有两个方面：一方面是对系统自身的危害，另一方面是对用电设备、环境和人员的危害，如触电、电气火灾、电压异常升高造成用电设备损坏等，其中尤以触电和电气火灾危害最为严重。触电可直接导致人员伤残，甚至死亡。

学生不仅应该了解其危害，并应本着理论联系实际的原则，在生活中能自觉地按照安全用电的要求规范自身行为。

本任务利用心肺复苏模拟人，让学生在硬板床或地面上，练习胸外挤压急救手法和口对口人工呼吸法的动作及节奏。若使用打印输出的心肺复苏模拟人，则根据打印出的训练结果，检查学生急救手法的力度和节奏是否符合要求。若使用无打印输出的心肺复苏模拟人，则由教师观察并计时，作为给定学生成绩的依据。

【知识学习】

一、触电与漏电

1. 触电

触电是指因人体接触或接近带电体而导致一定量的电流通过人体，使人体组织造成损伤并产生功能障碍甚至死亡的现象。按照人体受伤程度不同，触电可分为电击和电伤两种类型。电击是指电流通过人体细胞、骨骼、内脏器官、神经系统造成的伤害。电伤一般是指由于电流的热效应、化学效应和机械效应对人体外部造成的局部伤害，如电弧伤、电灼伤等。

（1）触电对人体的伤害　人体是导体，当接触带电部位而构成电流回路时，人体就会有电流流过。电流对人体伤害的严重程度一般与通过人体电流的大小、时间、部位、频率和触电者的身体状况有关。流过人体的电流越大，危险越大；电流通过人体的脑部和心脏时最

危险；工频电流的危害要大于直流电流。

按照人体对电流生理反应的强弱和电流的伤害程度，可将电流分为三级：

1）感知电流：人体能够感觉到的最小电流。通常通过人体的工频电流为 1mA 时，人就会有麻木的感觉。

2）摆脱电流：人体可以摆脱掉的最大电流，通常取为 10mA。

3）致命电流：大于摆脱电流，能够致人死亡的最小电流，通常为 50mA。

触电事故表明，频率为 50～100Hz 的电流最危险，当通过人体的电流超过 50mA（工频）时，人就会产生呼吸困难、肌肉痉挛、中枢神经受损而使心脏停止跳动以致死亡；当电流流过大脑或心脏时，最容易造成死亡事故。

（2）触电方式　人体触电方式主要有单相触电、两相触电、跨步电压触电等。

1）单相触电：由于导线绝缘层破损、金属部分外露、导线或电气设备受潮等原因使其绝缘能力降低，站在地面的人体直接或间接接触相线，这时电流通过人体流入大地从而造成单相触电事故，如图 1-14 所示。

2）两相触电：人体同时触及带电设备或线路中的两相导体而发生触电的方式称为两相触电。如图 1-15 所示，此时人体承受的是线电压，因而危险性更大。

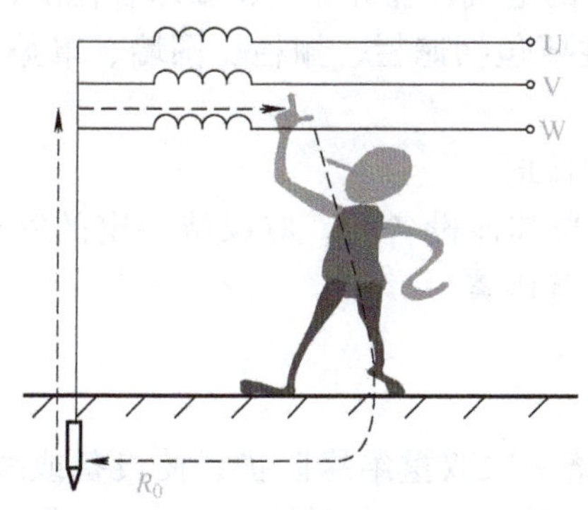

图 1-14　电源中性点接地的单相触电

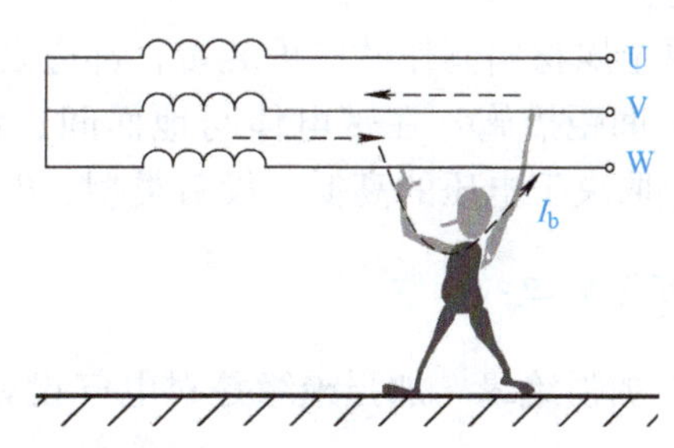

图 1-15　两相触电

3）跨步电压触电：在高压输电线断线落地时，有强大的电流流入大地，在接地点周围产生电压降，如图 1-16 所示。当人体接近接地点时，两脚之间承受跨步电压而触电。跨步电压的大小与人和接地点距离、两脚之间的跨距、接地电流大小等因素有关。一般在 20m 之外，跨步电压就降为零。如果误入接地点附近，应双脚并拢或单脚跳出危险区。

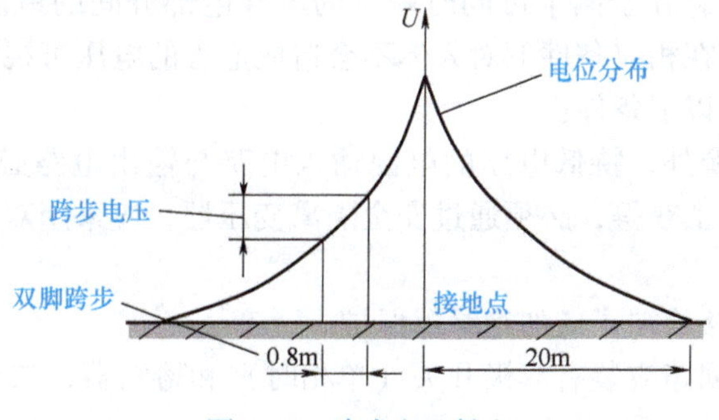

图 1-16　跨步电压触电

2. 漏电

漏电是用电器外壳和相线间由于某种原因连通后和大地之间有一定的电位差产生的。检测漏电的最好方法就是用验电器接触带电体，如果氖泡亮一下就立刻熄灭，证明带电体带的是静电，如果长亮则是漏电。

二、触电的预防

1. 直接触电的预防

（1）绝缘措施　防触电保护的一项主要措施是采用绝缘，将带电部件与金属部件及其他可触及的金属表面隔离起来。衡量这类材料是否有效的主要标志就是它在各种状态下的电气绝缘强度、绝缘电阻和剩余电流。

例如：新安装或检修后的低压设备和线路，绝缘电阻不应低于0.5MΩ。

（2）屏护措施　屏护措施是指采用专门的装置把危险的带电体与外界隔离，防止人体接触或过分接近带电体、电气设备而发生短路，以及便于安全操作的防护措施。屏护措施的特点是屏护装置不直接与带电体接触，对所用材料的电气性能并无严格要求，但屏护装置应有足够的机械强度和良好的耐火性能。屏护装置主要包括遮栏、栅栏、围墙、罩盖、箱闸、保护网等。

凡是金属材料制作的屏护装置，都应妥善保护接地。

（3）间距措施　在带电体与地面间、带电体与其他设备间、应保持一定的安全间距。间距大小取决于电压的高低、设备类型、安装方式等因素。

2. 间接触电的预防

（1）加强绝缘　加强绝缘是对电气设备或线路采取双重绝缘防护，使设备或线路绝缘牢固。

（2）电气隔离　电气隔离是采用隔离变压器或具有同等隔离作用的发电机。

（3）自动断电保护　剩余电流保护、过电流保护、过电压或欠电压保护、短路保护等。

三、安全电压

安全电压是指在最不利的情况下（预计到所有应考虑的外部因素，包括工作环境、电网电压的容差等）允许存在于两个可同时触及的可导电部分间的最高电压。在此标准规定的限值范围内的电压，在相应条件下对人体不会造成危害的电压可视为安全电压。

安全电压必须具备以下条件：

1）除采用独立电源外，特低电压的电源输入电路与输出电路必须实行电路上的隔离。特低电压如从输电线路上获得，必须通过安全隔离变压器，应采用双线圈隔离变压器，不得使用自耦变压器。

2）变压器的一次接线端子应加绝缘罩保护。

3）变压器的一次回路应装有双极开关（单相时）和熔断器，二次回路同样需要安装熔断器保护。

4）当电气设备采用超过安全特低电压时，必须采取防止直接接触带电体的防护措施。

四、安全用具

安全用具常用的有绝缘手套、绝缘靴、绝缘棒三种。

1. 绝缘手套

绝缘手套由绝缘性能良好的特种橡胶制成，有高压、低压两种。

操作高压隔离开关和油断路器等设备或在带电运行的高压电器和低压电气设备上工作时，应佩戴绝缘手套，预防接触电压对人体造成伤害。

2. 绝缘靴

绝缘靴也是由绝缘性能良好的特种橡胶制成的，带电操作高压或低压电气设备时，穿绝缘靴可防止跨步电压对人体造成伤害。

3. 绝缘棒

绝缘棒又称绝缘杆、操作杆或拉闸杆，用电木、塑料、环氧玻璃布棒等材料制成，结构如图 1-17 所示。主要包括：工作部分、绝缘部分、握手部分、保护环。

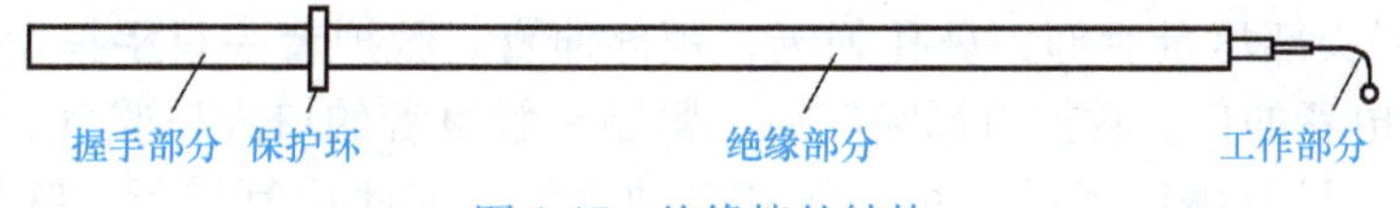

图 1-17　绝缘棒的结构

绝缘棒主要用于操作高压隔离开关、跌落式熔断器，安装和拆除临时接地线以及测量和试验等工作场合。

五、触电急救

1. 触电的现场抢救

（1）使触电者尽快脱离电源

① 如果触电现场远离开关或不具备关断电源的条件，救护者可站在干燥的木板上，用一只手抓住衣服将其拉离电源，如图 1-18 所示；救护者也可用干燥木棒、竹竿等将电线从触电者身上挑开，如图 1-19 所示。

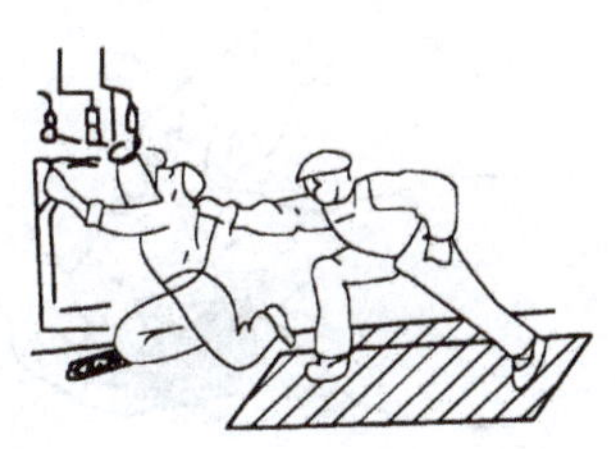
图 1-18　将触电者拉离电源

图 1-19　将触电者身上电线挑开

② 如果触电发生在相线与大地间，可用干燥绳索将触电者身体拉离地面，或用干燥木板将人体与地面分隔开，再设法关断电源。

③ 如果有绝缘导线，可先将一端接地，再将另一端与触电者所接触的带电体相连接，使该相电源对地短路。

④ 如果有刀、斧、锄等带绝缘柄的工具，可将电线砍断或撬断。

（2）对不同情况的救治

① 触电者神志尚清醒，但有头晕、心悸、出冷汗、恶心、呕吐等症状，应让其静卧休息，减轻心脏负担。

② 触电者神志有时清醒，有时昏迷。应静卧休息，并请医生救治。

③ 触电者虽无知觉，但尚有呼吸、心跳。在请医生救治的同时，应施行人工呼吸。

④ 触电者虽呼吸停止，但心跳尚存，应施行人工呼吸。若心跳停止，呼吸尚存，则应采取胸外心脏按压法；若呼吸、心跳均停止，则须同时采用口对口人工呼吸法和胸外心脏按压法进行抢救。

2. 口对口人工呼吸法

口对口人工呼吸法只对停止呼吸的触电者使用。操作步骤如下：

1）先使触电者仰卧，解开衣领、围巾、紧身衣服等，去除口腔中的黏液、血液、食物、假牙等杂物。

2）将触电者头部尽量后仰，鼻孔朝天，颈部伸直。救护者一只手捏紧触电者的鼻孔，另一只手掰开触电者的口。救护者深吸气后，紧贴着触电者的口大口吹气，使其胸部膨胀；之后救护者换气，松开触电者的口鼻，使其自动呼气。如此反复进行，吹气 2s，松开 3s，大约 5s 一个循环。

3）吹气时要捏紧鼻孔，紧贴口，不能漏气，松开时应能使触电者自动呼气。其操作示意如图 1-20～图 1-23 所示。

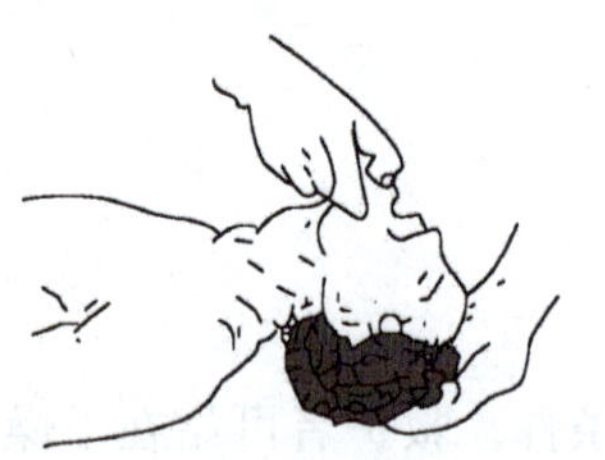

图 1-20　头部后仰

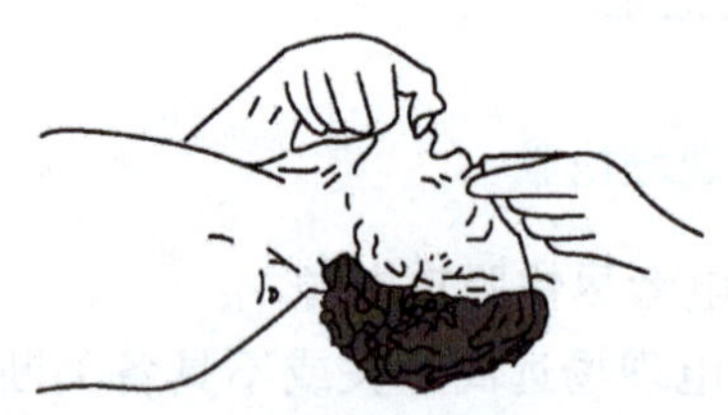

图 1-21　捏鼻掰口

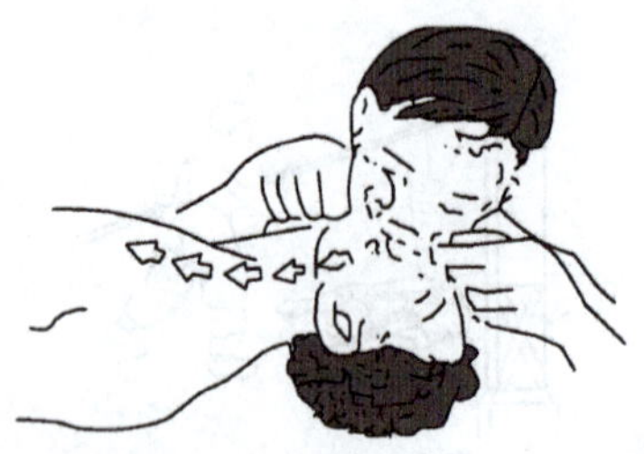

图 1-22　贴紧吹气

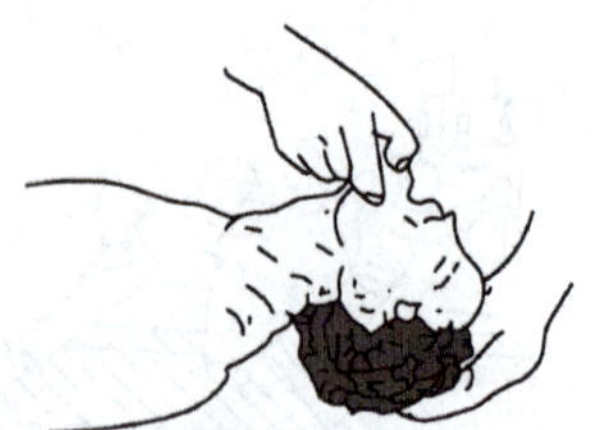

图 1-23　松开换气

4）如触电者牙关紧闭，无法撬开，可采取口对鼻吹气的方法。

5）对体弱者和儿童吹气时用力应稍轻，以免肺泡破裂。

3. 胸外心脏按压法

胸外心脏按压法是帮助触电者恢复心跳的有效方法。操作要领如图1-24～图1-27所示。

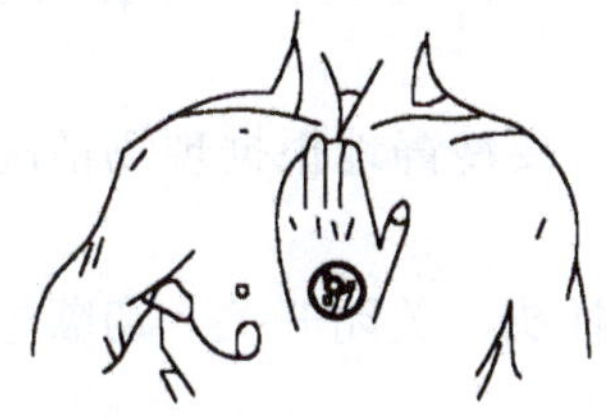

图1-24　正确压点

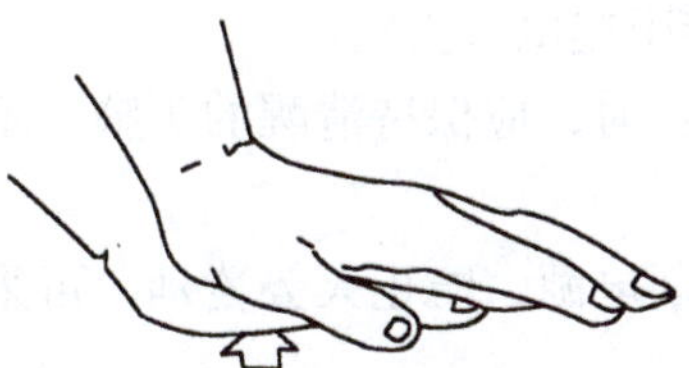

图1-25　叠手姿势

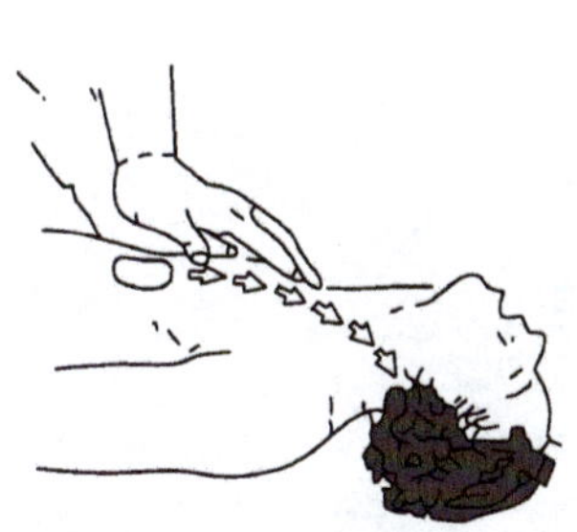

图1-26　向下挤压

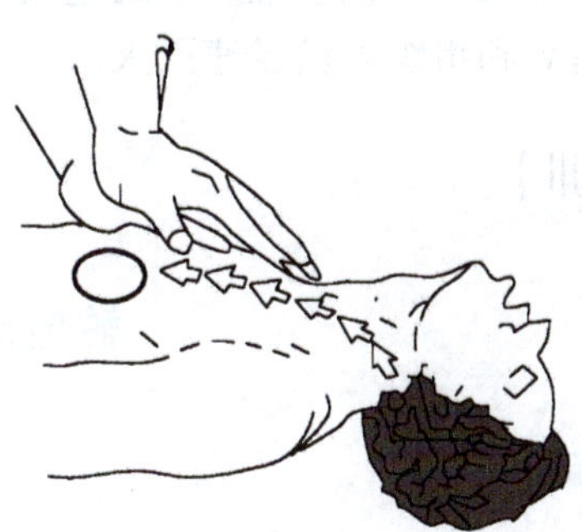

图1-27　突然放松

六、电气火灾的防范与扑救

1. 电气火灾的防范

由电气线路引起的火灾，其主要是由于线路漏电、短路、过载、接触电阻过大或绝缘介质击穿形成高温、电火花和电弧等造成的。电气火灾的危害性很大，一旦发生，损失惨重。因此，对电气火灾一定要贯彻“预防为主，消防结合”的原则，即防患于未然。平时用电应注意以下几个方面：

1）严格按照电力规程进行安装、维修，根据具体环境选用合适的导线和电缆。

2）强化维修管理意识，尽量减少由于人为因素而引起的火灾，应定期用仪表测量导线的绝缘情况。

3）选用合适的安全保护装置。当采用熔断器保护时，熔体的额定电流不应大于线路长期允许负载电流的2.5倍；当采用低压断路器保护时，瞬时动作过电流脱扣器的整定电流不应大于线路长期允许负载电流的4.5倍。熔断器应装在相线上，同时要在进户电源总开关上安装剩余电流保护装置。

4）环境要保持良好的通风、散热条件。

5）选择质量合格的电器。

6）不要将众多电器连接在同一个电源插座上。

2. 电气火灾的扑救

在电的产生、传输、变换及使用过程中，由于线路短路、线路接点发热、电动机电刷打火、电动机长时间过载运行、断路器或电缆接头爆炸、低压电器触头分合及电热设备使用不当等原因均可能引起电气火灾。

1）发生火灾时，应保持清醒的头脑，不要惊慌，要冷静地根据现场情况采取适当的处理措施。

2）尽快切断电源，防止火势蔓延。可采用拔开插头、关闭开关、切断电线、关闭熔断器等方法。

3）发现火情应及时拨打119火警电话，向消防部门报警。

作为电气作业人员应该掌握必要的电气消防知识，以便在发生电气火灾时，能运用正确的消防知识，指导和组织人员迅速灭火。

【任务实训】

触电急救训练

1. 实训目标

1）了解安全用电基本知识。

2）掌握正确的急救步骤。

3）掌握胸外心脏按压法和口对口人工呼吸法。

2. 实训器材

实训器材为心肺复苏模拟人。

3. 实训内容

本实训分为模拟练习低压触电事故、现场心肺复苏演练和问题讨论三个步骤来实现。

步骤一：模拟练习低压触电事故

在教师的现场指导下，练习发现触电事故后应采取的措施。

为了安全，在停电的情况下，一位学生模拟各种触电事故，其他学生迅速采取断电措施和其他应采取的步骤；每一步骤结束后，讨论采取的措施是否恰当，并由指导教师做出评价。

步骤二：现场心肺复苏演练

利用心肺复苏模拟人分别进行口对口人工呼吸法和胸外心脏按压法的演练。

步骤三：问题讨论

讨论在日常生活中安全用电的各种方法和措施。

4. 实训评价

实训评价见表1-4。

表1-4　实训评价表

班级		姓名		学号		组别	
项目	考核内容		配分	评分标准		自评	互评
触电现场抢救	正确处理触电现场，使触电者脱离电源		20	不能采用正确措施或动作不够规范，每处扣5分			
触电症状预判	正确查看并预判触电者状况		20	查看内容、顺序、预判动作不当，每处扣5分			
人工呼吸急救	人工呼吸急救方法得当		20	方法、动作等有错误或不规范，每处扣5分			
心肺复苏急救	正确使用胸外心脏按压法方法，进行心肺复苏		20	方法、动作等有错误或不规范，每处扣5分			
安全文明操作	具有安全意识，急救处理冷静、正确		20	安全意识不足，或处理不够冷静，每处扣5分			
合计			100				
学生交流改进总结：							
教师总结及签名：							

【知识拓展】

灭火器的使用常识

灭火器的种类很多，常见的灭火器主要有泡沫灭火器、二氧化碳灭火器、干粉灭火器、1211灭火器和水基灭火器等，如图1-28所示。每种灭火器适用场合各不相同，其中电气火灾常用二氧化碳灭火器。

1. 泡沫灭火器的使用

右手握着灭火器压把，左手托着灭火器底部，轻轻地取下灭火器，如图1-29a所示。右手提着灭火器到现场，如图1-29b所示。右手捂住喷嘴，左手执筒底边缘，如图1-29c所示。把灭火器颠倒过来呈垂直状态，用力上下晃动几下，然后放开喷嘴如图1-29d所示。右手抓筒耳，左手抓筒底边缘，把喷嘴朝向燃烧区，站在离火源8m的地方喷射，并不断前进，围

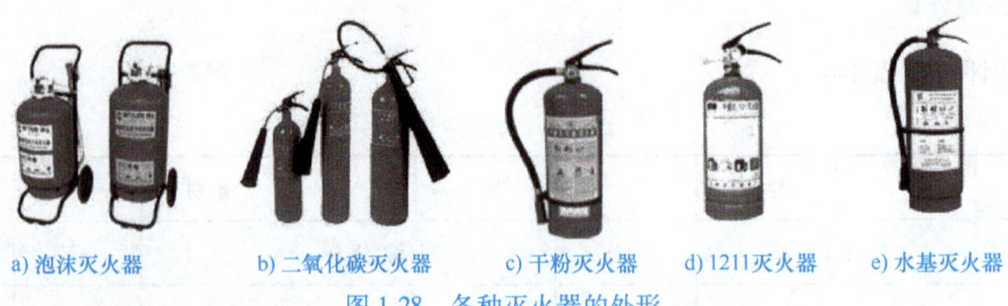

图 1-28 各种灭火器的外形

着火焰喷射，直至把火扑灭，如图 1-29e 所示。灭火后，把灭火器卧放在地上，喷嘴朝下，如图 1-29f 所示。

图 1-29 泡沫灭火器的使用

2. 二氧化碳灭火器的使用

二氧化碳灭火器主要用于扑救贵重设备、档案资料、仪器仪表和额定电压为 600V 以下的电器及油脂等的初期火灾。

右手握着灭火器压把，左手托着灭火器底部，轻轻地取下灭火器，如图 1-30a 所示。用右手提着灭火器到现场，如图 1-30b 所示。除掉铅封，如图 1-30c 所示。拔下保险销，如图 1-30d所示。站在离火源 2m 的地方，左手握着喷管，右手用力压下压把，如图 1-30e 所示，对着火焰根部喷射，并不断推前，直至把火焰扑灭，如图 1-30f 所示。

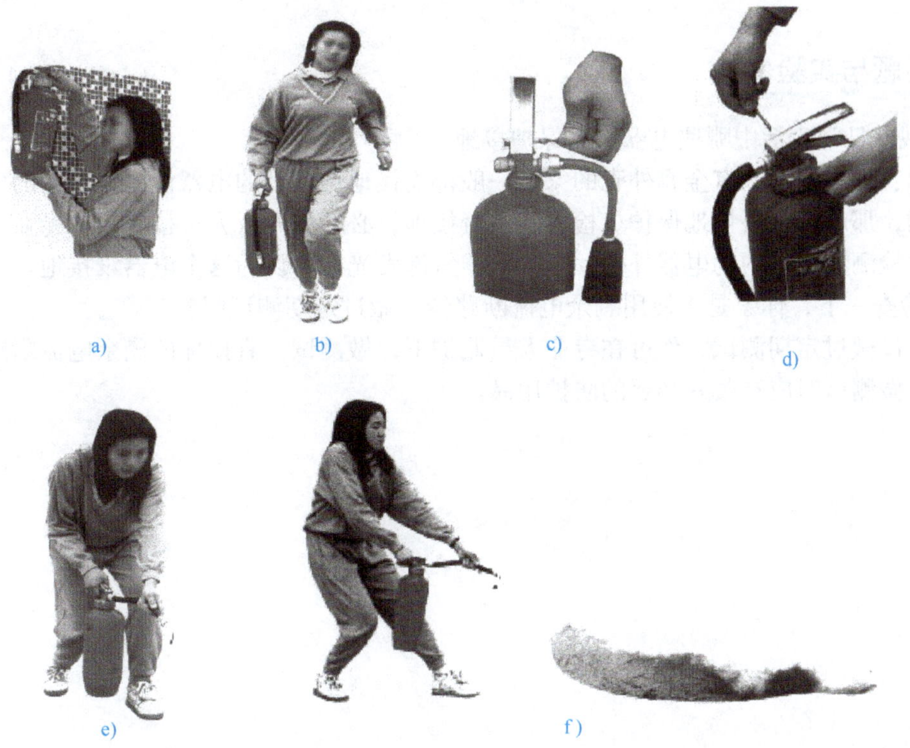

图 1-30　二氧化碳灭火器的使用方法

3. 常用电气灭火器的主要性能（见表 1-5）

表 1-5　常用电气灭火器的主要性能

种类	二氧化碳灭火器	干粉灭火器	手提式泡沫灭火器
规格	2kg、2~3kg、5~7kg	8kg、50kg	6L、9L
灭火成分	液态二氧化碳	钾或钠盐干粉，并备有盛装压缩空气的小钢瓶	瓶内有两个容器，分别盛放硫酸铝和碳酸氢钠溶液，分别放置在内筒和外筒，瓶内还加入了一些发泡剂
用途	不导电，可扑救电气、精密仪器、油脂类、酸类火灾，不能用于扑救钾、钠、镁、铝等物质火灾	不导电，可用于扑救电气、石油（产品）、油漆、有机溶剂、天然气等火灾	可用来扑救如木材、棉布等固体物质燃烧引起的火灾；最适宜用于扑救如汽油、柴油等液体火灾；不能用于扑救水溶性可燃、易燃液体的火灾（如醇、酯、醚、酮等物质）和带电火灾
功效	接近着火地点，保持 2m 距离	8kg 喷射时间为 14 ~ 18s，射程为 4. 5m；50kg 喷射时间为 14~18s，射程为 6~8m	6L 手提式泡沫灭火器：喷射时间≥40s，射程≥6m 9L 手提式泡沫灭火器：喷射时间≥60s，射程≥8m
使用方法	一只手拿喷管对准火源，另一只手打开开关	提起圈环，即可喷射	注意不使用时，泡沫灭火器应始终保持正立。当需要使用泡沫灭火器时，把灭火器倒立，使瓶内两种溶液混合在一起，就会产生大量的二氧化碳及泡沫并向外喷射

【习题与实验】

1. 观察日常生活中哪些电器需要保护接地？

提示：为了安全，有金属外壳的家电一般都需接地；正规的电器设备，如它的电源插头是三脚的，那就必须要接地保护。检查其是否接地，必须由专业人员检查。非专业人员可用验电器去检测在通电中的电器外壳，如验电器氖泡发光，可认为这个电器没接地。

2. 检查一下，你家是否使用剩余电流断路器？做过定期测试吗？

如果没做过定期测试，你可在专业人员监护下，做测试。有损坏的剩余电流断路器应及时更换，做测试时应穿戴好必要的防护用品。

项目二

常用电工工具与材料

项目导读

【项目概述】

电工工具是电气操作的基本工具，工具不合规格、质量不合格或使用不当，都将影响施工质量、降低工作效率，甚至造成事故。电气作业人员必须掌握电工常用工具的结构、性能和正确的使用方法。

电工材料是电工领域应用的各类材料的统称。电工材料所包括的范围很广，有导电材料、绝缘材料、磁性材料、半导体材料及其他电介质材料等。本项目主要介绍三类电工材料：导电材料、绝缘材料和磁性材料。

【知识目标】

1）认识常用电工工具，掌握常用电工工具的结构及用途。

2）熟悉常用导电材料、绝缘材料、磁性材料名称、规格、主要用途及特点。

3）了解各种电工材料在电工领域中的实际应用。

【技能目标】

1）通过实训，掌握正确使用电工工具的技巧和方法。

2）能识别各类常用电工材料，并正确选用。

【学习重点】

1）常用电工工具的结构与用途。

2）常用电工材料的名称、规格与用途。

任务一　常用电工工具的使用

【任务概述】

通过对常用电工工具实物的认识，能够了解各种常用电工工具的名称、规格及用途，熟练掌握常用电工工具的结构、性能和正确的使用方法。

【知识学习】

在安装、维修各种配电线路、电气设备及电气装置时，必须能够正确使用各类电工工具。常用电工工具种类繁多，用途广泛，按其使用范围可分为两大类：电工通用工具与线路安装工具。

一、电工通用工具

电工通用工具是一般专业电工都要使用的常用工具和装备。电工所需的通用工具有验电器、电工刀、螺钉旋具和钢丝钳等。

1. 验电器

验电器是用来检查导线、电器和电气设备是否带电的一种电工常用工具。验电器分为高压验电笔和低压验电笔两种。

（1）低压验电器

低压验电器也称测电笔或电笔，检测电压范围一般为 60～500V，有笔式和螺钉旋具式两种。笔式低压验电器由笔尖、电阻、氖管、笔身、弹簧和笔尾组成，如图 2-1 所示。

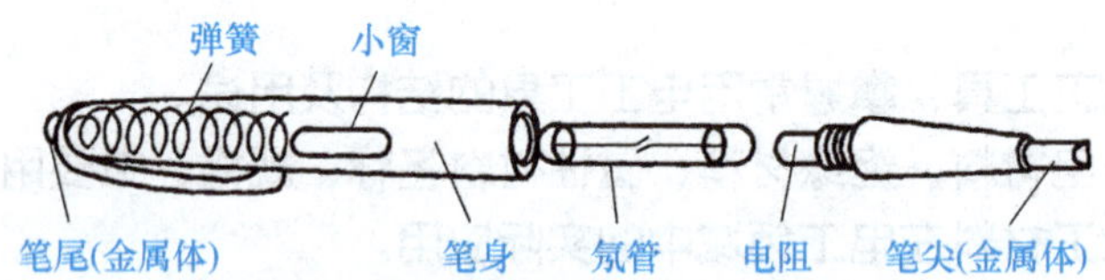

图 2-1　笔式低压验电器的结构

使用低压验电器时，必须按照图 2-2 所示的方法握笔，即以中指和拇指持低压验电器笔身，食指接触笔尾（金属体），并使小窗朝向自己，以便于观察；同时要避免笔尖金属触及皮肤，以防触电。在螺钉旋具式低压验电器的金属杆上，必须套上绝缘套管，仅留出刀口部分供测试需要。

需要注意的是人手接触低压验电器部位一定要在低压验电器的金属笔尾范围，绝对不能接触低压验电器的笔尖金属体，以免发生触电。

用低压验电器测试带电体时，当有电流流经带电体、低压验电器、人体到大地形成通电回路时，只要带电体与大地之间电位差大于 60V，氖管发光，则证明带电体带电。

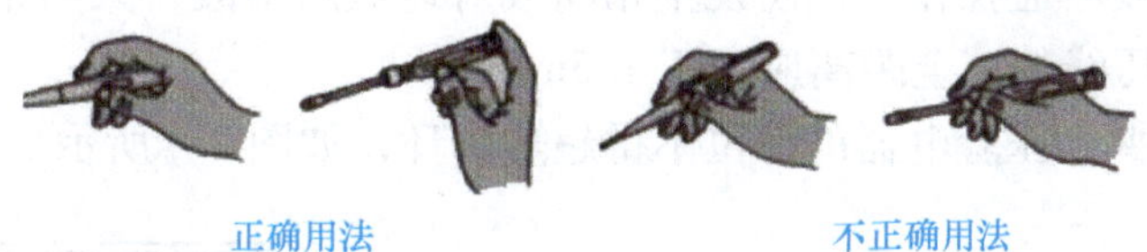

图 2-2　低压验电器的握法

为什么用低压验电器测试带电体时，有电流流过人体而人没有触电呢？这是因为低压验电器内部有一个电阻，通常为几兆欧，而人体电阻一般很小，通常只有几百到几千欧。通过低压验电器的电流（也就是通过人体的电流）很小，通常不到 1mA，这样小的电流通过人体时，对人体没有伤害，而这样小的电流通过低压验电器的氖管时，氖管会发光。

使用低压验电器时应注意以下几点：

1）使用低压验电器之前应先检查低压验电器内是否有安全电阻，然后检查低压验电器是否有损坏，是否有受潮或进水现象。

2）在使用低压验电器测试电气设备之前，一定要先检查低压验电器的氖管能否正常发光，如能正常发光，方可使用。

3）在明亮的空间使用低压验电器测量带电体时，应注意避光，避免因光线太强而不易观察氖管是否发光，造成误判。

4）螺钉旋具式低压验电器前端金属体较长，应加装绝缘套管，避免测试时造成短路或触电事故。

5）低压验电器的金属探头制成螺钉旋具形状时，它只能承受很小的扭矩，使用时应特别注意，不能用力过猛，以免损坏，更不能把它当成螺钉旋具使用。

6）使用完毕后，要保持低压验电器清洁，并放置在干燥处，严防碰摔。

（2）高压验电器

高压验电器又称高压测电器。10kV 高压验电器由金属触钩、氖管、氖管窗、固定螺钉、护环和把柄等组成，如图 2-3 所示。

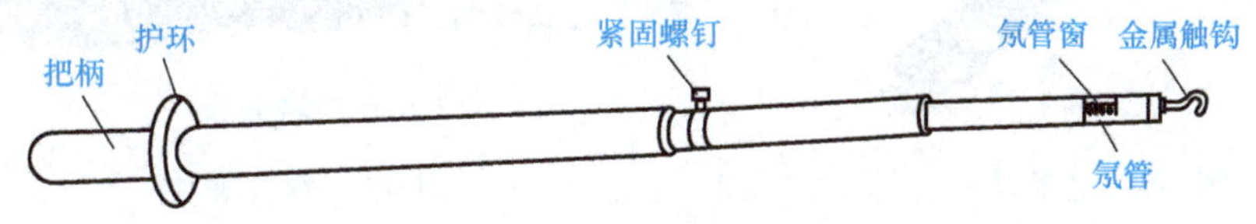

图 2-3　10kV 高压验电器

使用高压验电器时应注意：

1）高压验电器在使用前应先试测，保证高压验电器确实良好，方可使用。

2）使用时，应逐渐靠近被测物体，直至氖管发光；只有氖管不发光时，才可与被测物体直接接触。

3）室外操作时，必须天气良好，雨、雪、雾及湿度较大的天气不宜进行操作，避免发生危险。

4）在使用高压验电器测试高压时，必须佩戴符合要求的绝缘手套，不可单独进行测试，要有人员监护。

5）在测试时，要小心操作，以防发生相间或对地短路事故，人与带电体应保持足够的安全间距（10kV 高压线的安全距离应大于 1.5m）。

6）特别注意手握高压验电器的部位不得超过护环，如图 2-4 所示。

2. 电工刀

电工刀是用来切割或剖削的常用电工工具。电工刀主要用来剖削导线线头、切削木台缺口及削制木榫等。其外形如图 2-5 所示。有的多用途电工刀还具有锯削、旋钮等作用。

在使用电工刀剖削导线绝缘时，应将刀口朝外，使刀面与导线成较小的锐角，以防损伤导线。使用电工刀时应注意避免伤手，使用完毕后，应立即将刀身折进刀柄。因为电工刀刀柄是无绝缘保护的，所以，严禁在带电导线或电气设备上使用，避免触电的发生。

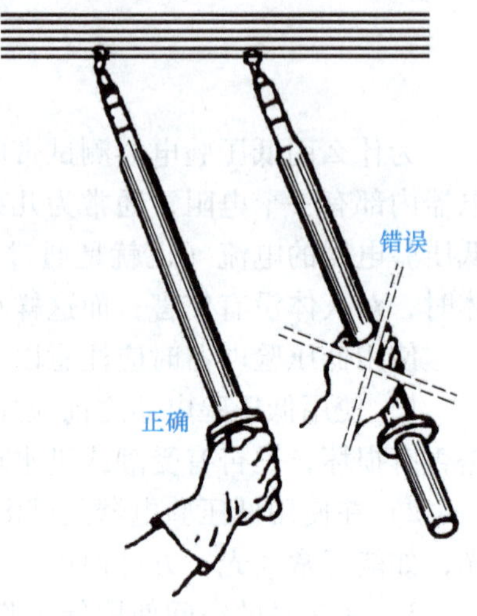

图 2-4　高压验电器握法

3. 螺钉旋具

螺钉旋具俗称螺丝刀，也称起子、改锥或旋凿，主要用来紧固或拆卸螺钉。它的种类很多，按头部形状的不同，常用螺钉旋具可分为一字形（也称平口）和十字形（也称梅花）两种，如图 2-6 所示。按柄部材料和结构不同，可分为木柄、塑料柄和夹柄三种，其中塑料柄的螺钉旋具具有较好的绝缘性能，适合电工使用。

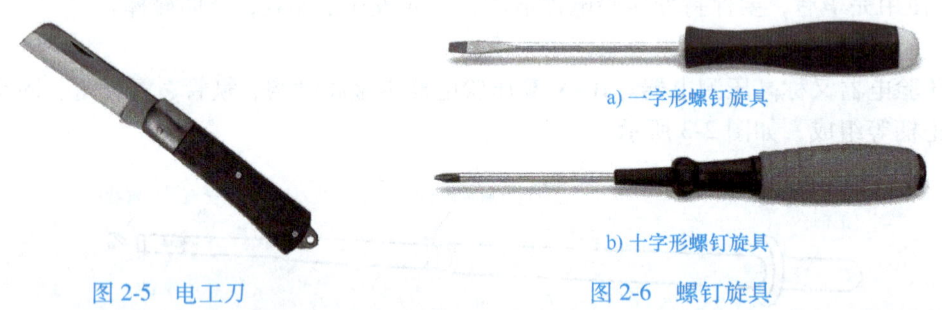

图 2-5　电工刀

图 2-6　螺钉旋具

（1）一字形螺钉旋具　一字形螺钉旋具用于紧固或拆卸一字槽螺钉。其规格用柄部以外的刀体长度表示，常用的规格有 50mm、100mm、150mm 和 200mm 等。

（2）十字形螺钉旋具　十字形螺钉旋具用于紧固或拆卸十字槽螺钉，其规格用刀体长度和十字槽规格号表示，常用的有Ⅰ号、Ⅱ号、Ⅲ号和Ⅳ号，分别适用于直径为 2~2.5mm、3~5mm、6~8mm 和 10~12mm 的螺钉。

（3）注意事项

1）电工不可使用金属杆直通的螺钉旋具（俗称通心螺丝刀），否则容易发生触电事故。

2）使用螺钉旋具紧固和拆卸带电的螺钉时，手不得触及螺钉旋具的金属杆，避免发生

触电事故。

3）为了避免螺钉旋具的金属杆触及临近带电体，应在金属杆上安装绝缘套管。

4）使用较长的螺钉旋具时，可用右手压紧并旋转手柄，左手握住螺钉旋具中间部分，以使螺钉旋具刀口不致滑脱。此时，左手不得放在螺钉的周围，避免螺钉旋具刀口滑出时将手划伤。

4. 活动扳手

活动扳手简称活扳手，是用于紧固和松动螺母的一种专用工具，如图 2-7 所示，主要由活扳唇、呆扳唇、蜗轮、轴销、扳手柄构成，其规格以长度（mm）×最大开口宽度（mm）表示，常用的规格有 150mm×19mm（6in）、200mm×24mm（8in）、250mm×28mm（10in）、300mm×34mm（12in）等（注：1in=2. 54cm）。

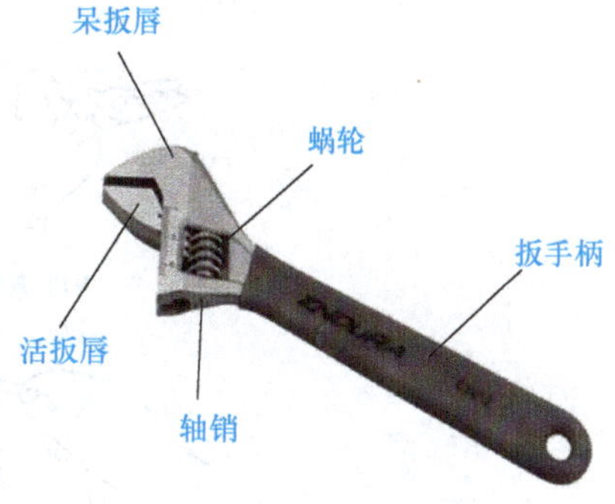

图 2-7　活动扳手

使用活动扳手时应注意：

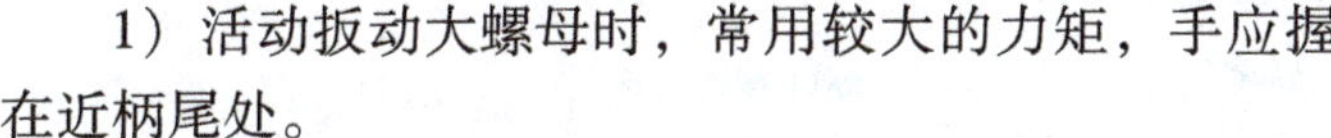
1）活动扳动大螺母时，常用较大的力矩，手应握在近柄尾处。

2）活动扳动小螺母时，因需要不断地转动蜗轮调节扳口大小，所以手应握在靠近呆扳唇位置，并用大拇指调节蜗轮，以适应螺母的大小，如图 2-8 所示。

3）活动扳手不可反用。

4）活动扳手不得当成撬棍或锤子使用。

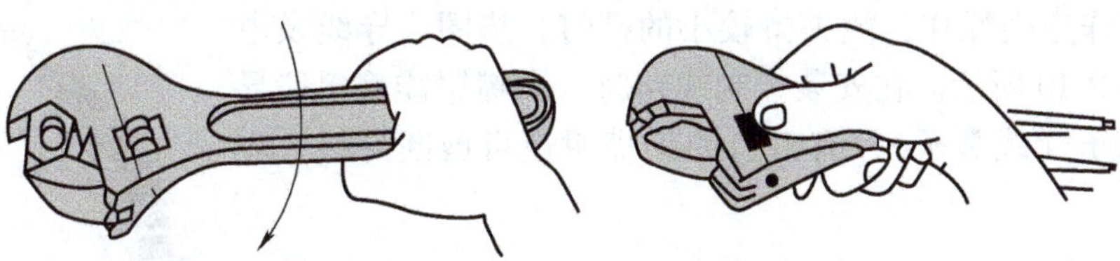
图 2-8　调节活动扳手

5. 钢丝钳

钢丝钳是一种夹持或折断金属薄片，用于切断金属丝的工具。电工用钢丝钳的柄部套有绝缘套管（耐压 500V），其规格用钢丝钳长度尺寸表示，常用的规格有 150mm、175mm、200mm 等。钢丝钳的构造及应用如图 2-9 所示。

使用钢丝钳时应该注意：

1）在使用电工钢丝钳以前，首先应该检查绝缘手柄的绝缘是否完好，如果绝缘破损，进行带电作业时容易发生触电事故。

2）用钢丝钳剪切带电导线时，既不能用刀口同时切断相线和中性线，也不能同时切断两根相线，而且两根导线的断点应保持一定距离，以免发生短路事故。

3）不得把钢丝钳当作锤子使用，也不能在剪切导线或金属丝时，用锤子或其他工具敲击钳头部分。另外，钳轴要经常加油，以防生锈。

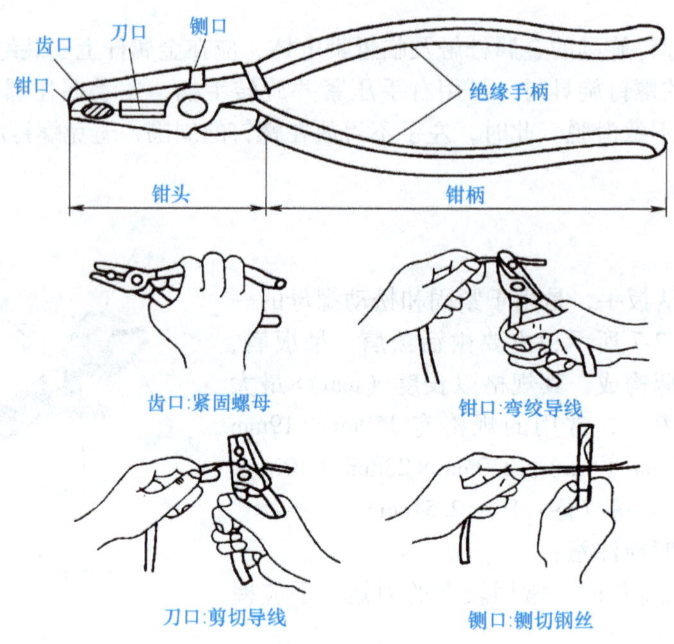

图 2-9 钢丝钳

6. 尖嘴钳

尖嘴钳的头部“尖细”，用法与钢丝钳相似，其特点是适用于在狭小的工作空间操作，能夹持较小的螺钉、垫圈、导线及电气元件，如图 2-10 所示。在安装控制线路时，尖嘴钳能将单股导线弯成接线端子（线鼻子），有刀口的尖嘴钳还可剪断导线、剥削绝缘层。

图 2-10 尖嘴钳

7. 断线钳

断线钳的头部“扁斜”，因此俗称斜口钳、扁嘴钳或剪线钳，如图 2-11a 所示，是专供剪断较粗的金属丝、导线、电缆等用的。它的柄部有铁柄、管柄、绝缘柄之分，绝缘柄耐压为 1000V。

8. 剥线钳

剥线钳是用来剥除小直径导线绝缘层的专用工具。如图 2-11b 所示，它的钳口部分设有几个刃口，用以剥除不同线径的导线绝缘层。其柄部是绝缘的，耐压为 500V。

9. 压线钳

压线钳可用于压制各种线材，主要用来压制接线端子，如图 2-12 所示。

压线钳的使用方法：

1）匹配适应的压线片裸线直径应与压线片的压线部位大致相等。

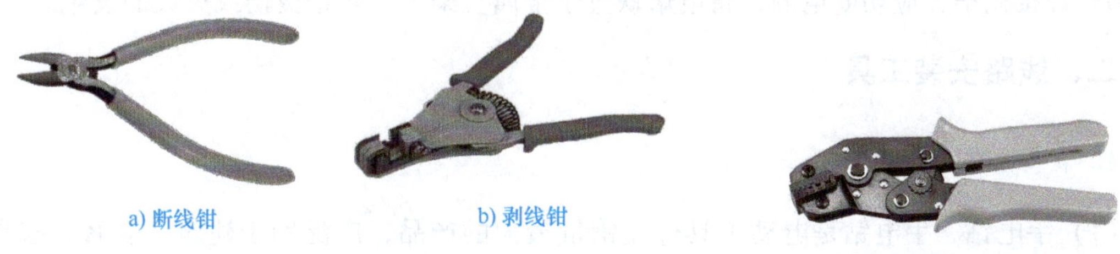

图 2-11　断线钳和剥线钳　　图 2-12　压线钳

2）将压线片的开口方向向着压线槽放入，并使压线片尾部的金属带与压线钳平齐。

3）将导线插入压线片，对齐后压紧。

4）将压线片取出，观察压线的效果，掰去压线片尾部的金属带即可使用。

10. 电烙铁

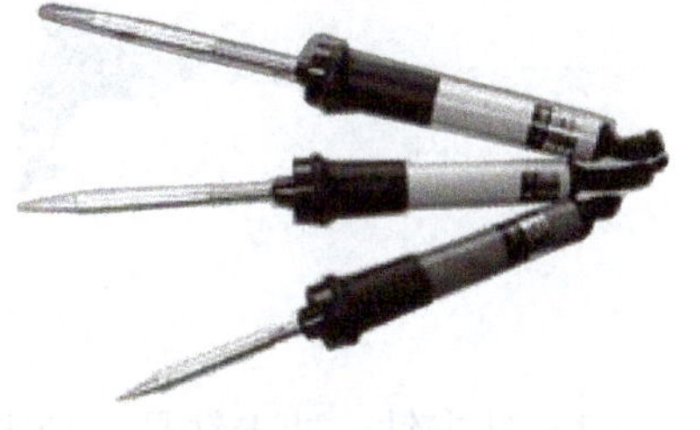

图 2-13　电烙铁

电烙铁是电子制作和电器维修必备工具，主要用途是焊接元器件及导线。电烙铁按结构可分为内热式电烙铁和外热式电烙铁；按功能可分为焊接用电烙铁和吸锡用电烙铁；根据功率不同又分为大功率电烙铁和小功率电烙铁。内热式电烙铁体积较小，价格便宜，如图 2-13 所示。一般电子制作常用 20~30W 的内热式电烙铁。

电烙铁由烙铁头、加热芯、手柄、电源线等组成。烙铁头形状有圆斜面形、凿式长形、半凿式、尖锥式等，适用于不同的焊点的焊接，其中圆斜面形为通用型，如图 2-14 所示。

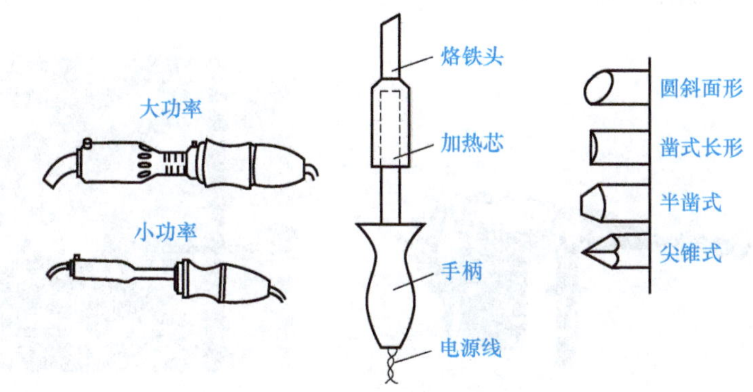

图 2-14　电烙铁的组成与烙铁头形状

电烙铁的使用注意事项：

1）使用前应检查电源线是否良好，有无破损。

2）焊接电子类元器件（特别是集成块）时，应采用防漏电等安全措施。

3）当焊头因氧化而不“吃锡”时，不可硬烧。

4）当焊头上锡较多不便焊接时，不可甩锡，不可敲击。

5）焊接较小元器件时，时间不宜过长，避免因热损坏元器件或绝缘。

6）焊接完毕，应切断电源，将电烙铁置于金属支架上，防止烫伤或火灾的发生。

二、线路安装工具

1. 手电钻与冲击钻

（1）手电钻　手电钻是电动工具行业销量最大的产品，广泛用于建筑、装修、家具等行业，用于在物件上开孔或洞穿。手电钻是以交流电源或直流电池为动力的钻孔工具，为手持式电动工具。

手电钻由钻夹头、输出轴、齿轮、转子、定子、机壳、开关和电缆线等部分组成，如图 2-15所示。其主要有全塑壳、铁壳，高速（2200r/min）、低速（750r/min）之分。钻头规格有 4mm、6mm、8mm、10mm、13mm、16mm 等。

图 2-15　手电钻

（2）冲击钻　冲击钻是一种电动工具，可用来冲打砌块和砖墙等建筑面的木孔和导线穿墙孔。冲击钻上有锤、钻调节开关，可做普通电钻和电锤使用。

冲击钻由主轴装置、冲击结构、泥浆及辅助卷筒、机架、桅杆、操纵机构及电器系统等组成，如图 2-16 所示。

（3）电钻的使用方法（见图 2-17）

图 2-16　冲击钻

图 2-17　电钻使用方法

1）选用：根据钻孔直径选择电钻规格及钻头。

2）接地：选用三相电源插头、插座，保证良好接地。

3）检查：保持通风孔清洁畅通，夹头转动灵活、干燥无水。

4）空转：电钻接触材料时，应先空转再慢慢接触材料。

5）钻孔：保持钻头垂直，不能晃动，防止卡钻或折断钻头。

6）移动：移动电钻时，不要扯拉橡皮软线，防止软线损伤。

(4) 电钻使用注意事项

1) 较长时间未用的枪钻在使用前应用绝缘电阻表测量其绝缘电阻，一般不应小于0.5MΩ。

2) 金属外壳要有接地保护。塑料外壳应防止碰、磕、砸，不要与汽油及其他溶剂接触。操作人员必须佩戴绝缘手套、穿绝缘鞋或站在绝缘板上，以确保操作人员的人身安全。

3) 安装钻头时，不可用锤子或其他金属制品物件敲击。手拿电钻时，必须握持电钻的手柄，不要一边拉软线，一边移动电钻，要防止软线擦破、割破和被轧坏等。

4) 钻孔时不宜用力过大过猛，以防止电钻过载；转速明显降低时，应立即把稳；突然停止转动时，必须立即切断电源。

5) 外壳的通风口（孔）必须保持畅通，防止切屑等杂物进入机壳内。

2. 管子钳

管子钳主要用于夹持及旋转圆形钢管类或其他圆柱形工件，是管路的安装和修理工作中常用的工具，如图2-18所示。

管子钳由活动钳口、钳柄体、固定钳口、调节螺母、片弹簧等组成。通常管子钳规格（夹持管子最大外径时管子钳全长）有200mm、250mm、300mm、350mm、450mm、600mm、900mm等。

图2-18　管子钳

3. 紧线器

紧线器是在架空线路敷设施工中用来收紧户外瓷绝缘子线路和户外架空线路的导线，如图2-19所示。

紧线器由夹线钳头、棘爪、棘轮和手柄等组成。

紧线器可分为虎头紧线器、曲齿紧线器、铁线紧线器、双钩紧线器、多功能紧线器、三角紧线器以及日式紧线器。

使用紧线器时先把紧线器上的钢丝绳或镀锌铁线松开，并固定在横担上，用夹线钳夹住导线，然后扳动专用扳手。在棘爪的防逆转作用下，逐渐把钢丝绳或镀锌铁线绕在棘轮滚筒上，使导线收紧。把收紧的导线固定在瓷绝缘子上。然后先松开棘爪，使钢丝绳或镀锌铁线松开，再松开夹线钳。

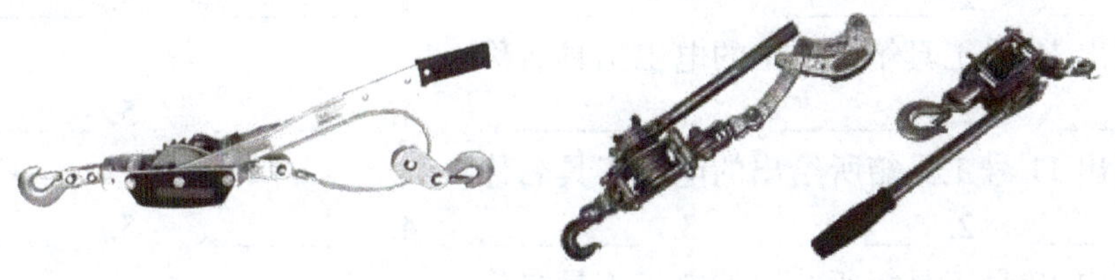

图2-19　紧线器

【任务实训】

(一) 电工工具的识别

1. 实训目标

1) 认识各种常用电工工具的结构。
2) 正确写出电工工具的名称。
3) 培养重视质量、安全文明操作等良好的职业习惯。

2. 实训器材

电工工具箱 15 套。

3. 实训内容

(1) 写出 1 号工具箱所给出的电工工具名称
1. ________、 2. ________、 3. ________、 4. ________、 5. ________
(2) 写出 2 号工具箱所给出的电工工具名称
1. ________、 2. ________、 3. ________、 4. ________、 5. ________
(3) 写出 3 号工具箱所给出的电工工具名称
1. ________、 2. ________、 3. ________、 4. ________、 5. ________
(4) 写出 4 号工具箱所给出的电工工具名称
1. ________、 2. ________、 3. ________、 4. ________、 5. ________
(5) 写出 5 号工具箱所给出的电工工具名称
1. ________、 2. ________、 3. ________、 4. ________、 5. ________
(6) 写出 6 号工具箱所给出的电工工具名称
1. ________、 2. ________、 3. ________、 4. ________、 5. ________
(7) 写出 7 号工具箱所给出的电工工具名称
1. ________、 2. ________、 3. ________、 4. ________、 5. ________
(8) 写出 8 号工具箱所给出的电工工具名称
1. ________、 2. ________、 3. ________、 4. ________、 5. ________
(9) 写出 9 号工具箱所给出的电工工具名称
1. ________、 2. ________、 3. ________、 4. ________、 5. ________
(10) 写出 10 号工具箱所给出的电工工具名称
1. ________、 2. ________、 3. ________、 4. ________、 5. ________
(11) 写出 11 号工具箱所给出的电工工具名称
1. ________、 2. ________、 3. ________、 4. ________、 5. ________
(12) 写出 12 号工具箱所给出的电工工具名称
1. ________、 2. ________、 3. ________、 4. ________、 5. ________
(13) 写出 13 号工具箱所给出的电工工具名称

1. ________、 2. ________、 3. ________、 4. ________、 5. ________

（14）写出 14 号工具箱所给出的电工工具名称

1. ________、 2. ________、 3. ________、 4. ________、 5. ________

（15）写出 15 号工具箱所给出的电工工具名称

1. ________、 2. ________、 3. ________、 4. ________、 5. ________

4. 实训评价

实训评价见表 2-1。

表 2-1 实训评价表

班级		姓名		学号		组别	
项目	考核内容	配分	评分标准			自评	互评
电工工具的识别	正确写出电工工具的名称：低压验电器、螺钉旋具、电工刀、剥线钳、钢丝钳、尖嘴钳、压线钳、电烙铁、管子钳	80	工具名称漏写、错写，每处扣 2 分				
安全文明操作	1. 工作台上工具摆放整齐 2. 严格遵守安全操作规程	20	1. 工作台不整洁，扣 1~5 分 2. 违反安全操作规程，酌情扣 1~5 分				
合计		100					
学生交流改进总结：							
教师总结及签名：							

（二）电工工具的使用

1. 实训目标

1）认识各种电工常用工具的结构。

2）学会正确使用电工工具。

3）培养重视质量、安全文明操作等良好的习惯。

2. 实训器材

电工常用工具实训器材见表 2-2。

表 2-2　电工常用工具实训器材

项　目	名　称	作　用	数　量
所用设备	电工实训实验板	安装配电电路	1 块
所用工具	剥线钳、电工刀	剖削导线	各 1 把
	螺钉旋具	安装配电设备	1 套
	钢丝钳、断线钳	剪断导线	各 1 把
	尖嘴钳	弯曲导线、导线连接	1 把
	手电钻	钻孔	1 把
所用元器件	刀开关	通断电路	1 个
	白炽灯或节能灯	电路负载	1 盏
	螺口灯座和灯座平台	配件	各 1 个
	开关和开关盒	配件	各 1 个
所用材料	$1mm^2$的 2 芯护套线	连接电路	若干根
	自攻螺钉	安装原件	若干颗
	钢精轧片	固定护套线	若干个

3. 实训内容

本实训为室内照明电路敷设。照明电路安装平面图如图 2-20 所示，要求学生正确使用电工工具在实验上合理安装电器元件。

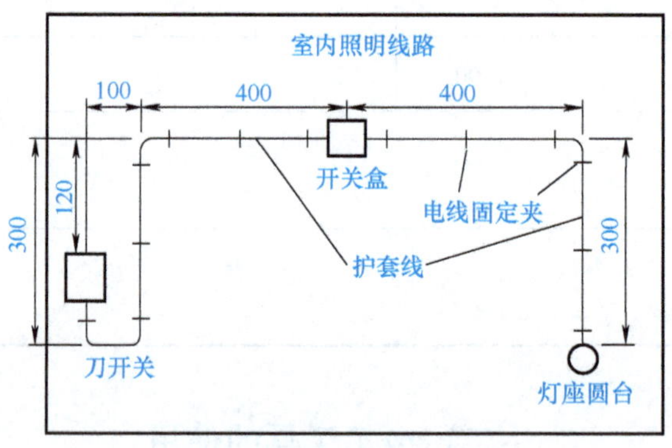

图 2-20　照明电路安装平面图（单位：mm）

操作步骤如下：

1. 定位

根据布置图先确定导线的走向和各个电器的安装位置，并做好标记。

2. 划线

根据确定的位置和线路的走向用弹线划线。方法如下：在需要走线的路径上，将弹线拉紧绷直，弹出线条，要做到横平竖直，如图 2-21 所示。

图 2-21 划线

3. 固定钢精轧片

钢精轧片的形状如图 2-22 所示。

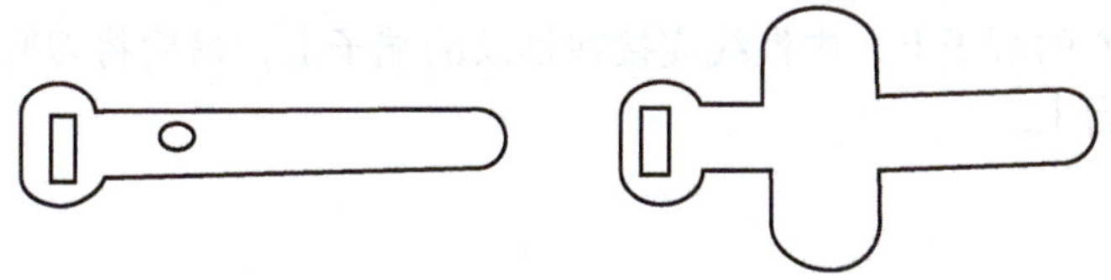

图 2-22 钢精轧片形状

固定钢精轧片的方法如下：

（1）选择钢精轧片 根据每一线条上导线的数量选择合适型号的钢精轧片，钢精轧片由小到大型号有 0 号、1 号、2 号、3 号、4 号等。在室内照明线路中通常用 0 号和 1 号钢精轧片。钢精轧片与钢精轧片之间的距离为 150～200mm，弯角处钢精轧片离弯角顶点的距离为 50～100mm，钢精轧片离开关、灯座的距离为 50mm。

（2）固定钢精轧片 用铁钉固定钢精轧片。将小铁钉插入钢精轧片中央的小孔处，用锤子将钢精轧片固定在所需位置上，如图 2-23 所示。

（3）敷设导线 将护套线按需要放出一定的长度，用钢丝钳将其剪断，然后敷设导线。如果线路较长，可一个人负责放置导线，另一个人负责敷设导线。注意导线不可扭曲，放出的导线不得在地上拖拉，以免损伤导线护套层。护套线的敷设必须横平竖直。敷设时用一只手拉紧导线，另一只手将导线固定在钢精轧片上，在弯角处应按导线宽度的 3 倍为弯曲半径，另外导线应伸进开关盒和灯座圆台，这样可使布线更美观，如图 2-24 所示。

图 2-23 固定钢精轧片

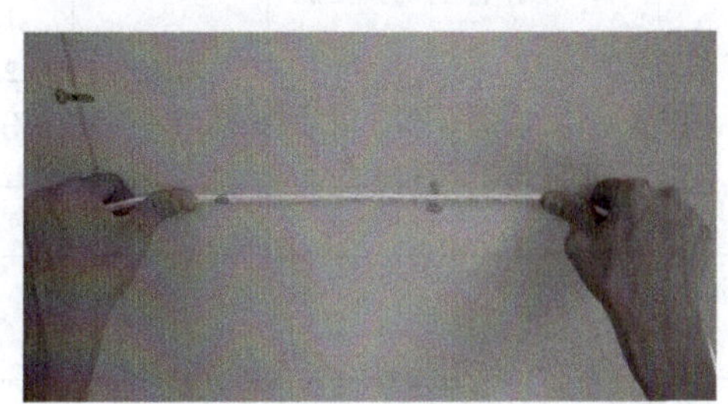

图 2-24 敷设导线

（4）钢精轧片的夹持 护套线均置于钢精轧片的定位孔后，将钢精轧片收紧夹持护套线，如图 2-25 所示。

图 2-25　钢精轧片的夹持

（5）刀开关、开关盒、灯座圆台的安装　把刀开关、开关盒、灯座圆台用自攻螺钉固定安装在指定位置。

（6）导线连接　连接刀开关、螺口灯具导线时，相线应先接刀开关，刀开关引出的相线应接在螺口灯中心的端子上，中性线应接在螺纹的端子上，最后将刀开关和灯座分别固定在开关盒和灯座圆台上。

4. 实训评价

实训评价见表 2-3。

表 2-3　实训评价表

班级		姓名		学号		组别	
项目	考核内容		配分	评分标准		自评	互评
识别和使用	几个常用电工工具的识别和使用		30	1. 不能正确识别，每次扣 10 分 2. 不能正确使用，每次扣 5~10 分			
位置和尺寸	电器安装位置端正，安装牢固		30	1. 位置不对，每个扣 5~10 分 2. 安装歪斜，每个扣 5~10 分 3. 安装不牢固，每个扣 10 分			
导线敷设	导线平直，转角曲率半径符合要求，支承物间距符合要求		30	1. 导线不平直，扣 5~10 分 2. 转角曲率半径不符合要求，每个扣 5~10 分 3. 支承物间距不符合要求，每个扣 3~10 分			
安全文明操作	1. 工作台上工具摆放整齐 2. 严格遵守安全操作规程		10	1. 工作台不整洁，扣 1~5 分 2. 违反安全操作规程，酌情扣 1~5 分			
合计			100				
学生交流改进总结：							
教师总结及签名：							

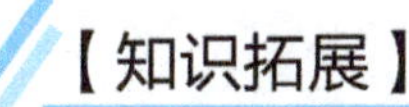

【知识拓展】

一、数字感应验电器的简单介绍

数字感应验电器是近年来出现的一种新型电工工具。它通过在绝缘皮外侧利用电磁感应探测信号，并将探测到的信号放大后，利用 LCD 显示来判断物体是否带电。其具有安全、方便、快捷等优点，外观如图 2-26 所示。

图 2-26 数字感应验电器

数字感应验电器使用如图 2-27 所示。

1）间接测量：按住 B 键，将笔头靠近电源线，如果电源线带电，数字感应验电器的显示器上将显示高压符号。可用于隔着绝缘层，分辨中性线/相线，确定电路断点位置。

图 2-27 数字感应验电器的使用方法

2）直接测量：按住 A 键，将笔头接触带电体，数字感应验电器的显示器上将分段显示电压，最终显示数字为所测电路电压等级。

二、巧用低压验电器

低压验电器是电工常用的一种辅助安全用具，用于检查 500V 以下导体或各种用电设备的外壳是否带电。一个普通的低压验电器可随身携带，只要掌握验电器的原理，结合熟知的电工知识，就能灵活运用。

1. 判断交流电与直流电口诀

电笔判断交直流，交流明亮直流暗。
交流氖管通身亮，直流氖管亮一端。

2. 判断直流电正、负极口诀

电笔判断正负极，观察氖管要心细。
前端明亮是负极，后端明亮为正极。

3. 判断直流电源有无接地，区别正、负极接地的口诀

变电所直流系统，电笔触及不发光。
若亮靠近笔尖端，接地故障在正极。

若亮靠近手指端，接地故障在负极。

4. 判断同相与异相口诀

判断两线相同异，两手各持一支笔。
两脚与地相绝缘，两笔各触一要线，
用眼观看一支笔，不亮同相亮为异。

5. 判断 380V/220V 三相三线制供电线路相线接地故障口诀

星形接法三相线，电笔触及两根亮。
剩余一根亮度弱，该相导线已接地。
若是几乎不见亮，金属接地的故障。

任务二 常用电工材料的选择与使用

【任务概述】

通过对常用电工材料、绝缘材料、磁性材料的介绍，能够识别各种电工材料，并能说出其名称、规格及用途，熟练掌握电工材料的正确使用方法。

【知识学习】

一、导电材料

1. 概述

广义地说，只要能导电的材料都可以作为导电材料。金属是最常用的导电材料，但不是所有的金属都可以作为导电材料，而且也有非金属可用作导电材料。用作导电材料的金属或非金属材料通常应具有以下 5 个特点：

1）导电材料具有高的导电性能，即电阻系数小。

2）导电材料有一定的力学性能。

3）导电材料不易氧化、腐蚀。

4）导电材料容易加工且熔接性能好。

5）导电材料有丰富的资源，价格便宜。

铜、铝、银、锡、铅、锌是最常见的纯金属导电材料，其中铜、铝应用较为广泛。铜导线的导电性能、力学性能及焊接性能都比铝导线好。要求较高的动力线、电气设备的控制线和电动机、电器的线圈等多采用铜导线。铜的电阻率小，延展性、可锻性、耐热性好，但蕴藏量较小。铝的导电能力是铜的 64%，但同规格同长度的铝在质量上是铜的 30%，其延展性、可锻性、耐热性都比铜差，由于铝的资源丰富、价格便宜，采用铝导线可降低成本、减小质量，所以被选作仅次于铜的电线、电缆金属材料。但铝导线的焊接工艺比较复杂，因此铝导线的应用具有局限性。

在某些场合，也需要用其他的金属或合金作为导电材料。如架空线需具有较高的力学性能，常选用铝硅镁合金；电热材料具有较大的电阻系数，常选用镍镉合金；熔体需具有易熔的特点，故选用铅锡合金；电光源的灯丝要求熔点高，需选用钨丝做导电材料等。

2. 导电材料分类

导电材料按材质可以分为纯金属导电材料、合金导电材料、双金属导电材料及非金属导电材料等。

铜、铝、银、锡、铅、锌是最常见的纯金属导电材料。铜合金、铝合金、电阻合金、电热合金是最常用的合金导电材料。双金属导电材料是利用两种热膨胀系数不同的金属或合金彼此牢固结合而成的复合材料。常用的非金属导电材料为石墨、电化石墨制品及金属石墨制品。

3. 导电材料的性能与用途

导电纯金属在电力传输及电磁线方面有着广泛的用途，石墨及石墨制品主要用于制作电动机电刷，电阻合金用于制作可变和固定电阻元件，而电热合金主要用于制作电热元件，高纯度及贵重金属常用于制作各类开关的触头，纯金属及低熔点材料常用作电路中的熔体，热双金属材料用于制作热保护继电器及温度控制器，利用不同金属的热电动势的温度变化率不同，可将两种不同金属制成热电偶来测量温度。

4. 常见的导电材料及应用

（1）电线电缆　电线电缆用以传输电（磁）能、信息，并实现电磁能转换。广义的电线电缆亦简称为电缆，狭义的电缆是指绝缘电缆。按照它们的性能、结构、制造工艺及使用特点，分为裸导线、电磁线、电气装备用电线电缆、电力电缆和通信电缆五大类。维修电工常用前三类，这三类产品的导电材料大部分是铜或铝。在产品型号中，铝的标志是“L”，铜的标志是“T”。此外，根据材料的软硬程度，在“T”或“L”后面还标志“R”（表示软的）或“Y”（表示硬的）。

1）常见电线电缆。常见电线电缆的外观如图 2-28 所示。

图 2-28　电线电缆

① 裸电线及裸导体制品。本类产品的主要特征：纯的导体金属，无绝缘及护套层，如钢芯铝绞线、铜铝汇流排、电力机车线等。加工工艺主要是压力加工，如压延、拉制、绞合、紧压绞合等。产品主要用在用户主线、开关柜等。

② 电力电缆。本类产品主要特征：在导体外绕包绝缘层，或几芯绞合（对应电力系统的相线、接地线），或再增加护套层（如塑料/橡套电线电缆）。主要的工艺技术有拉制、绞合、绕包、成缆、铠装、护层挤出等，各种产品的不同工序组合有一定区别。产品主要用在发电、配电、输电、变电、供电线路中的强电电能传输，通过的电流大（几十安至几千安）、电压高（220V~35kV）。

③ 电气装备用电线电缆。该类产品主要特征：品种规格繁多，应用范围广泛，使用电压在1kV及以下较多；面对特殊场合不断衍生新的产品，如耐火线缆，阻燃线缆，低烟无卤、低烟低卤线缆，防白蚁、防老鼠线缆，耐油、耐寒、耐温、耐磨线缆，医用、农用、矿用线缆，薄壁电线等。

④ 通信电缆。随着通信行业的飞速发展，从过去简单的电话、电报线缆发展到几千对的话缆、同轴缆、光缆、数据电缆，甚至组合通信电缆等。该类产品结构尺寸通常较小而均匀，制造精度要求较高。

⑤ 电磁线（绕组线）。其主要用于各种电动机、仪器仪表等。

2）电线电缆的使用注意事项：

① 使用时请先检查电线电缆绝缘或护套外观，以防运输或保管不善造成损伤而影响使用效果。

② 电线电缆应在室温不低于0℃时敷设，且弯曲半径应不小于电线电缆外径的6倍，以确防开裂。

③ 一般电线电缆的长期允许工作温度不超过70℃。

④ 根据线路输送电流大小，选择载流量合适的导体截面，切勿超负荷运行，以确保安全。

⑤ 使用时，电线电缆表面不得接触热源等。

（2）电热材料　电热材料用来制造各种电阻加热设备中的发热元件，作为电阻接到电路中，把电能转化为热能，使加热设备的温度升高。对电热材料的基本要求是电阻系数高，加工性能好。由于它长期工作于高温状态下，因此要求在高温时具有足够的力学性能和良好的抗氧化性。

电热材料也有金属和非金属之分。金属电热材料有贵金属及其合金（如铂、铂铱、钽等）和重金属及其合金（如钨、钼、镍铬、铁铬铝等，通常铁铬铝用得较多）。非金属材料有碳硅（亦称碳化硅）和硅钼（亦称二硅化钼）等。常用合金材料当中，碳化硅合金材料使用较广。高熔点合金材料的工作温度一般比合金高，但它需要在保护气体中工作。碳硅及硅钼电热材料制成的元件一般工作温度比较高，但质硬而脆，使用中不如金属电热材料方便。此外还可在金属套管内埋入合金电热线形成管状电热元件，所用绝缘材料一般为氧化镁粉。

下面介绍两种常用的电热材料：镍铬合金和铁铬铝合金。

1）镍铬合金。铬具有高强度和抗腐蚀性，与铁和镍组成的合金俗称不锈钢。镍铬合金还可用于制造实验室用电阻。高电阻电热合金（高镍及铁铬铝）、高温合金、精密合

金、耐热合金、特种合金、不锈钢等都是常见和常用的镍铬合金。镍铬合金材料如图 2-29 所示。

镍铬合金高温强度较铁铬铝高，高温使用下不易变形，其结构不易改变，具有塑性较好、易修复、辐射率高、无磁性、耐腐蚀性强、使用寿命长等优点。但是由于采用较稀缺的镍金属材料制成，故该系列产品价格高出铁铬铝合金几倍。

2）铁铬铝合金。铁铬铝合金材料如图 2-30 所示。铁铬铝合金电热材料使用温度高，最高使用温度可达 1400℃，其使用寿命长、表面负荷高、抗氧化性好、电阻率高、价格便宜。但是高温强度低，随着使用温度的升高其塑性增大，元件易变形，不易修复。

图 2-29　镍铬合金材料

图 2-30　铁铬铝合金材料

（3）熔体　熔体俗称保险丝。常用的材质是铅锡合金，其特点是熔点低。在一些电流较大的线路中，也可用铜圆单线作熔体，但选择导线截面时应特别慎重。

（4）电刷　电刷是与运动部件做滑动接触而形成电连接的一种导电部件。电刷应用于换向器或集电环上，作为导入导出电流的滑动接触体。它的导电、导热以及润滑性能良好，并具有一定的机械强度。几乎所有的直流电动机以及换向式电动机都使用电刷，它是电动机的重要组成部件。

目前电动机所用电刷大部分用非金属片，如银石墨、铜石墨、电化石墨等；也有直接用金属片作电刷的，比如说手机振动电动机中的圆柱振动马达的刷片大多用金属材料。

电刷的形状各异，在电动机上使用的多为长方形，安置在电刷架上。电刷和换向器或集电环之间有一定的压力，大型电刷结构比较复杂，小型电刷就比较简单。电刷的电流导出也不一样，大型电刷上有导线，小型电刷经常由弹性导电片引出。

二、绝缘材料

1. 概述

通常，我们把电阻率大于 $10^3\ \Omega \cdot m$ 的物质所构成的材料在电工技术上称为绝缘材料，简单地说就是使带电体与其他部分隔离的材料。因为其在直流电压作用下，只有极其微弱的电流通过，一般情况下可忽略而认为其不导电。工程上，研究绝缘材料在电场中的物理现象时，又称其为电介质。

绝缘材料的主要作用是隔离带电体或隔离不同电位的导体，使电流只能沿着指定的导体流动，因此人触及具有绝缘材料外层的导体时不会发生触电事故。绝缘材料除了在各种电气设备、电子仪器仪表中使带电部件与其他部件相互隔离，还起着机械支承和固定以及灭弧、散热、储能、防潮、防霉或改善电场的电位分布和保护导体的作用。

采用优质的绝缘材料以及合理使用绝缘材料的新技术，对提高电气设备的性能和改善电气设备的功率质量比都具有显著的作用。

2. 绝缘材料的电性能

（1）绝缘材料的电阻率与绝缘电阻　绝缘材料并不是绝对不导电，当对它施加一定电压后，在绝缘材料中会流过极其微弱的电流，称为剩余电流。

在固体绝缘材料中的剩余电流分为两部分：表面剩余电流和体积剩余电流。绝缘材料的电阻率也分为两部分，即表面电阻率和体积电阻率。体积电阻率为 $10^{7}\sim10^{19}\Omega\cdot m$，表面电阻率与材料表面环境有关，如与受潮、污染、尘埃等诸多因素有关。

（2）绝缘材料的极化与介电常数　在外电场作用下，电介质沿场强方向在两端出现不能自由移动的束缚电荷的现象，把这种现象称为电介质的极化。场强越大，表面束缚电荷越多，极化越显著。不同电介质，在相同的电场作用下，其极化程度也不同。表征介质极化程度的物理量称为介电常数。

（3）绝缘材料的介质损耗　在交变电场作用下，电介质会损耗电能，这种电能损耗称为介质损耗。

（4）绝缘材料的绝缘击穿　当施加在电介质上的电压超过其临界值时，通过电介质的电流会剧烈增大，使电介质失去绝缘性能，这种现象称为绝缘击穿。电介质发生击穿时的临界电压，称为击穿电压。

（5）绝缘材料的耐热性能　绝缘材料的耐热性能是指绝缘材料及其制品承受高温而不致损坏的能力。对各种绝缘材料规定在使用时的极限温度，以保证电工产品的使用寿命。电工材料按其极限温度划分为七个耐热等级。例如，A 级绝缘材料的最高允许工作温度为 105℃，一般配电变压器，电动机中使用的绝缘材料大多属于 A 级。

（6）绝缘材料的老化　绝缘材料在使用过程中，由于各种因素的长期作用，而发生一系列不可恢复的物理、化学变化，从而导致材料的电气性能和力学性能的劣化，这种变化统称为老化。影响绝缘材料老化的因素很多，主要有热老化、环境老化和电老化三种。

3. 绝缘材料分类

绝缘材料种类很多，按物质形态可分为气体、液体、固体三大类。常用的气体绝缘材料有空气、氮气、六氟化硫等。液体绝缘材料主要有矿物绝缘油、合成绝缘油（硅油、十二烷基苯、聚异丁烯、异丙基联苯、二芳基乙烷等）两类。固体绝缘材料可分为有机、无机两类。有机固体绝缘材料包括绝缘漆、绝缘胶、绝缘纸、绝缘纤维制品、塑料、橡胶、漆布管及绝缘浸渍纤维制品、电工用薄膜、复合制品和粘带、电工用层压制品等。无机固体绝缘材料主要有云母、玻璃、陶瓷及其制品。绝缘材料的电阻率越大，绝缘性能越好。相比之下，固体绝缘材料品种多样，也最为重要。

电工绝缘材料产品型号按大类、小类、温度指数及品种的差异等进行分类。产品型号的

编制方法一般以4位数字表示，必要时可增加第5位和附加数字或附加字母，其表示如图2-31所示。

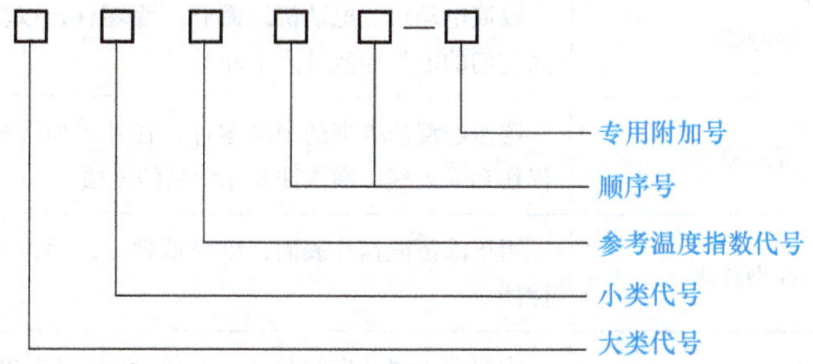

图2-31　电工绝缘材料产品型号表示法

常用的绝缘材料见表2-4。

表2-4　常用绝缘材料

分　类	材料类别	材料示例	实物图
1	漆、可聚合树脂和胶类	1030 醇酸浸渍绝缘漆 1052 有机硅绝缘漆	
2	树脂浸渍纤维制品类	2432 醇酸玻璃漆布 2730 醇酸玻璃漆管	
3	层压制品、卷绕制品、真空压力浸胶制品和引拔制品类	3240 环氧酚醛层压玻璃布板 3640 环氧酚醛层压玻璃布管	
4	模塑料类	4013 酚醛木粉压塑 4330 酚醛玻璃纤维压塑	
5	云母制品类	5438-1 环氧玻璃粉云母带 5450 有机硅粉带	
6	薄膜、粘带和柔软复合材料类	6020 聚酰亚胺聚酯薄膜	

4. 绝缘材料的用途

常用绝缘材料用途可见表2-5。

表 2-5　常见绝缘材料用途

大　类	名　称	用　途
漆、可聚合树脂和胶类	绝缘漆	浸渍电动机、电动机线圈和绝缘零件，以填充间隙或微孔间隙，提高它们的电气性能及力学性能
	覆盖漆	覆盖经浸渍处理的绝缘零件，在其表面形成绝缘保护层，防止机械损伤和受大气、润滑油及化学品的侵蚀
	硅钢片漆	用于涂覆硅钢片表面，以降低铁心的涡流损耗，增强防锈剂耐腐蚀性能
	绝缘胶	主要用于浇注电缆接头，套管 20kV 以下电流互感器，10kV 以下电压互感器等
树脂浸渍纤维制品类	漆布	主要用于电动机、仪表、电器和变压器的线圈绝缘
	漆管	主要用于电动机、仪表等设备的连接线绝缘
	玻璃纤维布	主要用于电动机、电器衬垫和线圈的绝缘
层压制品、卷绕制品、真空压力浸胶制品和引拔制品类	如层压板、层压管、层压棒等	可制成具有优良电气性能、力学性能和耐热、耐油、抗电弧、防晕等特性的制品
模塑料类	如 PVC 管、接线端子、电器外壳等	具有良好的电气性能和防潮性能，尺寸稳定性好，机械强度高。可用于制成电动机、电器的绝缘零件
云母制品类	柔软云母板	主要用于电动机的槽绝缘、匝绝缘和相间绝缘
	塑料云母板	主要用于直流电动机换向器的 V 形环和其他绝缘零件
	云母带	适用于电动机、电器线圈及连接线的绝缘
	衬垫云母板	适用于作电动机、电器的绝缘衬垫
薄膜、粘带和柔软复合材料类	绝缘薄膜	主要用于电动机、电器线圈和电线电缆绕包绝缘以及电容器介质

5. 影响绝缘材料性能的主要指标

影响绝缘材料性能的指标除了电性能以外，还有以下几个指标。

1）拉伸强度：是在拉伸试验中，试样承受的最大拉伸应力。它是绝缘材料力学性能试验应用最广、最有代表性的试验。

2）耐燃烧性：指绝缘材料接触火焰时，抵制燃烧或离开火焰时阻止继续燃烧的能力。随着绝缘材料应用日益扩大，对其耐燃烧性要求更显重要，人们通过各种手段改善和提高绝缘材料的耐燃烧性。耐燃烧性越高，其安全性越好。

3）耐电弧是在规定的试验条件下，绝缘材料耐受沿其表面的电弧作用的能力。试验时采用交流高压小电流，借高压在两电极间产生的电弧作用，使绝缘材料表面形成导电层所需的时间来判断绝缘材料的耐电弧性。时间越长，其耐电弧性越好。

4）密封度：对油质、水质的密封隔离比较好。

三、磁性材料

1. 概述

磁性是物质的一种基本属性。通常认为，磁性材料是指由铁、钴、镍及其合金等组成直接或间接产生磁性的物质。表征物质导磁能力的物理量是磁导率μ。不同的物质，其磁导率是不同的，磁导率μ越大，表示物质的导磁性能越好。工程上，我们通常用相对磁导率μ_r来表示物质的导磁性能。物质的磁导率μ与真空磁导率μ_0之比称为该物质的相对磁导率μ_r，即$\mu_r=\mu/\mu_0$。μ_0是真空磁导率，用实验方法确定其值为$4\pi\times10^{-7}$H/m。

根据物质磁导率的不同，把物质分为三类：

$\mu_r \leqslant 1$的物质叫逆磁物质，如铜、银等。

$\mu_r \geqslant 1$的物质叫顺磁物质，如空气、锡、铝等。

$\mu_r \gg 1$的物质叫铁磁物质，如铁、镍、钴及其合金等。

电工用磁性材料为铁磁材料。它们的相对磁导率$\mu_r \gg 1$。例如，硅钢片的相对磁导率μ_r为7500左右，而坡莫合金的相对磁导率μ_r则为几万到几十万。

磁性材料是电子工业的重要基础功能材料，广泛应用于计算机、电子器件、通信、汽车和航空航天等工业领域以及家用电器、儿童玩具等日常生活领域。在新兴领域，磁性材料也发挥着重要的作用，随着世界经济和科学技术的迅猛发展，磁性材料的需求空间将空前广阔。

2. 磁性材料的磁化曲线

使原来没有磁性的物质具有磁性的过程称为磁化。凡是铁磁物质都能被磁化，而非铁磁物质都不能被磁化。

磁性材料是由铁磁性物质组成的，在外加磁场作用下，必有相应的磁感应强度B，它们随磁场强度H的变化曲线称为磁化曲线（M—H或B—H曲线）。磁化曲线一般来说是非线性的，具有两个特点：磁饱和特性及磁滞特性。即当磁场强度H足够大时，磁感应强度B达到一个确定的饱和值B_m，继续增大H，B_m保持不变；以及当材料的B_m值达到饱和后，外磁场强度H降为零时，B并不恢复为零，而是沿磁滞曲线变化，如图2-32所示。材料的工作状态相当于B—H曲线上的某一点，该点常称为工作点。

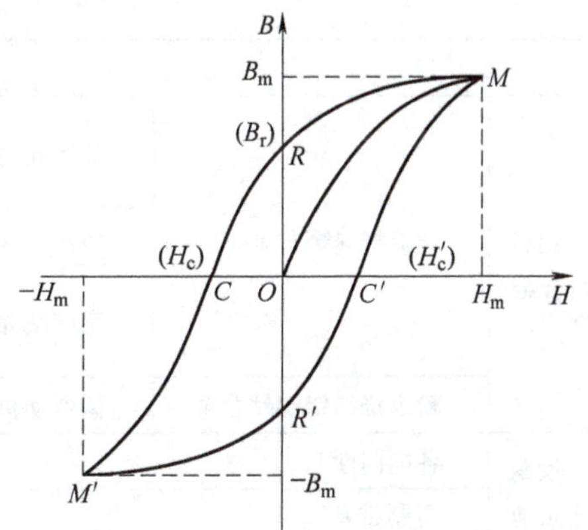

图2-32　磁性材料的磁滞曲线

图2-32中B_m称为饱和磁感应强度，其大小取决于材料的成分，它所对应的物理状态是材料内部的磁化矢量整齐排列。B_r为剩余磁感应强度（简称剩磁），是磁滞回线上的特征参数H回到0时的B值。H_c为矫顽力，是表示材料磁化难易程度的量，该数值取决于材料的成分及缺陷（杂质、应力等）。

不同的磁性材料，其基本磁化曲线是不同的。各种常用的软磁材料的基本磁化曲线，可查阅相关手册。应注意到，由于影响磁性能的因素很多（如加工方法、热处理方式及切割方向等），即使同一牌号的材料，实验测得的基本磁化曲线也是有差异的。

3. 磁性材料分类

磁性材料从材质和结构上又分为金属及合金磁性材料、非金属磁性材料两大类。金属磁性材料主要有电工钢、镍基合金和稀土合金等；非金属磁性材料主要是铁氧体材料。铁氧体磁性材料又分为多晶结构材料和单晶结构材料。

磁性材料按其磁特性和应用，可以分为软磁材料、硬磁材料和特殊磁性材料三类。常见磁性材料如图 2-33 所示。

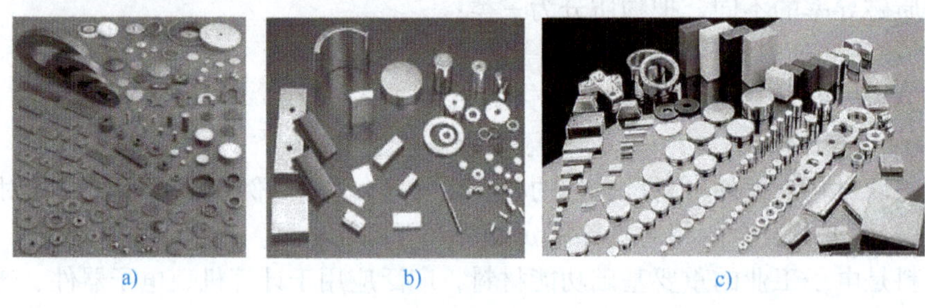

a)　　b)　　c)

图 2-33　磁性材料

磁性材料从形态上讲，包括粉体材料、液体材料、块体材料、薄膜材料等。

通常可以用磁化曲线、磁滞回线和磁损耗等来反应磁性材料基本磁性能。下面介绍最基础的硬磁材料和软磁材料。

（1）硬磁材料　硬磁材料又称永磁或恒磁材料。这类材料的磁滞回线的形状宽厚，其主要磁特性是矫顽力（即抗退磁能力）高，一经外磁场饱和磁化后，再去除磁场，磁性体会储存一定的磁能量，能在较长时间内保持强而稳定的磁性。因而，硬磁材料适合制成永磁铁，被广泛用于磁电系测量仪表、扬声器、永磁发电机及通信装置中。对这类材料的要求是剩余磁感应强度高，矫顽力强，磁能积（即给空间提供的磁场能量）大。

硬磁材料的品种、主要特点和用途见表 2-6。

表 2-6　硬磁材料品种、主要特点和用途

<table>
<tr><th colspan="3">永磁材料</th><th>用　途</th></tr>
<tr><td rowspan="4">铝镍钴合金</td><td rowspan="3">铸造铝镍钴合金</td><td>各向同性</td><td>磁电式仪表、微电动机、里程表、速度计、磁分离器等</td></tr>
<tr><td>热磁处理各向异性</td><td>精密磁电式测量仪表、永磁电动机、扬声器等</td></tr>
<tr><td>定向结晶各向异性</td><td>精密磁电式测量仪表、永磁电动机、微电动机、行波管、磁控管等</td></tr>
<tr><td>粉末烧结铝镍钴合金</td><td colspan="2">微电动机、永磁电动机、继电器、小型仪表等</td></tr>
<tr><td rowspan="3">铁氧体永磁材料</td><td colspan="2">各向同性</td><td>微电动机、玩具等</td></tr>
<tr><td colspan="2">高剩磁 B_r</td><td>扬声器、印刷电动机、受话器、磁控管等</td></tr>
<tr><td colspan="2">高矫顽力 H_c</td><td>电动机、发电机、电磁分离器等</td></tr>
</table>

（续）

永磁材料	用途
稀土钴永磁材料	行波管、小型电动机、大型发电机、副励磁机、扬声器、精密磁电式仪表、医疗设备等
黏结永磁材料	汽车起动电动机、音响设计、计量仪表、通信设备、办公机械、电视、磁耦合器、医疗设备等
可加工永磁材料	里程表、罗盘仪、计量仪表、微电动机、继电器等
半硬磁材料	磁滞电动机、铁簧继电器、门锁及电器等
钕铁硼合金	汽车起动电动机、音圈电动机、微电动机、音响、磁共振设备等

（2）软磁材料　软磁材料的磁滞回线形状狭长且陡。其主要磁特性是磁导率 μ 很高，剩磁 B_r 和矫顽力 H_c（即抗退磁能力）很小，磁滞现象不严重。在较低的外磁场下能产生较高的磁感应强度，在外磁场去除后磁性又会基本消失，即容易磁化也容易去磁。软磁材料的磁滞回线包围的面积小，表明它的磁滞损耗也小。所以在交变磁场中工作的各种设备的铁心都采用软磁材料。

软磁材料的品种、主要特点和用途见表 2-7。

表 2-7　软磁材料品种、主要特点和用途

品种		主要特点	用途
电磁纯铁		含碳量 0.04%以下，饱和磁感应强度高，冷加工性好。但电阻率低，铁损高，有磁时效现象	一般用于直流磁场
硅钢片		铁中加入 0.8%~4.5%的硅，就是硅钢。它和电工用纯铁相比，电阻率增高，铁损降低，磁时效基本清除，但热导系数降低，硬度增强，脆性增大	电动机、变压器、继电器、互感器开关等产品的铁心
铁镍合金		和其他软磁材料相比，在低磁场下，磁导率高，矫顽力低，但对应力相对敏感	频率在 1MHz 以下的低磁场中工作器件
铁铝合金		和铁镍合金相比，电阻率高，密度小，但磁导率低，随着含铝量增加，脆度和脆性增大，塑性变差	低和高磁场下工作的器件
软磁铁氧体		电阻率较高，但饱和磁感应强度低，温度稳定性比较差	高频率范围内的电磁元件
其他软磁材料	铁钴合金	饱和磁感应强度较高，饱和磁伸缩系数和居里温度高，但电阻率低	航空器件的铁心、电磁铁磁极换能器的元件
	恒导磁合金	在一定的磁感应强度，温度和频率范围内，磁导率基本不变	恒电感和脉冲变压器等的铁心
	磁温度补偿合金	居里温度低，在环境温度范围内磁感应强度随温度升高后急剧地、近线性地减少	磁温度补偿元件

四、常用电工材料识别

1. 塑料护套线

塑料护套线是一种将双芯或多芯绝缘导线并在一起，外加塑料保护层的双绝缘导线，具有防潮、耐酸、耐腐蚀及安装方便等优点。广泛用于家庭、办公等室内配线中。塑料护套线外形如图 2-34 所示。

2. 橡胶护套线

橡胶护套线也称橡胶线，是一种双绝缘线材；外皮与绝缘层为橡胶材质，导体为纯铜。在电线电缆行业中，绝缘层通常使用氯化聚乙烯（CPE），承受温度为-40~105℃，适用于交流额定电压 300V/500V 和 450V/750V 及以下的动力装置、家用电器、电动工具、施工照明和机器内部等要求柔软或移动场所，用作电气连接线或布线。橡胶护套线外形如图 2-35 所示。

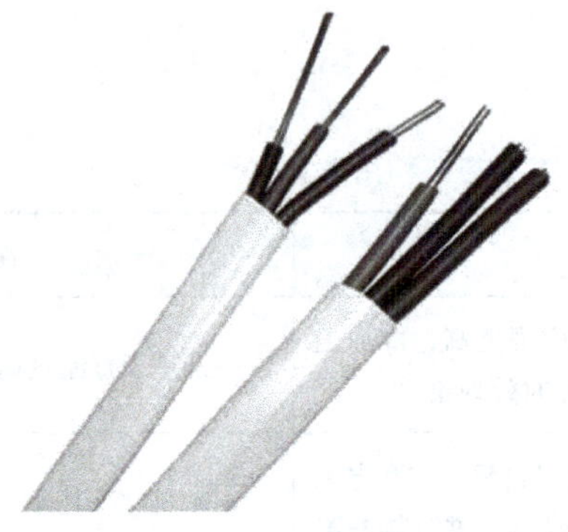

图 2-34 塑料护套线

图 2-35 橡胶护套线

3. 漆包线

漆包线是指用绝缘漆作为绝缘涂层、用于绕制电磁线圈的金属导线，也称电磁线。漆包线是绕组线的一个主要品种，由导体和绝缘层两部分组成，裸线经退火软化后，再经过多次涂漆烘焙而成。主要用于一般电动机、电器、仪表、变压器等工作场合的绕组线。漆包线外形如图 2-36 所示。

4. 绝缘胶带

绝缘胶带俗称绝缘胶布或胶布带，由基带和压敏胶层组成。基带一般采用棉布、合成纤维织物和塑料薄膜等，压敏胶层由橡胶加增黏树脂等配合剂制成，具有黏性好、绝缘性能优良的特点。绝缘胶带外形如图 2-37 所示。

绝缘胶带专指电工使用的用于防止漏电起绝缘作用的胶带。具有良好的绝缘耐压、阻燃、耐候等特性，主要用于通用电线电缆的绝缘保护，也可用于固定捆绑等。

图 2-36 漆包线

图 2-37 绝缘胶带

5. 绝缘套管

绝缘套管是用绝缘材料制成的保护套管。电工材料中有玻璃纤维套管、热缩管、PVC 线管等。

（1）玻璃纤维套管　玻璃纤维套管主要用于电器的绝缘，能起到杜绝鼠、蛇等动物引起的短路故障；防止酸、碱、盐等化学物质对母排的腐蚀；防止检修人员误入带电区间造成意外伤害。玻璃纤维套管适应开关柜小型化的发展趋势，可以解决母线槽的相间绝缘问题。玻璃纤维套管外形如图 2-38 所示。

（2）热缩管　热缩管又可称为热缩套管、热收缩管等，热缩管是一种具有高温收缩、柔软阻燃、绝缘防腐功能的绝缘套管，热缩管由辐射多联高分子聚合物组成，它受热之后收缩并紧密地包裹线缆接头，从而达到了绝缘、密封与防护的目的。热缩管广泛应用于电子设备的接线防水，电线分支处的密封固定，金属管线的防腐保护，以及防止由高分子链松弛产生的松动和脱落，如水下灯饰、汽车油管、高级线束等。热缩管外形如图 2-39 所示。

图 2-38 玻璃纤维套管

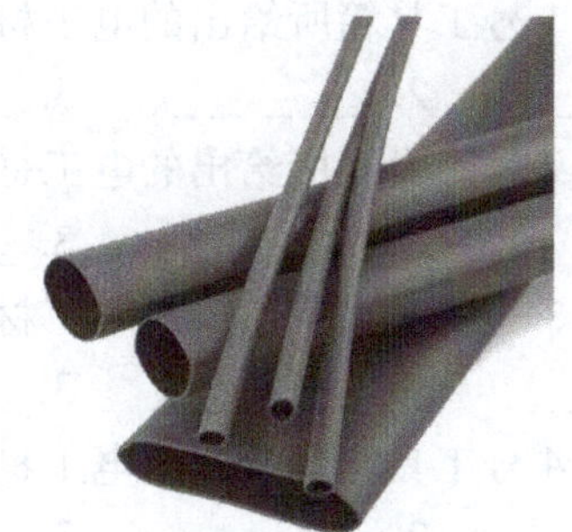

图 2-39 热缩管

（3）PVC 线管　PVC 线管是硬聚氯乙烯管，是最早得到开发应用的塑料管材。主要成分为聚氯乙烯，并加入其他成分来增强其耐热性、韧性、延展性。抗拉、抗压、耐腐蚀、水密性和耐药性优良，适用于穿墙电线及排污管道。PVC 线管外形如图 2-40 所示。

6. 铁心

铁心一般都是用硅钢片叠压制成的。硅钢片导磁性能好，主要用于工频交流电磁器件中，如变压器、电动机、开关和继电器等。铁心外形如图 2-41 所示。

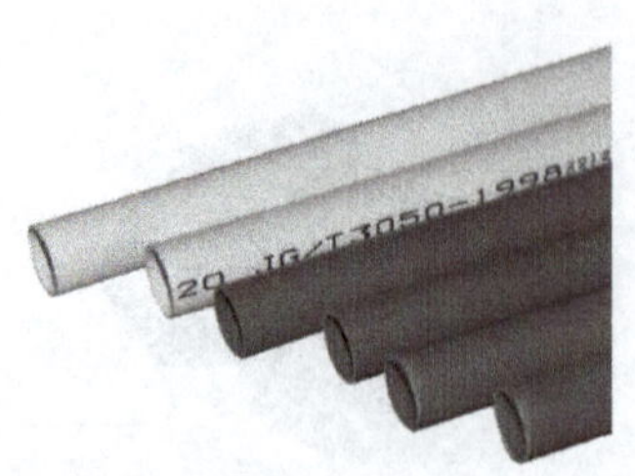

图 2-40 PVC 线管

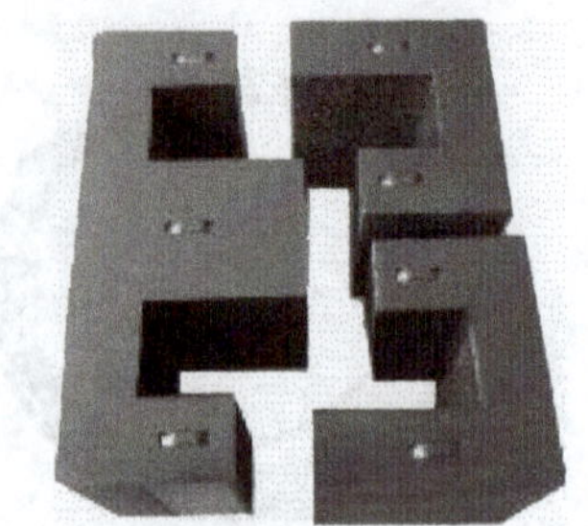

图 2-41 铁心

【任务实训】

电工材料的识别（一）

1. 实训目标

1）掌握电工常用材料的名称。

2）培养重视质量、安全文明等劳动态度和行为习惯。

2. 实训器材

电工工具箱 15 套。

3. 实训内容

（1）写出 1 号工具箱所给出的电工材料名称

1. ________、2. ________、3. ________、4. ________、5. ________

（2）写出 2 号工具箱所给出的电工材料名称

1. ________、2. ________、3. ________、4. ________、5. ________

（3）写出 3 号工具箱所给出的电工材料名称

1. ________、2. ________、3. ________、4. ________、5. ________

（4）写出 4 号工具箱所给出的电工材料名称

1. ________、2. ________、3. ________、4. ________、5. ________

（5）写出 5 号工具箱所给出的电工材料名称

1. ________、2. ________、3. ________、4. ________、5. ________

（6）写出 6 号工具箱所给出的电工材料名称

1. ________、2. ________、3. ________、4. ________、5. ________

（7）写出 7 号工具箱所给出的电工材料名称

1. ________、2. ________、3. ________、4. ________、5. ________

（8）写出 8 号工具箱所给出的电工材料名称

1. ________、2. ________、3. ________、4. ________、5. ________

（9）写出 9 号工具箱所给出的电工材料名称

1. ________、 2. ________、 3. ________、4. ________、 5. ________

(10) 写出 10 号工具箱所给出的电工材料名称

1. ________、 2. ________、 3. ________、4. ________、 5. ________

(11) 写出 11 号工具箱所给出的电工材料名称

1. ________、 2. ________、 3. ________、4. ________、 5. ________

(12) 写出 12 号工具箱所给出的电工材料名称

1. ________、 2. ________、 3. ________、4. ________、 5. ________

(13) 写出 13 号工具箱所给出的电工材料名称

1. ________、 2. ________、 3. ________、4. ________、 5. ________

(14) 写出 14 号工具箱所给出的电工材料名称

1. ________、 2. ________、 3. ________、4. ________、 5. ________

(15) 写出 15 号工具箱所给出的电工材料名称

1. ________、 2. ________、 3. ________、4. ________、 5. ________

4. 实训评价

实训评价见表 2-8。

表 2-8 实训评价表

班级		姓名		学号		组别	
项目	考核内容		配分	评分标准		自评	互评
电工工具的识别	正确写出电工材料的名称：塑料护套线、橡胶护套线、漆包线、铁心、绝缘胶带、绝缘套管、热缩管、PVC 线管		80	工具名称漏写、错写，每处扣 2 分			
安全文明操作	1. 工作台上工具摆放整齐 2. 严格遵守安全操作规程		20	1. 工作台不整洁，扣 1~5 分 2. 违反安全操作规程，酌情扣 1~5 分			
合计			100				
学生交流改进总结：							
教师总结及签名：							

电工材料的识别（二）

1. 实训目标

1）通过对各种材料的识别，加深对导电材料、绝缘材料和磁性材料的认识。

2）通过对导线直径的测量、截面积的换算，认识各种直径的导线。

3）通过对绝缘材料厚度的测量，了解击穿电压与材料厚度之间的关系。

2. 实训器材

1）$1mm^2$、$1.5mm^2$、$2.5mm^2$、$4mm^2$、$6mm^2$单股导线，$10mm^2$或$10mm^2$以上多股导线，镍铬合金丝、铅锡合金熔体及其他导电材料（可按具体情况自主选择）。

2）各种类型的绝缘材料（选做，可以视实际情况自行准备）。

3）各种类型的磁性材料（选做，可以视实际情况自行准备）。

4）游标卡尺或千分尺。

3. 实训内容

1）指出所罗列材料的名称、型号、主要用途，记录在表 2-9 中。

表 2-9　导电材料识别

材料标号	名　称	型　号	主要用途	其　他
1				
2				
3				
4				
5				

2）使用游标卡尺（或千分尺）测量导线直径，计算导线截面积。将测量及计算结果记录在表 2-10 中。

表 2-10　导线直径与截面积关系

材料标号	直径/mm	股　数	单股截面积/mm^2	导线截面积/mm^2
1				
2				
3				
4				
5				

3）使用游标卡尺（或千分尺）测量某绝缘薄膜或绝缘胶带的厚度，计算绝缘材料的绝缘强度。将测量及计算结果记录在表 2-11 中。

表 2-11　材料厚度与绝缘强度的关系

材料标号	厚度/mm	额定耐压/V	绝缘强度/(V/mm)
1			
2			
3			

4. 实训评价

导电材料的选择与使用评价标准见表2-12。

表2-12　导电材料的选择与使用评价表

班级		姓名		学号		组别	
项目	考核内容	配分	评分标准	自评	互评		
基本知识水平评价	1. 能正确识别材料 2. 能正确识别规格 3. 能正确指明材料用途	40	1. 能正确指出5种及以上材料名称、规格、用途，得40分 2. 每缺少或错误识别一种，扣5分，扣完为止				
导线直径测量及截面积计算	1. 测量方法正确 2. 读数正确 3. 截面积计算正确 4. 工具仪表摆放规范整齐、仪表设备无损坏	20	1. 测量方法正确，得5分 2. 读数正确，得5分 3. 计算正确，得5分 4. 爱护工具，得5分				
薄膜厚度测量及绝缘强度计算	1. 测量方法正确 2. 读数正确 3. 截面积计算正确 4. 工具仪表摆放规范整齐、仪表设备无损坏	20	1. 测量方法正确，得5分 2. 读数正确，得5分 3. 计算正确，得5分 4. 爱护工具，得5分				
团队合作能力评价	具有良好的团队合作精神，热心帮助小组其他成员	10	团队合作意识较差，酌情扣5~10分				
安全文明操作	1. 工作台上工具摆放整齐 2. 严格遵守安全操作规程	10	1. 工作台不整洁，扣1~5分 2. 违反安全操作规程，酌情扣1~5分				
合计		100					
学生交流改进总结：							
教师总结及签名：							

【知识拓展】

绝缘材料的发展历史

最早使用的绝缘材料为棉布、丝绸、云母、橡胶等天然制品。20世纪初，工业合成塑料酚醛树脂问世，其绝缘性好，耐热性高。以后又相继出现了性能更好的脲醛树脂、醇酸树脂。合成绝缘油的出现，使电力电容器的比特性出现了一次飞跃，同期还合成了六氟化硫。

20 世纪 30 年代以来人工合成绝缘材料得到了迅速发展，主要有缩醛树脂、氯丁橡胶、聚氯乙烯、丁苯橡胶、聚酰胺、三聚氰胺、聚乙烯及性能优异被称为“塑料王”的聚四氟乙烯等。这些合成材料的出现，对电工技术的发展起了巨大推动重大作用。如缩醛漆包线应用于电动机产品，使其工作温度和可靠性提高，而电动机的体积和重量大大降低。玻璃纤维及其编织带的研制成功及有机硅树脂的合成又为电动机绝缘增加了 H 级这一耐热等级。

20 世纪 40 年代以后不饱和聚酯、环氧树脂问世。粉云母纸的出现使人们摆脱了片云母资源匮乏的困境。

20 世纪 50 年代以来，以合成树脂为基础的新材料得到了广泛应用，如不饱和聚酯和环氧树脂等绝缘胶可供高压电动机线圈浸渍用。聚酯系列产品在电动机槽衬绝缘、漆包线及浸渍漆中使用，发展了 E 级和 B 级低压电动机绝缘，使电动机的体积和重量进一步下降。六氟化硫开始用于高压电器，并使之向大容量小型化发展。断路器的空气绝缘及变压器的油和纸绝缘部分地被六氟化硫所取代。

20 世纪 60 年代，含杂环和芳环的耐热树脂得到了大发展，如聚酰亚胺、聚芳酰胺、聚芳砜、聚苯硫醚等属 H 级及更高耐热等级的材料。这些耐热材料的合成为以后发展 F 级、H 级电动机创造了有利条件。聚丙烯薄膜在这一时期也成功地用于电力电容器。

20 世纪 70 年代以来，新材料的开发研究相对比较少，这一时期主要是对现有材料进行各种改性及扩大应用范围。对矿物绝缘油采用新方法精制以降低其损耗；在提高环氧云母绝缘机械性能和实现无气隙以提高其电性能方面做了很多改进。电力电容器由纸膜复合结构向全膜结构过渡。对于 1000kV 级特高压电力电缆，开始研究用合成纸绝缘取代传统的天然纤维纸。无公害绝缘材料在 20 世纪 70 年代以来发展迅速，如以无毒介质异丙基联苯、酯类油取代有毒介质氯化联苯，无溶剂漆的扩大应用等。随着家用电器的普及，其绝缘材料着火而导致重大火灾事故屡有发生，所以应对阻燃材料着重研究。

【习题与实验】

1. 在日常生活中，我们经常见到的电工材料中哪些是绝缘材料，请举例说明。
2. 能否用医用胶带代替绝缘胶带绑扎导线以恢复绝缘？有人用普通的棉布手套代替绝缘手套，带电修理电气设备，你认为安全吗？
3. 什么是热缩管和绝缘漆？
4. 磁铁和电磁铁有什么区别？

项目三

导线加工与连接

项目导读

【项目概述】

在电气线路中会用到各种类型的导线，不同的导线加工方法也不相同，本项目主要介绍导线的连接以及导线绝缘层的恢复方法。

【知识目标】

1）掌握常用导线的基本知识。
2）掌握导线线头的加工工艺。
3）掌握导线的连接工艺。
4）掌握常用导线连接工具的种类和结构。

【技能目标】

1）能正确使用电工工具。
2）能剖削绝缘导线的绝缘层。
3）能连接单芯导线和多芯导线。
4）能恢复绝缘导线的绝缘层。

【学习重点】

1）导线的连接方法。
2）导线绝缘层的恢复方法。

任务　导线加工与连接

【任务概述】

在低压电气系统中，导线连接点是故障率最高的部位，电气设备和线路能否安全可靠地运行，在很大程度上取决于导线连接和绝缘层恢复质量的高低，因此正确连接导线是电工必须掌握的基本操作之一。

【知识学习】

一、常用导线的基本知识

电工常用导线分为两大类，即电磁线和电力线。

1. 电磁线

电磁线主要用来制作各种电磁线圈，如电动机、变压器等所用的绕组。按绝缘材料可分为漆包线、丝漆包线、玻璃纤维包线和纱包线等；按截面的几何形状可分为圆形和矩形；按导线材料可分为铜芯和铝芯；按其芯线多少可分为单股和多股。

2. 电力线

电力线主要用作各种电路通路的连接，有绝缘导线和裸导线两类。

（1）绝缘导线

绝缘导线品种多，不同绝缘材料具有不同的用途。其主要有塑料线、塑料护套线、橡皮线、橡皮软线、棉纱编织橡皮线（花线）和铝包线以及各种电缆等。绝缘导线的结构和应用见表 3-1。

表 3-1　绝缘导线的结构和应用

结　　构	型号	名　　称	用　　途
单根芯线 塑料绝缘 7根绞合芯线 19根绞合芯线	BV BLV	聚氯乙烯绝缘铜芯线 聚氯乙烯绝缘铝芯线	用作交、直流额定电压为 500V 及以下的户内照明和动力线路的敷设导线，以及户外沿墙支架线路的架设导线
棉纱编织层　橡胶绝缘　单根芯线	BX BLX	铜芯橡胶线 铝芯橡胶线	

（续）

结 构	型号	名 称	用 途
塑料绝缘 多根束绞芯线	BVR BLVR	聚氯乙烯绝缘铜芯软线 聚氯乙烯绝缘铝芯软线	适用于不作频繁活动场所的电源连接导线
绞合线 平行线	RVS RVB	聚氯乙烯绝缘绞合软线 聚氯乙烯绝缘平行软线	用作交、直流额定电压为250V及以下的移动电器、吊灯的电源连接导线
塑料绝缘 塑料护套 双根芯线	BVV BLVV	聚氯乙烯绝缘护套铜芯线 聚氯乙烯绝缘护套铝芯线	用作交、直流额定电压为500V及以下的户内、外照明和小容量动力线路的敷设导线
橡胶或塑料绝缘 橡胶或塑料护套 麻绳填芯 四芯 芯线 三芯	RXF RX	氯丁橡套软线 橡套软线	用于移动电器的电源连接导线；用于插线板电源连接导线；短时期临时送电的电源馈线
棉纱编织层 橡胶绝缘 多根束绞芯线 棉纱层	BXS	棉纱编织橡胶绝缘绞合软线	用作交、直流额定电压为250V及以下的电热移动电器（如电熨斗、电烙铁）的电源连接导线

（2）裸导线

常用的裸导线有裸铝绞线和铜芯绞线两种。一般低压电气线路中多采用裸铝绞线，电压较高或电杆档距较大的线路中采用强度较高的铜芯绞线。

二、导线绝缘层的剖削

1. 芯线截面积不大于4mm²的塑料硬线绝缘层的剖削

对于芯线截面积不大于4mm²的塑料硬线绝缘层，一般用钢丝钳进行剖削，剖削的方法和步骤如下：

1）根据所需线头长度用钢丝钳刀口切割绝缘层，注意用力适度，不可损伤芯线。

2）用左手抓牢塑料硬线，右手握住钢丝钳用力向外拉动，即可剖下塑料绝缘层，如图3-1所示。

3）剖削完成后，应检查线芯是否完整无损，如损伤较大，应重新剖削。

塑料软线绝缘层的剖削，只能用剥线钳或钢丝钳进行，不可用电工刀剖削，其操作方法与此相同。

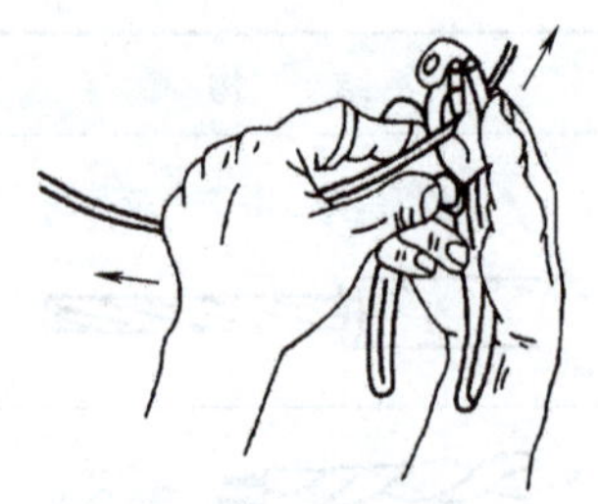

图 3-1 钢丝钳剖削塑料硬线绝缘层

2. 芯线截面积大于 $4mm^2$ 的塑料硬线绝缘层的剖削

对于芯线截面积大于 $4mm^2$ 的塑料硬线绝缘层，可用电工刀来剖削，其方法和步骤如下：

1）根据所需线头长度用电工刀以约 45°倾斜切入塑料绝缘层，注意用力适度，避免损伤芯线。

2）使刀面与芯线之间夹角保持 25°左右，用力向线端推削，在此过程中应避免电工刀切入芯线，应只削去塑料绝缘层。

3）将塑料绝缘层向后翻起，用电工刀齐根切去。操作过程如图 3-2 所示。

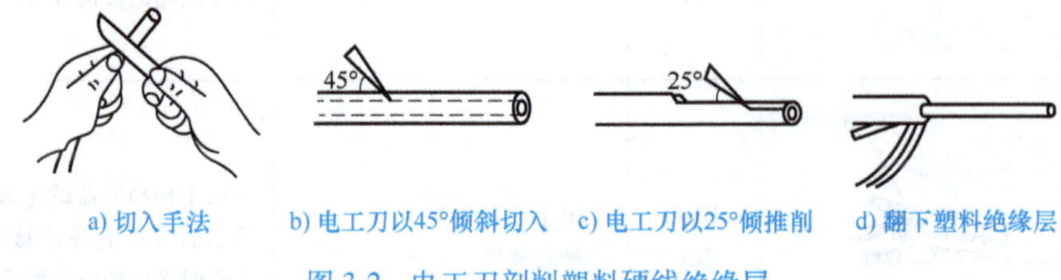

a) 切入手法　b) 电工刀以45°倾斜切入　c) 电工刀以25°倾推削　d) 翻下塑料绝缘层

图 3-2 电工刀剖削塑料硬线绝缘层

3. 塑料护套线绝缘层的剖削

塑料护套线绝缘层的剖削必须用电工刀来完成，剖削方法和步骤如下：

1）按所需长度用电工刀刀尖沿芯线中间缝隙划开护套层，如图 3-3a 所示。

2）向后翻起护套层，用电工刀齐根切去，如图 3-3b 所示。

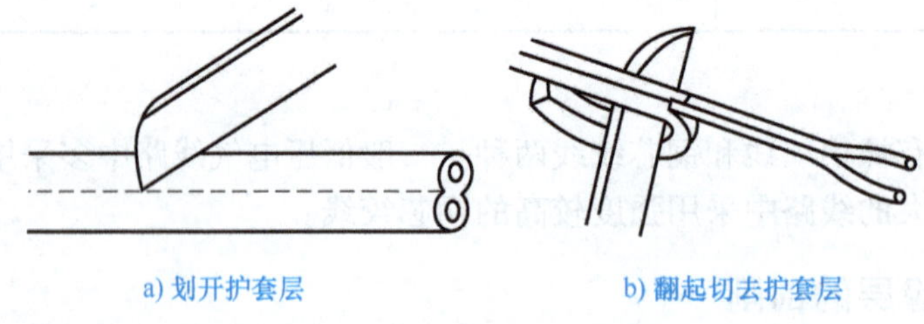

a) 划开护套层　b) 翻起切去护套层

图 3-3 用电工刀剖削塑料护套线绝缘层

3）在距离护套层 5~10mm 处，用电工刀以 45°倾斜切入绝缘层，其他剖削方法与塑料硬线绝缘层的剖削方法相同。

4. 橡皮线绝缘层的剖削

橡皮线绝缘层的剖削方法和步骤：把橡皮线编织层用电工刀划开，其余方法与剖削塑料

护套线绝缘层方法相同，如图 3-4 所示。

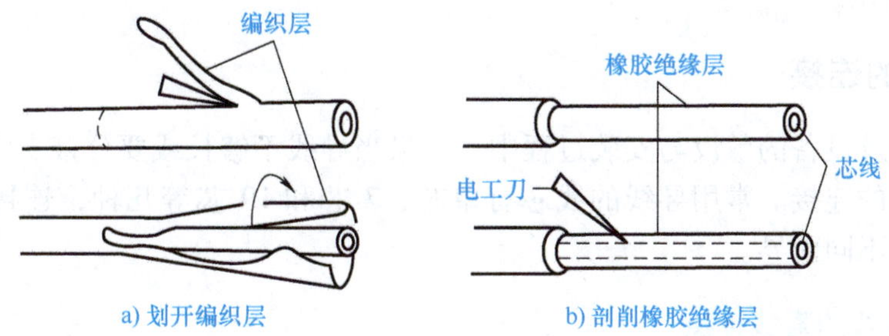

图 3-4　橡皮线绝缘层的剖削

5. 花线绝缘层的剖削

花线绝缘层的剖削方法和步骤如下：

1）根据所需剖削长度，用电工刀在导线外表织物保护层切割一圈，并将其剥离。

2）在距离织物保护层 10mm 处，用钢丝钳刀口切割橡皮绝缘层。注意不能损伤芯线，拉下橡胶绝缘层，方法与图 3-1 类同。

3）将露出的织物保护层松散开，并用电工刀割断织物保护层，如图 3-5 所示。

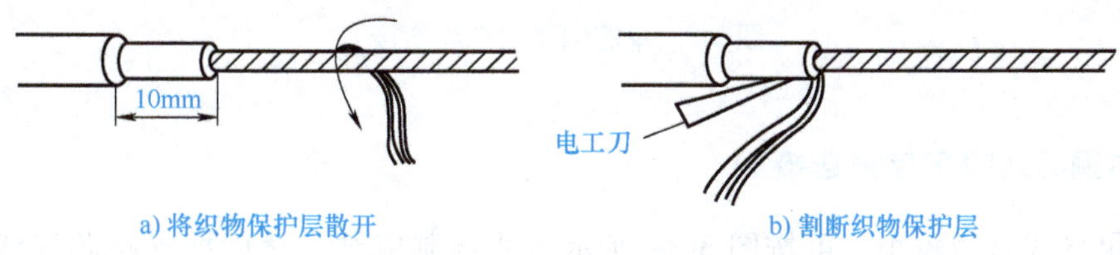

图 3-5　花线绝缘层的剖削

6. 铅包线绝缘层的剖削

铅包线绝缘层的剖削方法和步骤如下：

1）用电工刀围绕铅包层切割一圈，如图 3-6a 所示。

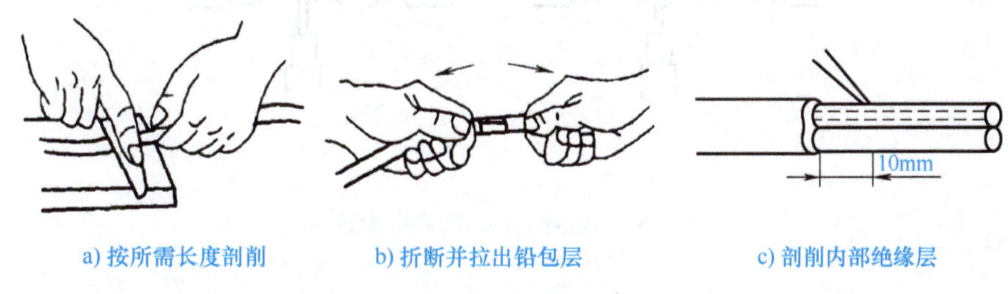

图 3-6　铅包线绝缘层的剖削

2）用双手来回扳动切口处，使铅包层沿切口处折断，把铅包层拉出来，如图 3-6b 所示。

3）铅包线内部绝缘层的剖削方法与塑料硬线绝缘层的剖削方法相同，剖削内部绝缘层，如图 3-6c 所示。

三、导线的连接

在电气线路及设备的敷设与安装过程中，如果当导线不够长或要分接支路时，就需要进行导线与导线间的连接。常用导线的线芯有单芯、7 芯和 19 芯等几种，连接方法随芯线的金属材料、股数不同而异。

1. 单芯铜导线的直线连接

1）把两个线头的芯线做 X 形相交，并互相紧密缠绕 2~3 圈，如图 3-7a 所示。

2）把两个线头扳直，如图 3-7b 所示。

3）将每个线头围绕芯线紧密缠绕 6 圈，并用钢丝钳切去多余的芯线，最后钳平芯线的末端，如图 3-7c 所示。

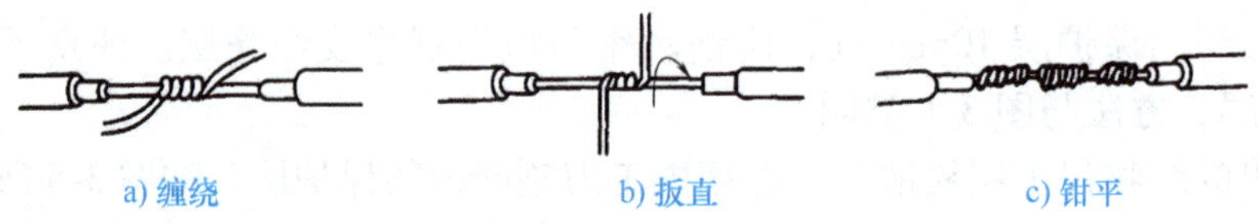

a) 缠绕　　b) 扳直　　c) 钳平

图 3-7　单芯铜线的直线连接

2. 单芯铜导线的 T 字形连接

1）如果导线直径较小，可按图 3-8a 所示方法绕制成结，然后把支路芯线线头拉紧扳直，紧密地缠绕 6~8 圈后，剪去多余芯线，并钳平飞边。

2）如果导线直径较大，先将支路芯线的线头与干线芯线做十字相交，使支路芯线根部留出 3~5mm，然后缠绕支路芯线，缠绕 6~8 圈后，用钢丝钳切去多余芯线，并钳平芯线末端，如图 3-8b 所示。

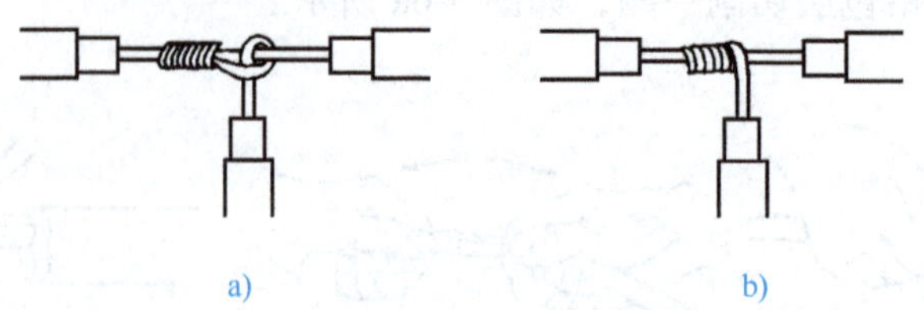

a)　　b)

图 3-8　单芯铜导线的 T 字形连接

3. 7 芯铜导线的直线连接

1）先将剖去绝缘层的芯线头散开并拉直，然后把靠近绝缘层约 1/3 长度的芯线绞紧，然后把余下的 2/3 长度的芯线分散成伞状，并将每根芯线拉直，如图 3-9a 所示。

2）把两个伞状芯线隔根对插，并将两端芯线拉平，如图 3-9b 所示。

3）把其中一端的 7 股芯线按 2 根、3 根分成 3 组，把第 1 组两根芯线扳直，垂直于芯线紧密缠绕，如图 3-9c 所示。

4）缠绕两圈后，把余下的芯线向右拉直，把第 2 组的两根芯线扳直，与第 1 组芯线的方向一致，压着前两根扳直的芯线紧密缠绕，如图 3-9d 所示。

5）缠绕两圈后，也将余下的芯线向右扳直，把第 3 组的 3 根芯线扳直，与前两组芯线的方向一致，压着前 4 根扳直的芯线紧密缠绕，如图 3-9e 所示。

6）缠绕 3 圈后，切去每组多余的芯线，钳平芯线末端，如图 3-9f 所示。

7）另一侧的制作方法除了芯线缠绕方向相反外，其余制作方法与图 3-9 相同。

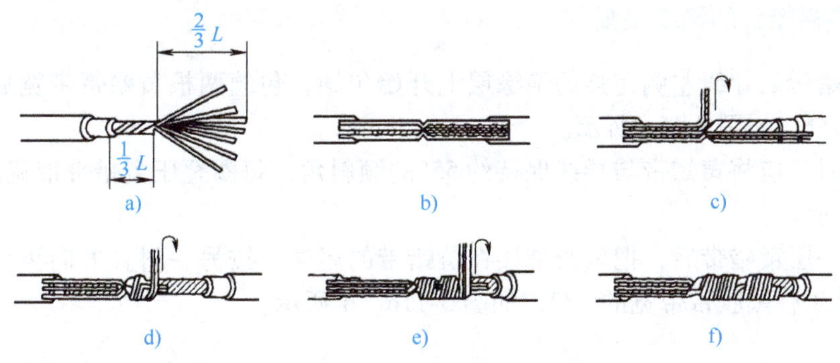

图 3-9　7 芯铜导线的直线连接

4. 7 芯铜导线的 T 字形连接

1）先把分支芯线散开钳平，将距离绝缘层 1/8 长度的芯线绞紧，再把支路线头 7/8 长度的芯线分成 4 根和 3 根两组，并排齐；然后用螺钉旋具把干线的芯线撬开分为两组，把支线中 4 根芯线的一组插入干线两组芯线之间，把支线中另外 3 根芯线放在干线芯线的前面，如图 3-10a 所示。

2）把 3 根芯线的一组在干线右边紧密缠绕 3~4 圈，钳平芯线末端；再把 4 根芯线的一组按相反方向在干线左边紧密缠绕，如图 3-10b 所示。缠绕 4~5 圈后，钳平芯线末端，如图 3-10c所示。

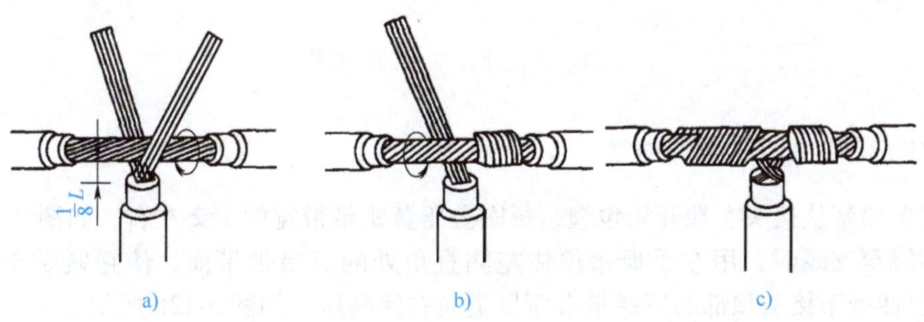

图 3-10　7 芯铜导线的 T 字形连接

7 芯铜导线的直线连接方法同样适用于 19 芯铜导线，只是芯线太多可切去中间的几根芯线；连接后，需要在连接处进行钎焊处理，这样可以改善导电性能和增加其力学强度。19 芯铜导线的 T 字形连接方法与 7 芯铜导线也基本相同。将支路导线的芯线分成 10 根和 9 根两组，而把其中 10 根芯线那一组插入干线中进行绕制。

四、导线绝缘恢复

当发现导线绝缘层破损或完成导线连接后，一定要恢复导线的绝缘。要求恢复后的绝缘强度不应低于原有绝缘层的绝缘强度。所选用绝缘带通常是黄蜡带、涤纶薄膜带和黑胶带，黄蜡带和黑胶带一般选用宽度为 20mm。

1. 直线连接接头的绝缘恢复

1）将黄蜡带从导线左侧完整的绝缘层上开始包缠，包缠两根黄蜡带带宽后再进入无绝缘层的接头部分，如图 3-11a 所示。

2）包缠时，应将黄蜡带与导线保持约 55°的倾斜角，每圈叠压黄蜡带带宽的 1/2 左右，如图 3-11b 所示。

3）包缠一层黄蜡带后，把黑胶带接在黄蜡带的尾端，按另一斜叠方向再包缠一层黑胶带，每圈仍要压叠黑胶带带宽的 1/2，如图 3-11c、d 所示。

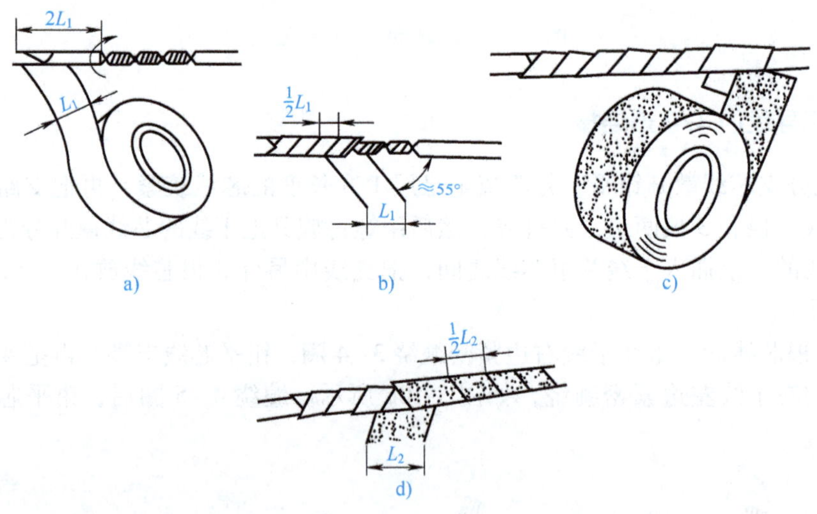

图 3-11　直线连接接头的绝缘恢复

2. T 字形连接接头的绝缘恢复

1）将黄蜡带从接头左端开始包缠，每圈叠压黄蜡带带宽的 1/2 左右，如图 3-12a 所示。

2）缠绕至支线时，用左手拇指顶住左侧直角处的黄蜡带带面，使它紧贴于转角处芯线，而且要使处于接头顶部的黄蜡带带面尽量向右侧斜压，如图 3-12b 所示。

3）当围绕到右侧转角处时，用手指顶住右侧直角处黄蜡带带面，将黄蜡带带面在干线顶部向左侧斜压，使其与被压在下边的黄蜡带带面呈 X 状交叉，然后把黄蜡带再回绕到左侧转角处，如图 3-12c 所示。

4）使黄蜡带从接头交叉处开始在支线上向下包缠，并使黄蜡带向右侧倾斜，如图 3-12d 所示。

5）在支线上绕至绝缘层上约两个黄蜡带带宽时，黄蜡带折回向上包缠，并使黄蜡带向左侧倾斜，绕至接头交叉处，使黄蜡带围绕过干线顶部，然后开始在干线右侧芯线上进行包缠，如图 3-12e 所示。

6）包缠至干线右端的完好绝缘层后，再接上黑胶带，按上述方法包缠一层即可，如图 3-12f 所示。

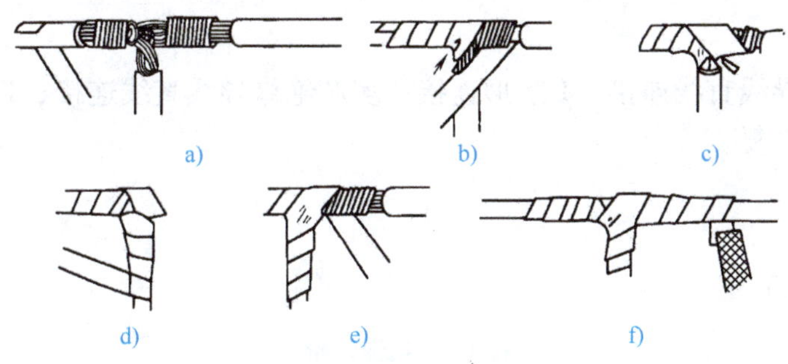

图 3-12　T 字形连接接头的绝缘恢复

3. 绝缘恢复的注意事项

1）工作电压为 380V 的导线恢复绝缘时，必须先包缠 1～2 层黄蜡带，然后再包缠一层黑胶带。

2）工作电压为 220V 的导线恢复绝缘时，应先包缠一层黄蜡带，然后再包缠一层黑胶带，也可只包缠两层黑胶带。

3）包缠绝缘带时，不能过疏，更不能露出芯线，以免造成触电或短路事故的发生。

4）绝缘带平时不可放在温度过高的地方，也不可浸染油类。

【任务实训】

导线的加工

1. 实训目标

1）了解电工常用工具的结构，学会正确使用电工工具。

2）掌握导线连接的方法和恢复导线绝缘的方法。

3）了解导线连接和恢复导线绝缘工艺质量好坏对导线通电运行直接带来的影响。

4）培养重视质量、安全文明操作等良好的习惯。

2. 实训器材

实训器材见表 3-2。

表 3-2 电工常用工具实训器材

项目	序号	名 称	作 用	数量
所用工具	1	电工刀	剖削导线	各 1 把
	2	钢丝钳、剥线钳	夹持和剪断导线，剥离绝缘层	各 1 把
所用材料	1	$1\sim2.5mm^2$ 塑料绝缘单芯铜导线 $4\sim8mm^2$ 塑料绝缘 7 芯铜导线	导线连接	若干根
	2	绝缘带	绝缘恢复	若干条

3. 实训内容

1）单芯绝缘导线直线连接、T 字形连接；多芯绝缘导线直线连接、T 字形连接。
2）导线绝缘恢复。

4. 实训评价

实训评价见表 3-3。

表 3-3 实训评价表

班级		姓名		学号		组别	
项目	考 核 内 容	配分	评 分 标 准			自评	互评
电工刀的使用	使用电工刀剖削导线绝缘层	20	1. 入削角度不正确，扣 3~5 分 2. 剖削长度不合适的，扣 3~5 分 3. 芯线上留下刀痕的，扣 5~10 分				
剥线钳使用	使用剥线钳剥离导线绝缘层	20	1. 剥线钳口径选择不正确或在导线上留有牙痕的，扣 5~15 分 2. 剖削导线长度不合适的，扣 3~5 分				
钢丝钳的使用	使用钢丝钳剪切导线、缠绕导线	20	1. 导线缠绕不紧密的，扣 5~15 分 2. 导线缠绕不整齐的，扣 5~15 分				
绝缘恢复	使用绝缘胶带按要求将经教师鉴定过的导线接头进行绝缘恢复	20	1. 绝缘带包裹不整齐的，扣 3~5 分 2. 绝缘带包裹不紧密的，扣 5~10 分 3. 绝缘带包裹厚度（层数）不足的，扣 5~10 分				
安全文明操作	1. 工作台上工具摆放整齐 2. 严格遵守安全操作规程	20	1. 工作台不整洁，扣 1~5 分 2. 违反安全操作规程，酌情扣 1~5 分				
合计		100					

学生交流改进总结：

教师总结及签名：

【知识拓展】

导线线头与接线桩的连接

常见接线桩有三种形式，即平压式、针孔式和瓦形式。相应地，单股导线、多股导线和软线与不同接线桩的连接方法也有所不同。

1. 导线线头与平压式接线桩的连接

（1）单芯导线线头与平压式接线桩的连接

先将单芯导线线头弯成压接圈（俗称羊眼圈），再用螺钉压紧。弯制步骤如图3-13所示。

1）在距离导线绝缘层根部约3mm处向外侧折角，如图3-13a所示。

2）按略大于螺钉直径弯曲成圆弧，如图3-13b所示。

3）剪去芯线余端，如图3-13c所示。

4）修正导线圆圈成圆形，如图3-13d所示。

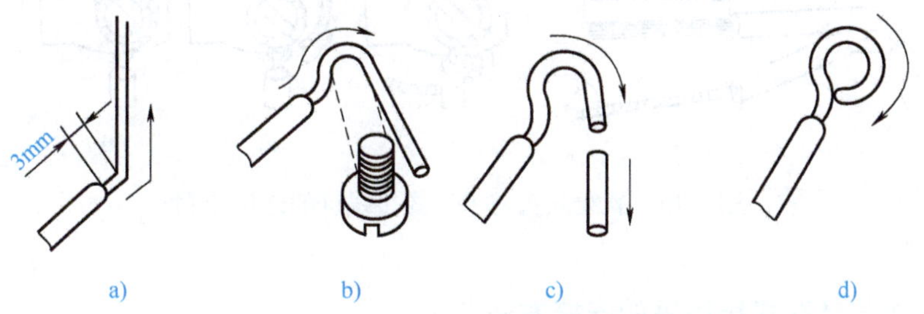

图3-13　单芯导线线头与平压式接线桩的连接步骤

（2）7芯导线线头与平压式接线桩的连接

将导线弯成压接圈，连接步骤如图3-14所示。

1）把距离绝缘层根部约1/2处的芯线重新绞紧，越紧越好，如图3-14a所示。

2）绞紧部分的芯线，在距离绝缘层根部1/3处向左外折角，然后将其弯曲成圆弧，如图3-14b所示。

3）当圆弧弯曲将成圆圈（剩下1/4）时，应将余下的芯线向右外折角，然后使其成圆形，捏平余下线端，使两端芯线平行，如图3-14c所示。

4）把散开的芯线按2、2、3根分成3组，将第1组2根芯线扳起，垂直于芯线（要留出垫圈边宽），如图3-14d所示。

5）按7芯导线直接对接的自缠法加工，如图3-14e所示。

6）成形。连接步骤如图3-14f所示。

（3）软线线头与平压式接线桩的连接

1）将芯线绞紧，如图3-15a所示。

2）把芯线按顺时针方向围绕在接线桩的螺钉上，应注意芯线根部不可贴住螺钉，应相

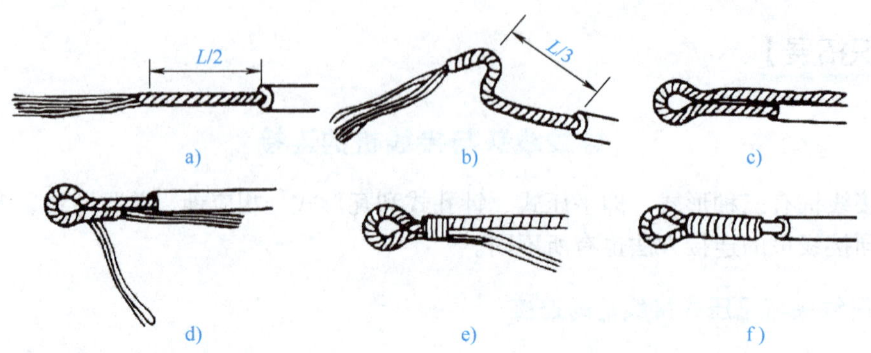

图 3-14　7 芯导线线头与平压式接线桩的连接步骤

距 3mm，围绕螺钉一圈后，余端应在芯线根部由上向下围绕一圈，如图 3-15b 所示。

3）把芯线余端再按顺时针方向绕在螺钉上，如图 3-15c 所示。

4）把芯线余端绕到芯线根部处收住，接着拧紧螺钉后，扳起余端在根部切断，芯线不应有飞边，并且不能损伤下面的芯线。连接步骤如图 3-15d 所示。

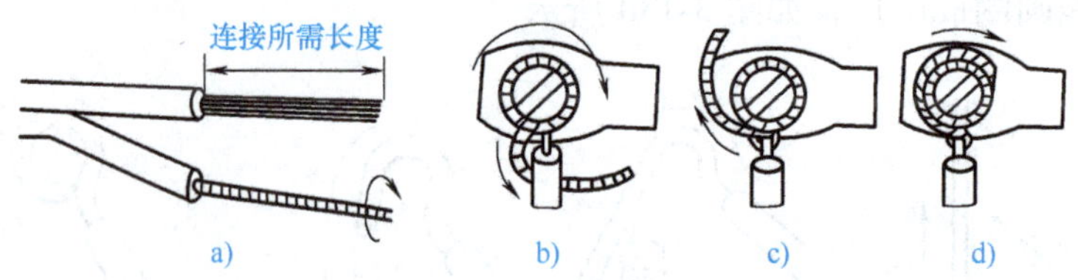

图 3-15　软线线头与平压式接线桩的连接步骤

2. 导线线头与针孔式接线桩的连接方法

（1）单芯导线线头与针孔式接线桩的连接

连接时，最好按要求的长度将线头折成双股并排插入针孔，使压接螺钉顶紧在双股芯线的中间。如果线头较粗，双股芯线插不进针孔，也可将单股芯线直接插入，但芯线在插入针孔前，应朝着针孔上方稍微弯曲，以免压接螺钉稍有松动就引起线头脱出。

（2）多芯导线与针孔式线桩的连接

连接时，先用钢丝钳将多芯导线绞紧，以保证压接螺钉顶压时不致松散。如果针孔过大，则可选一根直径大小相宜的导线作为绑扎线，并在已绞紧的线头上紧紧地缠绕一层，使线头粗细与针孔匹配后再进行压接。如果线头过粗，插不进针孔，则可将线头散开，适量剪去中间几芯，然后将线头绞紧进行压接。多芯导线线头与孔式线桩的连接步骤如图 3-16 所示。

（3）软线线头与针孔接线柱的连接

1）将多芯导线绞紧，不应有断股芯线露出线头，造成飞边。

2）按针孔深度折弯芯线，使芯线双股并列。

3）沿芯线根部把余下芯线按顺时针方向缠绕在双股并列的芯线上，排列应紧密、整齐。

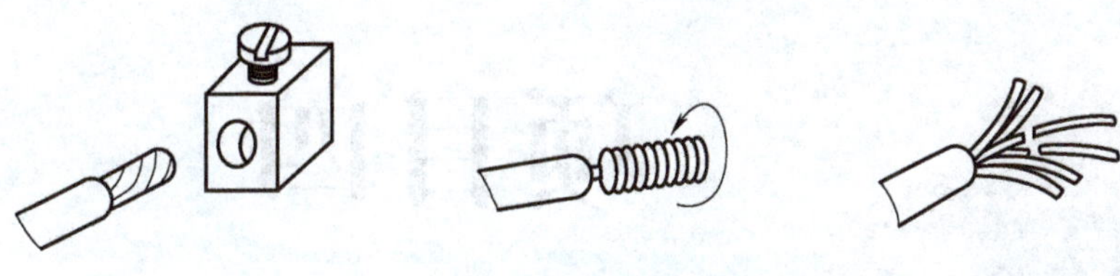

图 3-16　多芯导线线头与针孔式线桩的连接步骤

4）缠绕至芯线线头处剪去余端，并钳平，不留飞边，然后插入接线桩针孔内，拧紧螺钉。软线线头与针孔接线柱的连接步骤如图 3-17 所示。

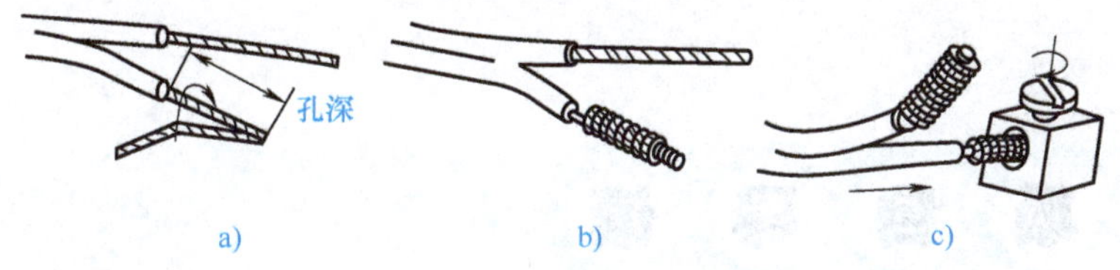

图 3-17　软线线头与针孔接线柱的连接步骤

3. 线头与瓦形接线桩的连接方法

1）将已去除氧化层和污物的线头按略大于瓦形垫圈直径弯成 U 形，螺钉穿过 U 形孔压在垫圈下旋紧，如图 3-18a 所示。

2）如果两个线头接在同一接线桩上，两个线头都按略大于瓦形垫圈直径弯成 U 形按相反方向叠在一起，螺钉穿过 U 形孔压在垫圈下旋紧，如图 3-18b 所示。

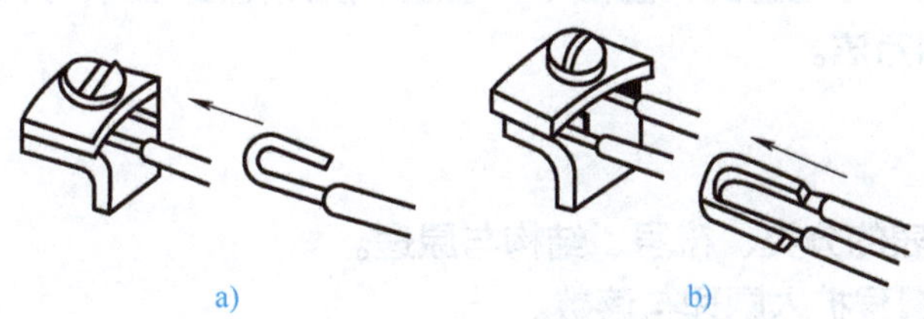

图 3-18　线头与瓦形接线桩连接

项目四

常用电工仪表

项 目 导 读

【项目概述】

电工测量是电工技术中不可缺少的重要部分。电工测量主要是用各种电工仪表和仪器去测量电路中电流、电压、电功率、电能等电量。在照明及动力线路安装与调试中离不开电工测量技术。因此，了解各种电工测量仪器仪表的结构与工作原理，掌握正确的使用方法和测量技术尤为必要。结合照明及动力线路安装与调试过程中的技能要求，本项目只介绍电流、电压、电功率等电量的测量技术，着重从应用角度出发，介绍常用电工仪表的结构、工作原理及使用方法。

【知识目标】

1）了解电工仪表的分类、符号、结构与原理。
2）掌握仪表的量程扩大原理与读数。

【技能目标】

1）学会正确测量电流与电压。
2）学会正确使用功率表、电能表。
3）学会正确使用万用表、绝缘电阻表进行测量。

【学习重点】

1）常用电工仪表的结构与原理。
2）仪表的量程扩大原理。

任务一 常用电工仪表的认识

【任务概述】

本任务要求学生了解常用电工仪表结构、原理，并掌握正确的测量方法，从而加强电工测量能力，为在接下来的照明及动力线路装调的实际施工中灵活应用打下基础。

【知识学习】

一、电工仪表的分类、符号、选择与使用

1. 电工仪表的分类

电工测量时，将被测的电量和同类的标准电量进行比较，以确定被测电量的值。这种比较有两种方法，即直读法和比较法。直读法就是用电工仪表直接读取被测电量的数值。比较法是将被测量和标准量放在比较仪器中进行比较，从而测出被测量的值，例如用电桥测量电阻就是比较法。直读法具有简便快速的特点，但是测量的准确度不如比较法高。比较法测量的准确度较高，但是测量时操作较为复杂，调整时间较长，速度较慢。

电工仪器和仪表可以统称为电工仪表，其种类繁多，大致可以分为三类。

（1）指示仪表

指示仪表是应用最为广泛的一类电工仪表。指示仪表是一种采用直读法测量的仪表，又称为直读式仪表。指示仪表通常采用指针式，例如各种电流表、电压表、功率表、万用表等。也有少数采用其他形式，例如转盘式的电能表等。指针式仪表的特点是以指针偏转角度的大小反映被测电量的大小，使用者可以在标尺上直接读出被测电量的数值；转盘式指示仪表也可以通过积算机构显示被测电量的数值。

（2）比较仪表

比较仪表是采用比较法测量的仪表，例如各种电桥、电位差计等。比较仪表的特点是在测量过程中将被测电量和相应标准电量进行比较，从而测出被测电量的值。比较仪表一般调节面板上几个旋钮来使被测电量和相应标准电量达到某种平衡，并从旋钮的刻度位置来读取被测电量的数值。

（3）其他的电工仪表

除了上述两类电工仪表外，还有各种电子仪器和仪表，例如数字式仪表、记录式仪表、示波器、图示仪等。

2. 电工指示仪表的分类

电工指示仪表的分类方法很多，可以按照不同的分类原则进行划分。

（1）按照被测对象分类

电工指示仪表可分为电流表、电压表、功率表、电能表、绝缘电阻表、功率因数表、相位表、频率表等。在仪表的刻度板上很容易识别各种仪表，例如，A 表示安培表、mA 表示毫安表、V 表示电压表等。

（2）按照仪表工作原理分类

常用的电工指示仪表主要分为磁电系、电磁系、电动系及感应系等。各种不同类型的电工指示仪表用不同的符号表示在仪表的刻度板上。

（3）按照工作电流的种类分类

电工指示仪表可分为直流仪表、交流仪表和交直流两用仪表。

（4）按照仪表准确度等级分类

电工指示仪表可分为 0.1、0.2、0.5、1.0、1.5、2.5、5.0 七个等级。0.1 级表示测量的最大绝对误差上下限为仪表量程的±0.1%。例如，某电压表的量程为 450V，则 0.1 级的仪表最大绝对误差上下限为±0.1%×450V=±0.45V；0.2 级的仪表最大绝对误差上下限为±0.2%×450V=±0.90V。其余依次类推。

（5）按照使用环境条件分类

电工指示仪表可分为 A、A_1、B、B_1、C 五种。这是以电工仪表使用的环境，即温度、湿度的高低，有无霉菌、盐雾等条件来区分的，其中 C 组允许在最恶劣的环境下使用，B 组次之，A 组再次之，A、B 两组中加有下标 1 的只能在没有霉菌及盐雾的较为干燥的环境下使用。使用环境等级通常在刻度板上，以上述五种符号外面包围一个三角形来表示。

（6）按照防御外磁场或外电场影响的等级分类

在使用电工指示仪表时，如果仪表周围存在较强的外磁场或外电场，将会使仪表产生附加误差。电工指示仪表在结构上可以采取一定的措施以防御外磁场或外电场的影响，其防御能力分为Ⅰ、Ⅱ、Ⅲ、Ⅳ四个等级。其中Ⅰ级为最好，Ⅰ、Ⅱ、Ⅲ、Ⅳ四个等级允许产生的附加误差分别为±0.5%、±1.0%、±2.5%、±5.0%。仪表防御外磁场及外电场的能力在刻度板上，以上述罗马数字外面包围一个方框表示，实线方框表示防御外磁场的等级，虚线方框表示防御外电场的等级。

（7）按照外壳防护性能分类

按照外壳防护性能可分为普通式、防尘式、防溅式、防水式、水密式、气密式和隔爆式 7 种。

（8）按照使用方式分类

按照使用方式可分为安装式和便携式两种。安装式仪表是安装在各种机电设备的面板上使用的，准确度较低，但价格较为便宜。便携式仪表携带方便，通常适合实验室或流动场合使用，准确度较高，但造价高。

3. 电工仪表的选择

在电工试验及工程测量中，合理地选择电工仪表是很重要的。要根据测量对象的具体情况来确定测量仪表的类型、准确度等级、量程和内阻等。

（1）电工仪表类型的选择

根据被测量的种类和仪表工作电流的种类及频率等确定测量仪表的类型。例如：要测量直流电流就要选用直流电流表，要测量交流电流就要选用交流电流表，要测量电阻就要选用欧姆表或万用表的电阻档，要测量功率就要选用功率表，要测量电能就要选用电能表等。一般直流表（电压、电流表）都是磁电系仪表，而交流表类型较多，有电磁系、电动系、整流系仪表等。如要测量工频交流电压或电流（50Hz 交流电）就要选择电磁系交流电压表或电流表，如要测量音频电压或电流就要选用整流系电压或电流表。

（2）电工仪表准确度的选择

电工仪表的准确度越高，相应测量误差就越小。但是测量结果的准确度（最大相对误差）并不等于仪表的准确度，绝不可把二者混淆起来。因此，在选用电工仪表时，要根据实际情况，既不要选择准确度不够的仪表，以免测量结果达不到要求，也不要盲目提高电工仪表的准确度等级。盲目提高电工仪表的准确度等级，不仅会提升电工仪表的价格，而且调试、操作、维护及保养等要求更加严格，增加不必要的负担，也不一定能收到准确测量的效果。一般 0.1、0.2 级的电工仪表多用于仪表的校正和精密测量；0.5、1.0、1.5 级的电工仪表多用于实验室；2.5、5.0 级的测量仪表多用于一般工程测量。

（3）量程与内阻的选择

在选用电工仪表时，不仅要考虑电工仪表的准确度，还应根据被测量的大小选择合适的量程，才能保证测量结果的准确度。在使用电工指示仪表时，对于某一量程的电工仪表的最大绝对误差是固定的，读数越大则相对误差越小，因而使用电工仪表进行测量时应选用合适的仪表量程，应使被测量的值越接近满量程越好，即指针尽量接近仪表的满量程，以减小相对误差。一般应使被测量的值达到仪表满量程的 2/3 以上。

电工仪表的内阻有时会对测量结果产生很大影响，通常要求电流表的内阻越小越好，电压表的内阻越大越好。有些电工仪表的内阻在表盘上有标记，但多数没有标记。在测量内阻较大的电源端电压或一般高阻值电路的电压时，就要考虑电压表内阻的分流影响；在测量低阻值电路的电流时，就要考虑电流表内阻的分压影响。

4. 电工仪表的正确使用（含电工指示仪表的符号）

选定电工仪表后，只有正确使用才能测量出准确的结果。如果电工仪表的使用不当，不但测量不出正确的结果，有时还会造成电工仪表的损坏。

1）要观察电工仪表表盘上的符号标记，了解电工仪表的性能特点，仔细阅读电工仪表的使用说明书。

2）要保证电工仪表所要求的正常工作条件。即电工仪表使用前要将指针调到零位，按规定的摆放位置放置电工仪表。对于交流测量仪表，被测电流波形应是正弦波，频率应在规定的范围内。

3）电工仪表要正确地接入电路。各种电工仪表都有各自的接线方式和要求，这一点要严格遵守，否则将引起测量误差或造成严重后果。例如，电流表应与电路串联，如果电流表误与电路并联，由于电流表内阻很小，相当于短路，将造成电流表测量机构的损坏。

4）正确读数。正确的读数方式应是在表针稳定后，两眼正对表盘读取。有反光镜的表盘，指针和它的影像重合时为读数位置。

5）多用测量仪表要注意换档问题。在使用多用测量仪表测量时，如改变不同的测量量，必须立即将测量仪表换到相应的档位。没有按时换档或档位换错，是这一类测量仪表损坏的主要原因。

二、测量误差及测量数据的处理

1. 测量误差的概念

每一个物理量都是客观存在的，在一定的条件下具有不以人的意志为转移的客观大小，将它称为该物理量的真值。任何测量都是为了得到被测量的真值，然而测量要依据一定的理论或方法，使用一定的仪器，在一定的环境中。由于实验理论上存在着近似性，方法上难以完善，实验仪器灵敏度和分辨能力有局限性，周围环境不稳定等因素，很难测得被测量的真值。测量结果和被测量真值之间总会存在或多或少的偏差，这种偏差就叫作测量值的误差。

误差可分为以下几种：

(1) 绝对误差

仪表的测量值 X_i 与被测量的真值（实际值）X_0 之间的差值 ΔX 称为绝对误差，即

$$\Delta X=X_i-X_0$$

例如，测得某一电压的测量值为202V，而此电压的真值（实际值）为200V，则其绝对误差为

$$\Delta X=X_i-X_0=(202-200)\text{V}=2\text{V}$$

当然，真正的真值也是无法得到的。这里所说的真值是指用标准表测量所得的数值。仪表的绝对误差与仪表本身的结构有关，在考虑仪表的准确度时，应该以可能出现的最大绝对误差 ΔX_m 为准。

(2) 相对误差

绝对误差 ΔX 与被测量的真值（实际值）X_0 之比称为相对误差。相对误差没有单位，通常用百分数来表示，用符号 γ 表示，即

$$\gamma=\frac{\Delta X}{X_0}\times100\%$$

实际测量中，在计算相对误差时，在没有标准表无法得到被测量的真值的情况下，可用仪表的测量值 X_i 代替，即

$$\gamma=\frac{\Delta X}{X_i}\times100\%$$

从上述绝对误差示例来看，其相对误差为

$$\gamma=\frac{\Delta X}{X_0}\times100\%=\frac{2}{200}\times100\%=1\%$$

显然，用相对误差来说明测量误差的大小比绝对误差更为确切，更能说明测量的准确程度。绝对误差2V并不能说明准确程度，测量200V电压时有2V测量误差，其相对误差为1%，如果测量20V时也有2V测量误差，其相对误差是10%，后者的测量误差显然比前者要大。在实际测量中，通常用相对误差来比较测量结果的准确度。

(3) 引用误差

由于相对误差在整个测量仪表刻度尺的全长上不是恒定的，即各个标度上的相对误差是不相等的。因此，在国家标准中，对指示仪表的误差（准确度）规定用引用误差来表示。

所谓引用误差就是仪表测量的绝对误差 ΔX 与仪表测量的上量限 X_m 之比，用符号 γ 表示，即

$$\gamma=\frac{\Delta X}{X_m}\times 100\%$$

引用误差实际上也是一种相对误差，只是表达式中的分母为测量仪表的满量程。

（4）测量仪表的准确度

相对误差可以表示测量结果的准确度，但不足以说明仪表本身的准确度。测量仪表的准确度用最大引用误差来表示。最大绝对误差 ΔX_m 与仪表测量的上量限 X_m 的百分比称为最大引用误差，用符号 γ_m 表示。若仪表的准确度等级为 K，最大引用误差为 γ_m，则

$$K\%=\gamma_m=\frac{\Delta X_m}{X_m}\times 100\%$$

式中，K 为测量仪表的准确度等级，它的百分数为测量仪表的最大引用误差。最大引用误差越小，测量仪表的准确度越高。

2. 测量误差的分类

测量误差主要有系统误差、随机误差。

（1）系统误差

在测量过程中，如果产生的误差经多次测量保持不变，或者虽然变化但其变化遵循着一定的规律，这样的误差称为系统误差，也称为确定性误差。产生系统误差的原因主要有以下几个方面：

1）基本误差（工具误差）。它是指仪表在规定的正常使用条件下进行测量时所产生的误差。基本误差是由于仪表本身结构上的不完善而产生的固有误差，例如由刻度不正确、永磁铁磁场不均匀、轴和轴承之间的摩擦、零件位置安装倾斜等引起的误差。

2）附加误差。它是仪表在偏离了正常使用条件下进行测量时所产生的误差。例如由于仪表使用的温度、湿度超过了规定使用条件，外磁场以及外电场对仪表读数的影响等引起的误差。

3）测量方法误差。它是由于测量方法不完善、安装或接线不当等因素而产生的误差。例如仪表内阻大使被测电压或电流的读数偏小。

（2）随机误差（偶然误差）

这是一种大小和符号都不确定且无一定变化规律的误差，主要由周围环境的偶发原因引起。产生随机误差的原因很多，例如温度、湿度、电源电压、频率等偶然变化，都会引起随机误差。又例如测量场附近载重车辆引起的地面振动等偶然因素也会引起随机误差。这种误差显然是不固定的，没有规律的。在重复进行同一个量的测量过程中，其测量误差也不相同，因此不属于系统误差。

3. 测量数据的处理

（1）有效数字的概念

在测量过程中，由于测量仪表的分辨能力有一定的限制，测量数据不可能完全准确，而是一个近似值（如指针式万用表两小格之间的数值只能估读）。这些近似值通常都是用有效

数字的形式来表示的。所谓有效数字，是指从左边第一个非零的数字开始，到右边最后一个数字为止所包含的数字。例如，测得频率为 0.0345MHz，它是由 3、4、5 三个有效数字表达的频率值（左边小数点前后的两个“0”不是有效数字，因为它可以通过单位变换写成 34.5kHz）。其中，3、4 为准确字；末位数字“5”通常是在测量时估算出来的，称为欠准确字。准确字和欠准确字都是测量结果不可少的有效数字。

1）有效数字中只能保持一位欠准确字。因此在记录测量数据时，只有最后一位数字是欠准确字。这样记录的数据表明：被测量可能在最后一位数字上变化±1。

2）欠准确字中，要特别注意“0”的情况。测量末尾的“0”不能任意舍去。例如，测量电阻时，电阻值为42.500kΩ，表明前面 4、2、5、0 四位数字是准确字，最后一位数字 0 是欠准确字，其误差上下限为±0.001kΩ。如改写成 42.5kΩ，则末尾 5 为欠准确字，则误差上下限为±0.1kΩ。这两种写法虽然都表示同一数值，但实际反映了不同的测量准确度。

3）如用10 的幂表示一个数据，10 的幂前面都是有效数字。例如，$2.550\times10^3\Omega$，表明它的有效数字为 4 位，不可写成 $2.55\times10^3\Omega$。

（2）有效数字的处理

测量结果的数据，一般可按四舍五入的规则处理。在准确度要求较高的场合，由于四舍五入容易产生累积误差，可按“四舍六入、五看左右”的规则进行处理。“五看左右”的处理方法：如果取 n 位有效数字，第 $n+1$ 位应该舍去。若第 $n+1$ 位数小于 5，舍去；大于 5，向前进一位。若第 $n+1$ 位数等于 5，有两种情况：5 之后有数字，舍 5 进 1；5 之后无数字，看 5 左边的数字是奇数还是偶数，是奇数舍 5 进 1，是偶数舍 5 不进位。例如，把下面一组数据有效数字保留到小数点后面两位：88.7366≈88.74（大于 5 进 1）；27.2349≈27.23（小于 5 舍去）；23.34501≈23.35（5 后有数字舍 5 进 1）；42.7450≈42.74（5 左为偶数舍去）；53.8350≈53.84（5 左为奇数舍 5 进 1）。

三、常用电工仪表的结构与工作原理

常用电工仪表一般指的是电工指示仪表。电工指示仪表按照工作原理分类主要可分为磁电系、电磁系、电动系和感应系等几种。电工指示仪表都是由测量机构（俗称表头）和测量线路两部分组成的。测量线路将被测电量转换为适当大小的电流送到测量机构，测量机构将被测电量转换为可动部分的偏转角，偏转角用固定在可动部分的指针指示出来。测量机构是仪表的核心部分。尽管各类仪表的测量机构的结构、原理各不相同，但主要由产生转动力矩部分、产生反作用力矩部分和产生阻尼力矩的阻尼器等三部分组成。下面对磁电系、电磁系、电动系及感应系四种仪表的结构、工作原理、特点及其用途进行介绍。

1. 磁电系仪表

（1）磁电系仪表的结构

磁电系仪表从结构上可分为外磁式、内磁式和内外磁式等类型。磁电式仪表的结构示意图如图 4-1 所示。

通常的磁电系仪表由固定部分和可动部分组成。固定部分包括永磁铁，固定在磁铁两极的极掌和处于两个极掌之间的圆柱形铁心上。圆柱形铁心固定在仪表支架上。固定部分的作用是使两个极掌与圆柱形铁心之间的空隙中形成均匀的磁场。可动部分由绕在铝框架上的可

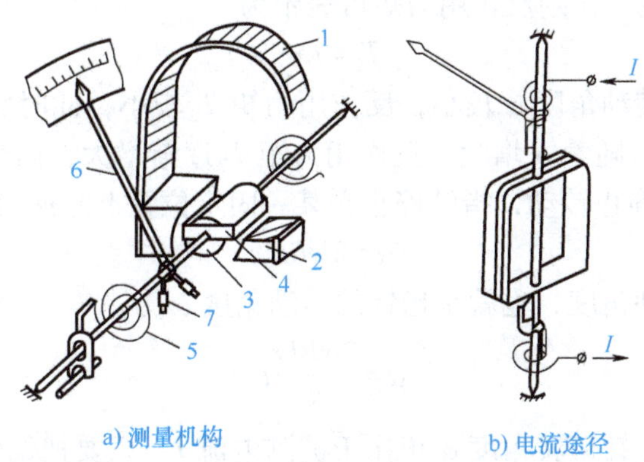

图 4-1　磁电式仪表的结构示意图

1—永磁铁　2—极掌　3—圆柱形铁心　4—可动线圈　5—游丝　6—指针　7—平衡锤

动线圈、指针、平衡锤和游丝组成。可动线圈两端装有两个半轴支承在轴承上，而指针、平衡锤及游丝的一端固定安装在半轴上。可动部分的作用是在固定磁场中受力形成转矩，带动指针偏转。

游丝一般有两个，两个游丝绕向相反，一端连在转轴上，另一端分别连在调零器和固定支架上。整个可动部分连成一个整体，通过两个转轴支承在轴承上，线圈则安装在磁路的气隙中，线圈两端分别与两个游丝连接。当可动部分发生转动时，游丝变形产生与转动方向相反的反作用力矩。另外，游丝还具有把电流导入可动线圈的作用。

（2）磁电系仪表的工作原理

磁电系仪表的基本原理是利用可动线圈中的电流与气隙中磁场相互作用，产生电磁力，可动线圈在力矩的作用下发生偏转，因此称这个力矩为转动力矩。可动线圈的转动使游丝产生反作用力矩，当反作用力矩与转动力矩相等时，可动线圈将停留在某一位置上，指针也相应停留在某一位置上。磁电系仪表产生转动力矩的原理如图 4-2 所示。

转动力矩的大小，可由安培定理和左手定则确定。设气隙磁场的磁感应强度为 B，可动线圈的匝数为 N，每一个有效边（能够垂直切割磁力线，产生电磁力的两个边）为 L，则当线圈中通以电流 I 时，每一个有效边受到的电磁力为

$$F = NBIL$$

由于线圈两边的电流方向相反，受力方向也相反，由此产生了顺时针转动力矩 T_1。由图 4-2 可知，转轴到线圈边的距离 r 为线圈宽度的一半，则转动力矩可表示为

$$T_1 = 2Fr = 2NBILr$$

由于气隙磁场是均匀的，不管线圈转动到什么位置，磁感应强度 B 均不变，对于线圈匝数 N、有效边长 L、转轴到线圈边的距离 r 是不变的。因此，转动力矩的大小与被测电流成正比，其方向取决于电流流进线圈的方向。

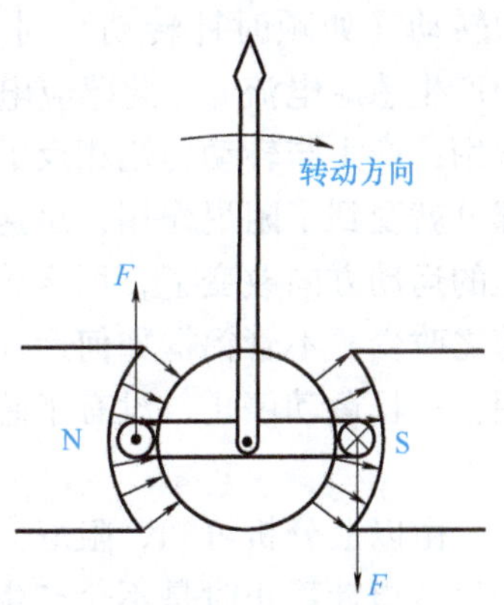

图 4-2　磁电系仪表产生转动力矩的原理图

线圈偏转带动游丝扭转产生反作用力矩 T_2，该力矩的大小是与其扭转的角度 α 成正比

的。设游丝的弹性系数为 K，则反作用力矩可表示为

$$T_2 = K\alpha$$

当线圈刚通电时，转动角度 α 较小，反作用力矩 T_2 较小，此时转动力矩 T_1 大于反作用力矩 T_2，线圈继续转动。随着 α 增大，反作用力矩 T_2 逐渐增大，当反作用力矩 T_2 与转动力矩 T_1 达到平衡时，线圈停止转动，指针停止在某一固定位置上。这时 $T_1 = T_2$，即

$$K\alpha = 2NBILr$$

由此可得线圈的转动角度，也就是指针的转动角度 α 为

$$\alpha = \frac{2NBLr}{K} I$$

由上式可知，仪表指针偏转角度 α 正比于被测电流 I。只要把偏转角均匀地刻在仪表的标度尺上，就可以根据指针在标度尺上停止的位置，直接读出被测电流的数值。

根据指示仪表灵敏度的定义，磁电系仪表的灵敏度为

$$S_I = \frac{2NBILr}{K}$$

即对已制成的磁电系仪表来说，S_I 是一个常数，它的大小只取决于仪表测量机构的结构。可见，要提高磁电系仪表的灵敏度，必须从结构上和材料上改善其性能，特别是提高气隙磁场的磁感应强度。

在测量时，指示仪表由于转动力矩和反作用力矩的相互作用，最终会指示在一个平衡位置上，但由于可动部分的惯性关系，当仪表接通被测电流或被测电流发生变化时，指针不能立刻达到平衡，可能会以平衡位置为中心经过若干次振荡才能最终静止下来。为了使仪表的可动部分迅速静止在平衡位置，缩短测量时间，在指针式仪表的测量机构中都装有一个阻尼器，其作用是在可动部分转动时产生阻尼作用以阻止其运动，达到使指针迅速静止的目的。

磁电系仪表测量机构中的阻尼器就是绕制线圈的铝框，作用原理如图 4-3 所示。

当线圈通有电流而偏转时，铝框随线圈在气隙磁场中转动（如顺时针转动）时，因切割磁力线会在铝框中产生感应电流 i_e，此感应电流 i_e 与永磁铁的磁场相互作用，产生与转动力矩相反的电磁力，于是一边的可动部分就受到了阻尼作用，迅速静止在平衡位置。如果铝框的运动方向改变了，那么感应电流和电磁力的分析也随之改变，不管铝框如何运动，电磁力总是起到阻尼作用，一旦运动停止，没有了感应电流，阻尼作用也就消失了。

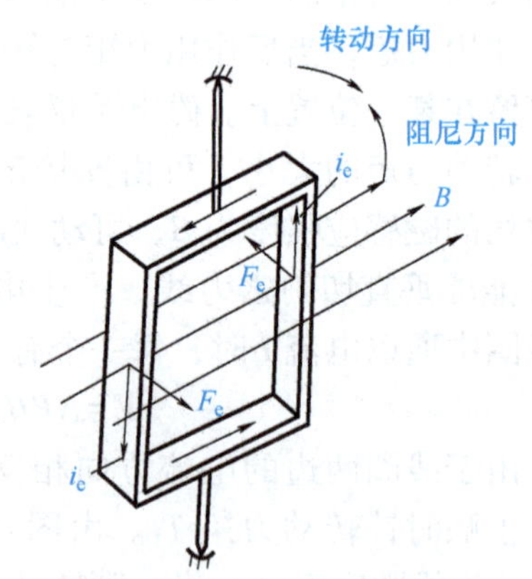

图 4-3 铝框产生阻尼力矩的示意图

i_e—感应电流 F_e—阻尼力

由以上分析可知，阻尼力矩只是在指针运动时才会产生，指针静止时是不会产生阻尼力矩的，所以阻尼器不会影响转动力矩和反作用力矩的平衡状态，也就是不会影响仪表的正确读数。

（3）磁电系仪表的特点和用途

1）特点。

① 只能测量直流。这是因为磁电系仪表的指针转动方向和电流方向有关，电流方向颠

倒，指针就会反转。如果在磁电系测量机构中直接通入交流电流，则所产生的转动力矩也是交变的，可动部分由于惯性作用，将赶不上电流和转矩的迅速交变而产生快速振动无法测量。所以磁电系仪表通常用来制作直流电压表和直流电流表，使用时应注意仪表接线的极性，必须使电流从仪表的“+”接线柱流入，“-”接线柱流出。

② 灵敏度高。因为磁电系仪表气隙中的磁场强，线圈匝数较多，所以很小的电流流过线圈就能产生明显的转动力矩，使指针偏转。

③ 准确度高。磁电系仪表由于采用了永磁铁，且工作气隙比较小，所以气隙磁场的磁感应强度较大，磁场强度稳定，可以减小由于摩擦、外磁场等原因引起的误差，提高了仪表的准确度。磁电系仪表的准确度可以高达 0.1 级。

④ 刻度均匀。因为仪表的指针转动角度与被测电流成正比，所以表盘标度尺的刻度均匀，读数方便。

⑤ 过载能力小。由于被测电流通过游丝导入可动线圈，所以电流过大容易引起游丝发热使弹性发生变化，产生不允许的误差，甚至可能因过热而烧毁游丝。另外，可动线圈的导线横截面积很小，电流过大也会使线圈发热甚至烧毁。

⑥ 仪表本身功耗小。

⑦ 结构较复杂，价格较高。

2）用途。

磁电系测量机构主要用于直流仪表，在直流标准表、直流便携式仪表和直流安装式仪表中都得到广泛应用。

磁电系测量机构的过渡电量是直流电流，只要把被测电量通过测量线路按一定关系变换为直流电流，就可以用它来构成不同功能、不同量程的仪表。

一个磁电系测量机构可以认为是一个电流表，也可以认为是一个电压表。例如，一个量程为 100μA 的磁电系测量机构，如果它的内阻是 1kΩ，那么当它的指针指在满刻度上时，测量机构两端的电压就是 100mV，因而完全可以把 100μA 的测量机构当成是一个 100mV 的电压表，只要把测量机构刻度板 100μA 换成 100mV 就可以了。通常磁电系测量机构用电流来表示其量程，可以看成是电流测量机构。磁电系测量机构较少单独使用，如果磁电系测量机构用并联分流电阻的方法扩大电流量程，就成为磁电系电流表；如果用串联附加电阻的方法来扩大电流量程，就成为磁电系电压表；如果磁电系测量机构加上整流变换装置也可以测量交流电，此时成为整流系仪表。

2. 电磁系仪表

（1）电磁系仪表的结构

电磁系仪表的结构主要有吸引型和推斥型两种。

1）吸引型电磁系仪表。

吸引型电磁系仪表的测量机构如图 4-4 所示。它的固定部分主要由固定线圈、可动部分由偏心装在转轴上的可动铁心、指针、游丝及磁感应阻尼器的阻尼翼片等组成。和磁电系仪表的测量机构不同，游丝中不流过电流，电磁系仪表中的游丝仅起到产生反作用力矩的作用。线圈通电后，产生的磁场吸引可动铁心，带动指针偏转，因此这种机构称为吸引型电磁系仪表测量机构。

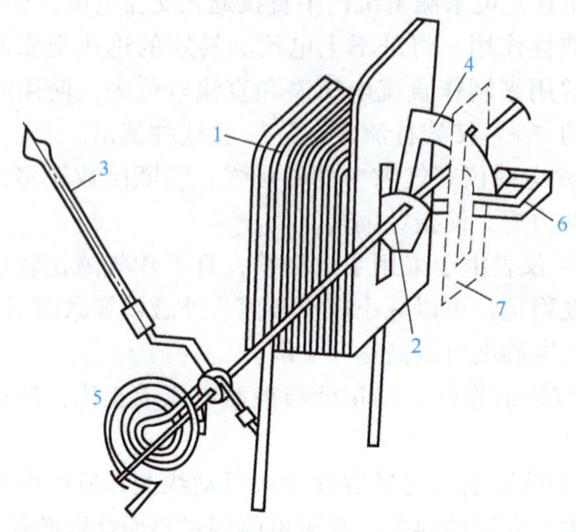

图 4-4　吸引型电磁系仪表的测量机构

1—固定线圈　2—可动铁心　3—指针　4—阻尼翼片　5—游丝　6—永磁铁　7—磁屏蔽

2）推斥型电磁系仪表。

推斥型电磁系仪表的测量机构如图 4-5 所示。它的固定部分主要由固定线圈和固定在固定线圈内部的静止铁心组成，可动部分由装在转轴上的可动铁心、指针、游丝及阻尼片等组成。当线圈通过被测电流时，动、静铁心同时被磁化，在它们的同一端有相同的磁化极性，从而产生推斥力，使可动铁心偏转，从而带动指针偏转，因此这种机构称为推斥型电磁系仪表的测量机构。

（2）电磁系仪表的工作原理

吸引型和推斥型电磁系仪表的工作原理类似，它们都是利用铁磁性物体（铁心）在通有电流的固定线圈中被磁化而产生的作用力形成转动力矩，从而使指针偏转。

在吸引型测量机构中，当被测电流通过线圈时，可动铁心被磁化。铁心磁化后的极性由线圈中的电流方向决定，如图 4-6 所示。

由图 4-6 可知，不管线圈中电流是什么方向，铁心和线圈都是相互吸引的，线圈磁场产生的吸引力吸引铁心形成转动力矩。这一转动力矩的方向与电流方向无关。所以，电磁系仪表不仅可以用来测量直流量，也可以测量交流量。

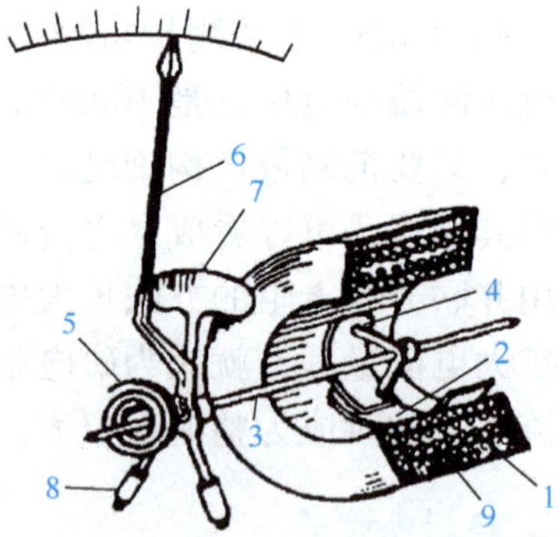

图 4-5　推斥型电磁系仪表的测量机构

1—固定线圈　2—静止铁心　3—转轴

4—可动铁心　5—游丝　6—指针

7—阻尼片　8—平衡锤　9—磁屏蔽

在推斥型测量机构中，当被测电流通过线圈时，可动铁心和静止铁心均被磁化，同一端具有相同的极性，因而互相推斥，可动铁心因受推斥力而偏转，从而带动指针偏转。当线圈电流方向改变时，它所产生的磁场方向也随之改变，两个铁心的极性也同时改变，所以仍然产生推斥力，推斥力的方向和转动方向不变，如图 4-7所示。

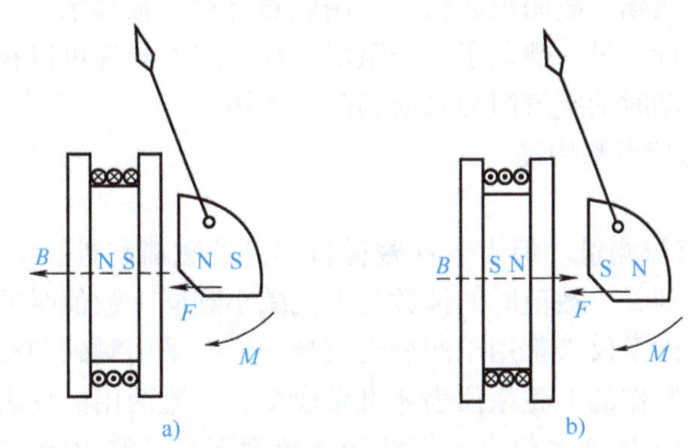

图 4-6 吸引型测量机构的工作原理

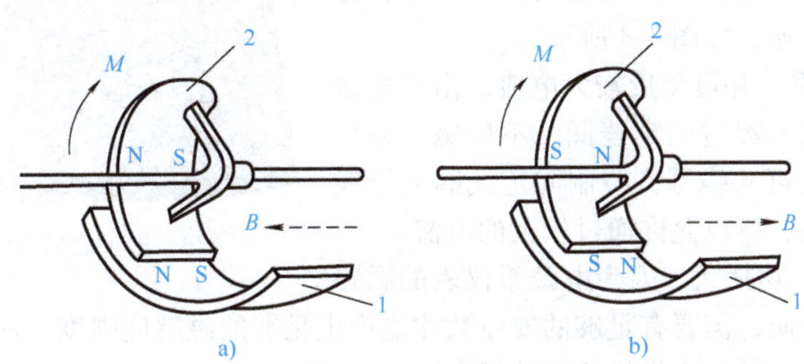

图 4-7 推斥型测量机构的工作原理
1—静止铁心 2—可动铁心

电磁系与磁电系测量机构的主要区别：电磁系测量机构的磁场是由线圈产生的，而磁电系测量机构则是由永磁铁产生的。

电磁系测量机构的转动力矩与流过固定线圈的电流的二次方成正比，即

$$T_1=K_1I^2$$

和磁电系仪表一样，电磁系仪表中的游丝产生的反作用力矩的大小与指针的偏转角度成正比，即

$$T_2=K_2\alpha$$

当反作用力矩与转动力矩平衡时，$T_1=T_2$，即

$$\alpha=\frac{K_1}{K_2}I^2=KI^2$$

式中，K 为比例常数，取决于测量机构的结构；I 为直流电流或交流电流的有效值。

由上式可知，电磁系仪表的指针偏转角度 α 与通过线圈的直流电流或交流电流的有效值的二次方成正比。

电磁系仪表测量机构的阻尼器有磁感应阻尼器和空气阻尼器两种。

如图 4-4 所示，磁感应阻尼器是利用阻尼翼片切割永磁铁的磁场，使翼片中感应出涡流，在磁场中受到电磁力，其方向与铁心的运动方向相反，从而产生阻尼力矩，原理与磁电系仪表中铝框的阻尼作用相似。因为永磁铁的磁场较强，而测量线圈的磁场很弱，为了避免

永磁铁的磁场干扰线圈磁场，故阻尼磁铁必须用软磁材料屏蔽起来。

空气阻尼器是在指针的另一侧装了一个阻尼叶片，阻尼叶片可以在一个密封的阻尼箱中运动，利用阻尼叶片运动时的空气阻力来起到阻尼作用。

（3）电磁系仪表的特点和用途

1）特点。

① 可以用于交、直流测量。但由于铁磁材料本身的磁滞特性，会使得电磁系仪表在测量直流量时，电流增大到某一数值时的读数与电流减小到同一数值时的读数不一致，存在磁滞误差，所以一般的电磁系仪表都用于测量交流量。只有采用剩磁和矫顽力较小的优质导磁材料，如坡莫合金材料制作的电磁系仪表才可做成交、直流两用的仪表。

② 刻度不均匀。因为电磁系仪表的指针转动角度不与被测电流成正比，而与电流的二次方成正比，所以表盘标度尺的刻度是不均匀的。在被测值较小时，分度较密，而被测值较大时，分度较疏，读数不方便，如图 4-8 所示。

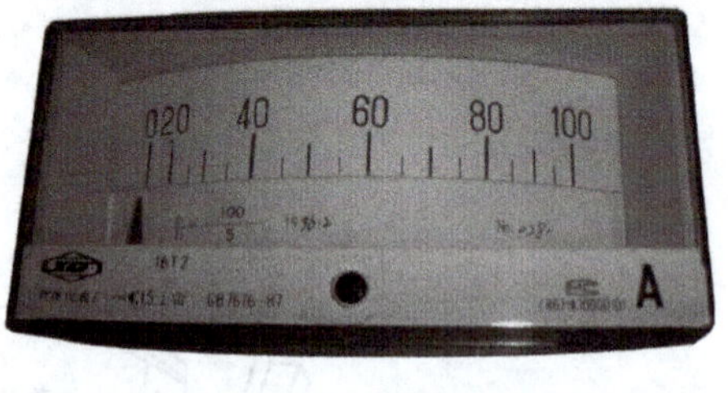

图 4-8　电磁系仪表的刻度

③ 过载能力强，并可测量较大电流。由于电磁系仪表的被测电流只经过固定线圈，不像磁电系仪表要通过游丝导入可动线圈，绕制固定线圈的导线的截面积可以较大，所以允许通过较大的电流。

④ 灵敏度低，功耗大。因为电磁系仪表的磁路大部分以空气为介质，需要有足够的安匝数才能产生足够的磁感应强度，从而产生足够的转动力矩，所以灵敏度低、测量机构的功耗大。

⑤ 防御外磁场干扰的能力较差。与磁电系仪表相比，电磁系仪表线圈磁场的工作气隙要大得多，磁场相对较弱，防御外磁场干扰的能力较差。

⑥ 结构简单，成本较低。

2）用途。

电磁系测量机构常用于制作交流电压表与交流电流表。目前，在电力系统的配电柜及电力设备上使用的安装式交流电流表与交流电压表，绝大部分都使用电磁系仪表。

3. 电动系仪表

（1）电动系仪表的结构

电动系仪表的测量机构如图 4-9 所示。它有两个线圈，一个是固定线圈，分成两段，既可以获得较均匀的磁场分布，又可以在线圈间安装转轴；另一个是安装在固定线圈内部的可动线圈。可动部分包括可动线圈、游丝、指针、空气阻尼器翼片等，都安装在转轴上。电动系仪表的测量机构一般采用空气阻尼器。阻尼力矩由空气阻尼器产生，用图 4-9 中空气阻尼箱表示。由图 4-9 可知，电动系仪表与磁电系仪表相

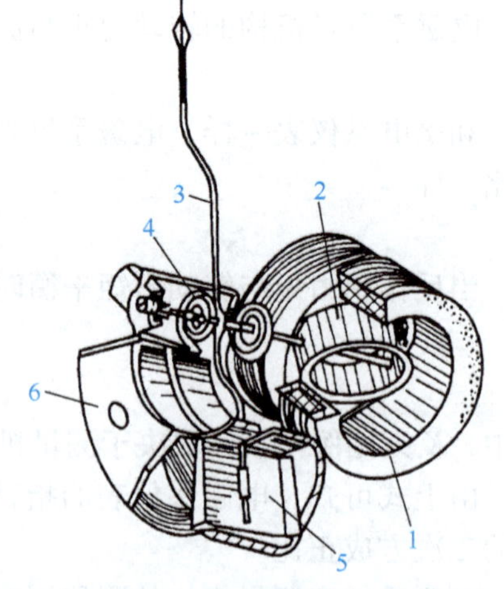

图 4-9　电动系仪表测量机构的结构示意图
1—固定线圈　2—可动线圈　3—指针
4—游丝　5—空气阻尼器翼片
6—空气阻尼箱

比，最大的区别是以固定线圈产生的磁场代替永久磁场。电动系仪表游丝与磁电系仪表游丝的作用一样，起到产生反作用力矩和引导电流的作用。

（2）电动系仪表的工作原理

当电动系仪表工作时，固定线圈和可动线圈中都通入电流，假设固定线圈中的电流为 I_1，可动线圈中的电流为 I_2。固定线圈中由于通入电流 I_1，产生磁场，其磁感应强度 B 与电流 I_1 成正比。通入电流 I_2 的可动线圈在磁场中受到电磁力的作用，形成转动力矩，如图 4-10 所示。

电磁力产生的转动力矩与磁电系仪表相似，与磁感应强度 B、可动线圈电流 I_2 的乘积成正比，即与两线圈中电流 I_1、I_2 的乘积成正比，即

$$T_1 = K_1 I_1 I_2$$

在转动力矩的作用下，可动线圈和指针发生偏转。当游丝产生的反作用力矩 $T_2 = K_2\alpha$ 与转动力矩 T_1 相等时，即

$$\alpha = \frac{K_1}{K_2} I_1 I_2 = K I_1 I_2$$

式中，K 为比例常数，取决于仪表本身的结构。

由上式可知，指针的偏转角度 α 与电流 I_1、I_2 的乘积成正比。

转动力矩是由电流 I_1 和 I_2 分别通过固定线圈和可动线圈所形成的磁场相互作用而产生的。当两个线圈中任意一个线圈的电流方向改变时，转动力矩的方向也随之改变，即指针偏转的方向随之改变。当两个线圈中的电流方向同时改变时，转动力矩的方向不变，即指针的偏转方向也不变，如图 4-10b 所示。因此电动系仪表不仅可以用于直流测量，也可以直接用于交流测量。

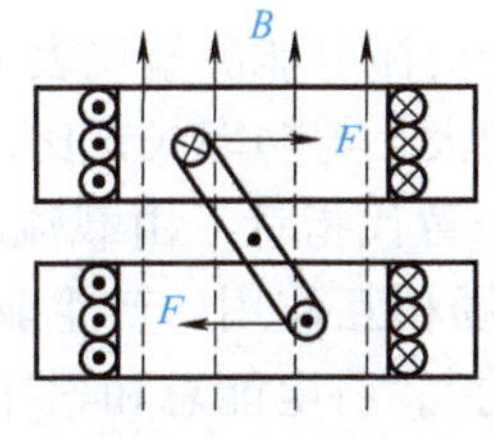

a) 可动线圈在固定线圈磁场中受到电磁力的作用产生转动力矩

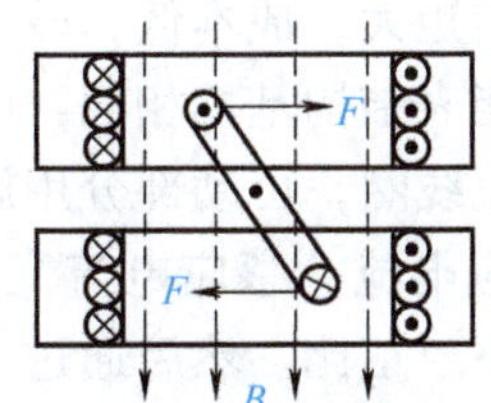

b) 两线圈中电流方向同时改变后，可动线圈受力方向不变

图 4-10　电动系仪表的工作原理

当电动系仪表用于交流测量时，两个线圈中通入交流电流，经过进一步分析可以证明，指针的偏转角度与两个线圈电流的有效值 I_1、I_2 以及两个电流之间的相位差的余弦 $\cos\varphi$ 成正比，即

$$T_1 = K_1 I_1 I_2 \cos\varphi$$

（3）电动系仪表的特点和用途

1）特点。

① 使用范围广。电动系仪表可以交、直流测量两用，既可以制作成功率表，也可以制作成电流表和电压表。

② 准确度高。由于电动系仪表中没有铁磁物质，所以不存在磁滞涡流效应，准确度可达0.1级。

③ 刻度特性。由于电动系仪表指针的偏转角与两电流乘积有关，故电动系功率表的刻度是均匀的。但电动系电流表或电压表的刻度是不均匀的。

④ 过载能力较差。和磁电系仪表一样，由于可动线圈中的电流要流过游丝，而可动线圈的导线和游丝都很细，因而过载能力较差。

⑤ 抗干扰能力较差。和电磁系仪表一样，因为电动系仪表本身磁场较弱，易受外界磁场干扰，所以一般都采取磁屏蔽和无定位结构以抵御外磁场。

2）用途。

由上面分析可知，电动系测量机构具有两个线圈，如果在制造时，把电动系仪表的两个线圈串联起来，通入同一股电流，此时仪表指针的偏转角 α 与线圈中电流的二次方成正比，情况与电磁系仪表相似，可以制成电动系电流表；如果把上述电流表串联附加电阻，可以改制成电动系电压表，仪表指针的偏转角 α 与线圈中电压的二次方成正比；如果把可动线圈作为电压线圈来反映被测电路的电压，把固定线圈作为电流线圈反映被测电路的电流，即可构成电动系功率表。

电动系仪表虽可以制作成交、直流电流表和电压表，但电动系仪表主要用来制作功率表。

4. 感应系仪表

（1）感应系仪表的结构

感应系仪表是利用两个或两个以上的线圈所产生的变化磁通在导电的金属转盘上感应出来的交变电流与变化的磁通相互作用产生转动力矩的仪表。因此，感应系仪表只能测量交流。由于感应系仪表转矩大，成本低，被广泛应用于交流电能测量仪表中，制成各种交流电能表。各种感应系电能表结构基本相同，因为电能的大小与功率成正比，所以它与功率表一样有着电压线圈与电流线圈，可动部分用旋转铝盘来替代指针，由载流线圈产生交变磁场，使旋转铝盘中产生感应电流，感应电流又和交变磁场相互作用，产生驱动力矩，使铝盘旋转，其旋转速度与功率成正比。然后通过“积算机构”，将电能总和累计后再指示出来。

感应系单相电能表的结构如图 4-11 所示，它主要由三个部分组成。

1）驱动部分。其由电流线圈、电压线圈、铁心、旋转铝盘、转轴等组成，用来产生转动力矩。电压线圈由匝数较多的细导线绕制而成，与负载并联，接受负载电压；电流线圈由匝数较少的粗导线绕制而成，与负载串联，电流流经负载。旋转铝盘安装在铁心的气隙中，两个线圈产生的交变磁通都穿过铝盘，铝盘在交变磁通的作用下感应产生涡流，并与磁通相互作用产生转动力矩。

2）制动部分。由永磁铁和旋转铝盘等组成，用来产生制动力矩。当铝盘转动时，铝盘切割磁力线产生涡流，涡流在磁场中受力产生制动力矩，平衡转动力矩，使铝盘匀速旋转。

3）积算机构。用来计算铝盘的转速，以便达到累计电能的目的。它包括装在转轴上的蜗杆、蜗轮和计数装置。铝盘的转动通过蜗杆和蜗轮传到计数装置以累计铝盘的转动圈数，铝盘每旋转若干转便可使其中的“字轮”转动一个“字”，字轮由若干位组成，低位的字轮每转动一周（10个字）可以使高位字轮转动一个字，显示出所测电能的“度”数。用电量

越大，所产生的转矩就越大，计量出用电量的数值就越大。

（2）感应系仪表的特点

1）只能用于交流测量。由于感应系仪表是靠交变磁通进行工作的，所以只能测量交流。同时由于旋转铝盘感应涡流的大小与交流电的频率有关，所以仪表中转动力矩的大小也和频率有关。因此感应系仪表只能测量某一固定频率的交流量。

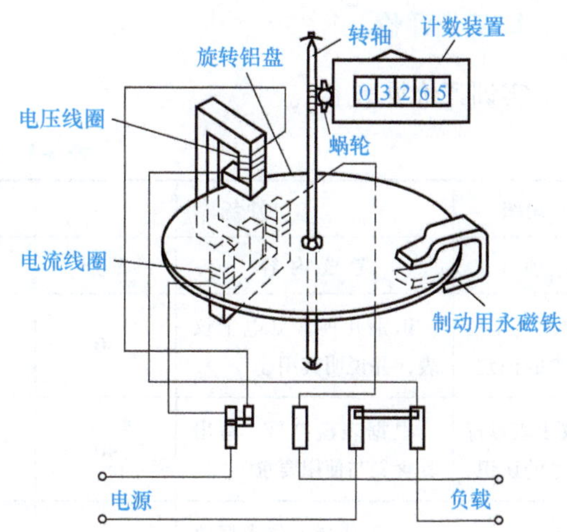

图 4-11　感应系单相电能表的结构

2）仪表的转动力矩较大，过载能力较强，防御外界磁场干扰的能力较强。因为感应系仪表中的线圈都带有铁心，能产生较强的磁场，并且仪表的电流线圈导线较粗，流过电流较大，因而仪表的转动力矩较大，过载能力较强。由于仪表自身的磁场较强，所以防御外界磁场的能力较强。

3）仪表的准确度较低。由于涡流的大小与旋转铝盘的电阻有关，而电阻的大小又受温度影响，因此，感应系仪表的读数容易受温度影响使仪表的准确度较低，一般家用电能表的准确度仅为 2.0 级。

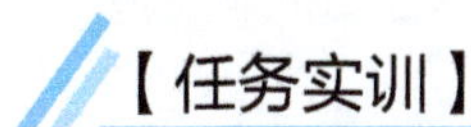

【任务实训】

各种仪表的认识

1. 实训目标

1）认识各种常用电工仪表，并能了解其使用要求。
2）认识各种电工常用仪表的符号及其意义。
3）学会正确使用电工仪表。
4）培养重视质量、安全文明操作等良好的习惯。

2. 实训器材

1）直流电压表、直流电流表、交流毫伏表、钳形电流表、万用表、绝缘电阻表、电能表、功率表等 8 种仪表。

2）电流表 1 块，其表盘如图 4-12 所示。

识别电流表表盘上的符号

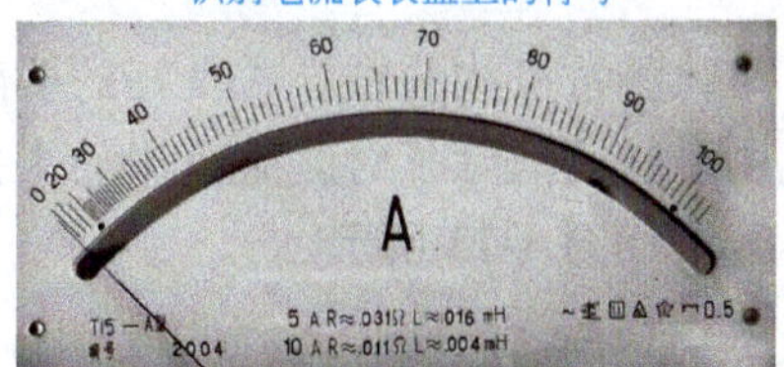

图 4-12　电流表的表盘认识

3. 实训内容

1）常用电工仪表的识别：写出仪表名称。
2）仪表表盘符号的认识：写出仪表符号意义、使用要求。

4. 实训评价

实训评价见表 4-1。

表 4-1 实训评价表

<table>
<tr><td>班级</td><td></td><td>姓名</td><td></td><td>学号</td><td></td><td>组别</td><td colspan="2"></td></tr>
<tr><td>项目</td><td colspan="2">考核内容</td><td>配分</td><td colspan="3">评分标准</td><td>自评</td><td>互评</td></tr>
<tr><td>常用电工仪表的识别</td><td colspan="2">识别几种常见电工仪表，并说明其用途</td><td>40</td><td colspan="3">不能正确识别与表达，每种扣 5 分</td><td></td><td></td></tr>
<tr><td>仪表表盘符号的认识</td><td colspan="2">根据表盘符号，写出其含义与使用要求</td><td>40</td><td colspan="3">表盘符号识别错误每处扣 5 分</td><td></td><td></td></tr>
<tr><td>安全文明操作</td><td colspan="2">1. 工作台上仪表摆放整齐
2. 严格遵守安全操作规程，正确按仪表要求摆放</td><td>20</td><td colspan="3">1. 工作台不整洁，扣 1~5 分
2. 仪表摆放不正确，每块仪表扣 5 分</td><td></td><td></td></tr>
<tr><td colspan="3">合计</td><td>100</td><td colspan="3"></td><td></td><td></td></tr>
<tr><td colspan="9">学生交流改进总结：</td></tr>
<tr><td colspan="9">教师总结及签名：</td></tr>
</table>

【知识拓展】

磁屏蔽与无定位结构介绍

电磁系仪表为了防止外磁场的干扰，常采用磁屏蔽或无定位结构。

1. 磁屏蔽

将测量机构装在导磁良好的屏蔽罩内，外磁场的磁力线将沿磁屏蔽罩通过而不进入测量机构，从而消除了对测量机构的干扰。为了进一步提高防御外磁场的能力，还可以采用双层屏蔽，如图 4-13 所示。

2. 无定位结构

测量机构的线圈分为两部分且反向串联，如图 4-14 所示。当线圈通电时，两线圈产生的磁场方向相反，但转动力矩仍是相加的。当有外磁场时，外磁场磁力线的方向将使一个线圈磁场被削弱，另一个却被增强，由于两部分结构完全对称，所以外磁场的作用就可相互抵消。采用无定位结构之后，仪表位置就可以随意放置。

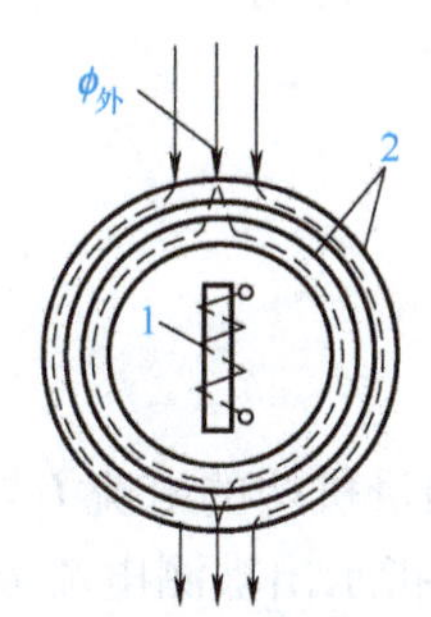

图 4-13　磁屏蔽原理示意图
1—测量机构　2—屏蔽罩

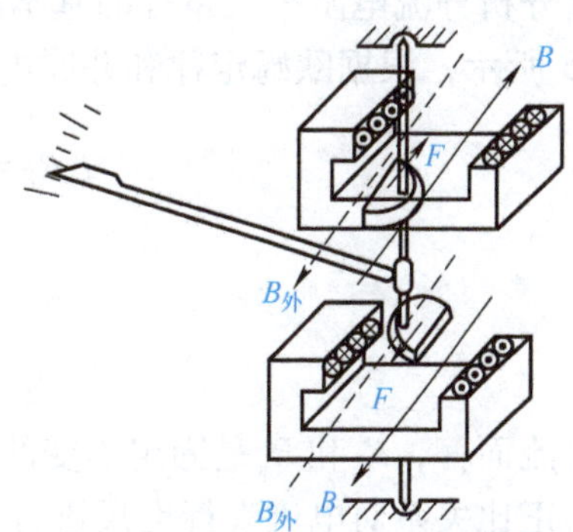

图 4-14　无定位结构示意图

任务二　直流电压表与直流电流表的使用

【任务概述】

通过对直流电路中电压与电流的测量，正确掌握直流电压表和直流电流表的使用方法，并通过测量与计算，加深对电路的基本定律、定理的理解，如欧姆定律、基尔霍夫定律等。另外通过电路的搭建，加深对电路的认识与理解。

【知识学习】

一、直流电流的测量

1. 直流电流表的组成和量程的扩展

直流电流表绝大多数采用磁电系直流电流表，但也有少数采用电动系电流表和电磁系电流表。其中磁电系直流电流表只能测量直流电流，而电动系电流表和电磁系电流表可以交、直流两用。这里主要介绍磁电系直流电流表的组成和量程的扩展。

直流电流表一般由磁电系测量机构和外加分流电阻组成，如图 4-15 所示。图 4-15 中 R_a 是分流电阻，它并联在测量机构的两端。由于磁电系测量机构的过载能力很小，如果直接用于电流测量，则电流量程很小，往往只有几十微安至几十毫安。所以必须并联分流电阻扩大其量程。分流电阻的作用是对被测电流 I 分流，使得通过测量机构的电流 I_c 能够被测量机构承受，并使电流 I_c 与被测电流 I 之间保持严格的比例关系。

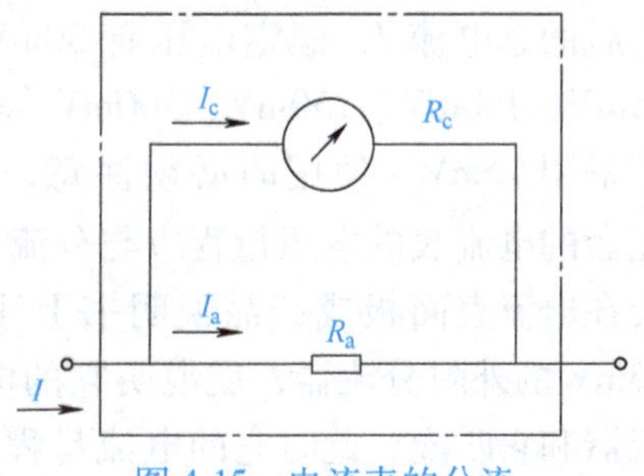

图 4-15　电流表的分流

下面着重分析分流电阻扩大量程的基本原理。

如图 4-15 所示，根据欧姆定律和并联电路的特点，可以得到

$$I_c R_c = I\frac{R_c \cdot R_a}{R_c + R_a}$$

所以

$$I_c = \frac{R_a}{R_c + R_a}I \qquad (4-1)$$

对某一电流而言，R_c和R_a是固定不变的，所以通过测量机构的电流I_c与被测电流I成正比。根据这一正比关系对电流表标度尺进行计算，就可以指示出被测电流I的大小。

如果用n表示量程扩大的倍数，即

$$n = \frac{I}{I_c}$$

由式（4-1）可得

$$R_a = \frac{1}{n-1}R_c \qquad (4-2)$$

式（4-2）表明，将测量机构的电流量程扩大n倍，则分流电阻R_a的阻值应为测量机构内阻R_c的$1/(n-1)$，即量程扩大的倍数越大，分流电阻的阻值就越小。另外，当确定测量机构及需要扩大量程的倍数以后，可以由式（4-2）计算出所需的分流电阻的阻值。

仪表的电流量程扩大倍数不是很大的情况下，通常分流电阻就与测量机构一起安装在表壳内。当测量机构电流达到满刻度时，流入电流表的电流I就比测量机构电流大n倍，只要把电流表刻度板上的数值按照扩大了的数值重新标出，就可以在电流表上直接读数了。

当被测电流很大时，分流电阻要通过很大电流，发热严重，就不能再把分流电阻安装在测量机构内了，通常将分流电阻做成外附分流器，测量时要和配套的电流表一起使用。分流器外形图如图 4-16a 所示。

图 4-16 中分流器有大小两对接线端，处于外侧一对大的接线端 1 称为电流接头，接线时与被测电流连接；内侧一对小的接线端 2 称为电位接头，接线时与电流表连接，分流器的接线图如图 4-16b 所示。

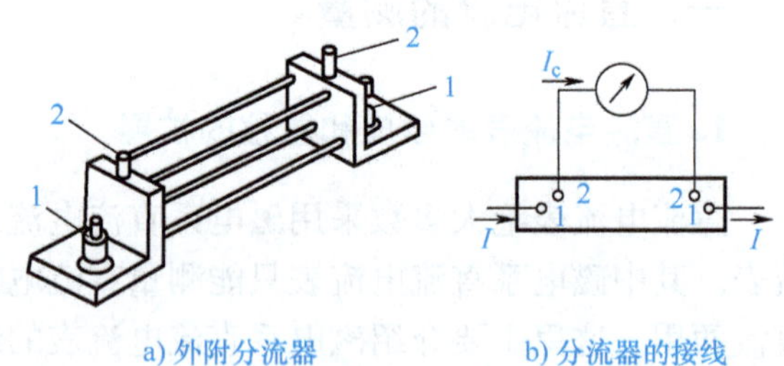

a) 外附分流器　　b) 分流器的接线

图 4-16　外附分流器及其接线图

1—电流接头　2—电位接头

分流器上一般不标明电阻值，而标注额定电流和额定电压值。额定电流是量程扩展之后的总电流I，额定电压有 30mV、45mV、75mV、100mV、150mV、300mV 等数种，通常采用 75mV。使用时必须注意，和分流器配套的电流表的电压量程应与分流器的额定电压值相等，否则电流表读数不正确。这一数值会在电流表面板或产品说明书上注明。例如，一个电流表刻度板上量程为 100A，注明用 75mV 的外附分流器，就说明它的电压量程为 75mV，那么就要用规格为 100A、75mV 的分流器和它匹配，此时它的电流量程为 100A。如果将它配上 500A、75mV 的分流器，则它的电流量程为 500A，这时电流表指示数值应乘以 5 才是所测的实际电流值。

2. 直流电流表的使用方法

（1）接线方法

测量直流电流时，应将电流表串接于被测电路的低电位一侧。同时应注意流入电流表中的电流极性和量程的选择。直流电流必须从电流表的“+”端流入，“-”端流出，不能接错，否则指针会反偏，既影响正常测量，也容易造成电流表损坏。

由于电流表内阻很小，如果不慎将电流表并联在电路两端，则电路将被短路，电流表将烧坏，在使用中应特别注意。

由于电流的测量需要断开被测电路，再将电流表串联在被测电路中，测量完毕必须恢复电路，整个过程相对于电压测量较为烦琐，故而实际工作中电流测量应用较少，一般测量电路的电压。但这并不是说电流测量不重要，在很多场合下也需要测量电流。

（2）量程选择

根据被测电流大小选择直流电流表相应的量程，使选择的量程大于被测电流的数值。如果量程选择不当，例如小档位测大电流，容易超过量程，甚至烧坏电流表；而假如用大档位测小电流，指针偏转很小，无法读数，影响测量精度。在测量时一般要对被测电流有一个估计，再选择合适的量程。如果无法估算被测电路电流，可由大到小逐档试验，直至选到合适的档位。为了减小测量误差，选择电流表的量程还应注意使电流表的指针工作在不小于满刻度值的 2/3 区域。

（3）测量注意

1）测量前，应检查电流表指针是否对准“0”刻度线。

2）读数时，应让指针稳定后再进行读数，并尽量保持视线与刻度盘垂直。如果刻度盘上有反光镜，应使指针与镜中的影像重合，以减小误差。

（4）电流表内阻对测量的影响

由于电流表有内阻，串入电路后将使被测支路的电阻增大，电流减小，误差增大，对电路有所影响。所以要合理选择电流表内阻。对于电流表，要求其内阻越小越好，通常要求电流表的内阻要远小于被测电路内与它串联的负载电阻。

二、直流电压的测量

1. 直流电压表的组成和量程的扩展

和直流电流表一样，直流电压表绝大多数采用磁电系直流电压表，但也有少数采用电动系电压表和电磁系电压表。其中磁电系直流电压表只能测量直流电压，而电动系电压表和电磁系电压表可以交、直流两用。这里主要介绍磁电系直流电压表的组成和量程的扩展。

直流电压表一般由磁电系测量机构和外加串联附加电阻组成，如图 4-17 所示。图中 R_v 是附加电阻，它串联在测量机构内。

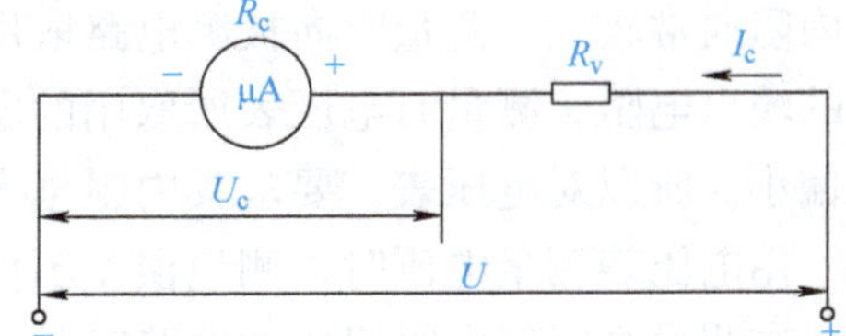

图 4-17 直流电压表的组成

我们知道，一个磁电系测量机构可以作为电压表，但量程太小。在测量电压时为了尽可能不影响电路的状态，希望通过电压表的电流越小越好，所以直流电压表的测量机构通常采用微安测量机构，再串联附加电阻以扩大量程。

设某个微安测量机构的电流量程为 I_c，内阻为 R_c，附加电阻为 R_v，串联附加电阻后制成的电压表量程为

$$U=(R_c+R_v)I_c$$

若已知电压表量程 U、微安测量机构的电流量程 I_c 及内阻 R_c，则附加电阻 R_v 为

$$R_v=\frac{U}{I_c}-R_c=R-R_c$$

式中，R 为电压表内阻；对电压表来说，其内阻 $R=\frac{U}{I_c}=\frac{1}{I_c}U$。

由上式可见，电压表的内阻就是测量机构电流量程的倒数 $1/I_c$ 乘以电压量程 U。

电流量程的倒数 $1/I_c$ 还可以写成：

$$\frac{1}{I_c}=\frac{R}{U}$$

其物理意义就是对于每 1V 电压量程，电压表应有多大的内阻，称为电压表的每伏欧姆数。电压表的每伏欧姆数又称为电压表的灵敏度，它决定着电压表在测量时取自被测电路的电流值。电压表的灵敏度越高，即每伏欧姆数越大，测量时电压表取自被测电路的电流值越小。磁电系电压表的灵敏度高，而电动系电压表和电磁系电压表的灵敏度较低。

在已知每伏欧姆数后，计算电压表的内阻或计算扩大量程所需的附加电阻的阻值就十分方便。

2. 直流电压表的使用方法

（1）接线方法

测量直流电压时，应将电压表并联在被测电路的两端。同时应注意电压表的极性和量程的选择。测量电路中某两点之间的电压时，电压表的“+”端应接在被测电压的高电位端，“-”端应接在被测电压的低电位端。

（2）量程选择

根据被测电压大小选择直流电压表相应的量程，使选择的量程大于被测电压的数值。不要将小量程的电压表接入高电压的电路，以免电压表因过电压而损坏。为了减小测量误差，选择电压表的量程还应注意使电压表的指针工作在不小于满刻度值的 2/3 区域。

（3）电流表内阻对测量的影响

由以上分析可知，电压表内阻决定着电压表在测量时取自被测电路的电流值。尽管电压表内阻通常较大，测量时向被测电路取用的电流也较小，但由于电路的电压测量端总存在一定的输出电阻，测量时电压表所取用的电流在这一电阻上总会产生一些电压降，使电压表读数偏小。所以对电压表，要求其内阻越大越好。

用电压表测量电压时，测量误差不仅与电压表内阻有关，还与电路测量端的输出电阻有关。在测量高阻值电阻组成的电路时，电压表的内阻对测量的影响就不能忽略，为了减小测量误差，应尽量选择内阻高的电压表。

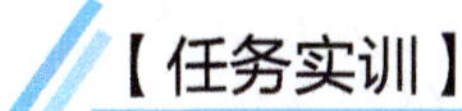
【任务实训】

直流电的测量

1. 实训目标

1）能识读原理电路图，并连接电路。
2）深刻理解电流的概念，正确识别电流的方向。
3）深刻理解电压、电位的基本概念。
4）掌握直流电流表测量直流电流的正确方法。
5）掌握直流电压表测量直流电压、电位的正确方法。

2. 实训器材

亚龙 YL-135 电子工艺实训考核装置一套、直流电流表和直流电压表各一块、电工工具一套，其余元器件见表 4-2。

表 4-2　测量元件清单

名　称	电路符号	实　物　图	规　格	功　能
开关	S		220V/2A	控制电路通断
白炽灯	HL		24V/5W	作为负载
电源	E		0~24V 可调	电路的能量来源
导线				使电路构成通路

3. 实训内容

本实训内容分为直流电流的测量和直流电压、电位的测量。

（1）直流电流的测量

1）直流电流测量电路的连接。

识读原理图，根据所给原理图连接电路。电流测量电路实现以下功能：开关闭合，白炽灯发光；开关断开，白炽灯熄灭。电路原理图如图 4-18 所示。

2）直流电流的测量。

① 选择合适的电流量程，闭合开关 S，将测量结果填写在相应的测量结果记录表 4-3 内。

② 改变电流表的位置，重新测量电路中的电流。

断开开关 S，切断 A 点导线，将电流表连接在 A 点位置，闭合开关 S，重新测量电路中的电流。将测量结果填写在相应的测量结果记录表 4-3 内。依此类推，将电流表连接在 B 点，记录电路中的电流。

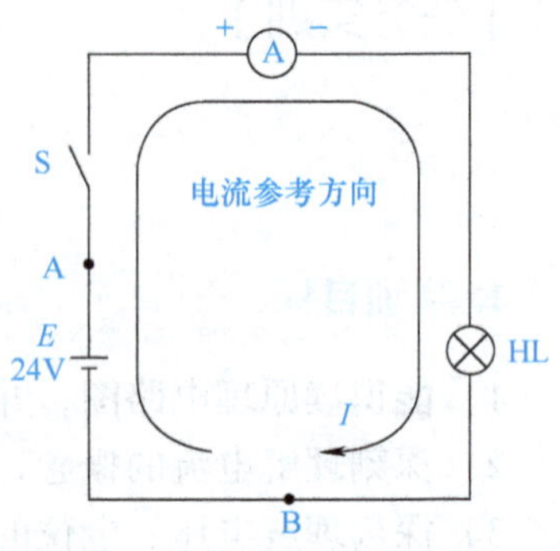

图 4-18　电流测量电路

测量注意事项：每次改变电流表电路接线，都必须断开电源开关，不得带电操作。

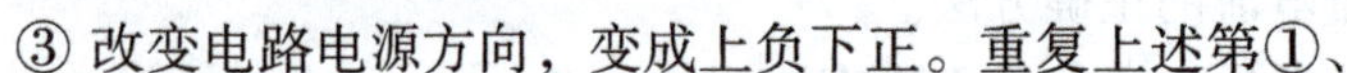

③ 改变电路电源方向，变成上负下正。重复上述第①、②步。要求电路电流的参考方向仍然是顺时针方向，注意电流的正负。

表 4-3　电流测量结果记录表

测　量　点		原 始 位 置	A 点	B 点
电流/A	电源上正下负			
	电源上负下正			

（2）直流电压、电位的测量

1）直流电压、电位测量电路的连接。识读原理图，根据原理图正确连接电路，实现以下功能：开关闭合，白炽灯发光；开关断开，白炽灯熄灭。电路原理图如图 4-19 所示。

2）直流电压、电位的测量。按表 4-4 要求，测量各直流电位、电压并记录。

注意： 以 E 点为参考点，依次测量 A、B、C、D、E 各点电位，即电压表的“−”端固定接触在 E 点，“+”端依次接触 A、B、C、D、E 各点进行测量，将测量结果填写在相应的表格内；测量 U_{BC}，即电压表的“+”端接在 B 点，“−”端接在 C 点，将测量结果填写在相应的表格内。

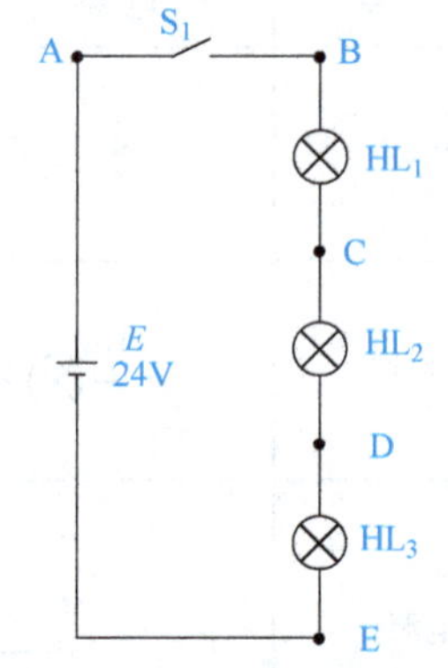

图 4-19　电压与电位的测量

表 4-4　电压与电位测量结果记录表

		U_A/V	U_B/V	U_C/V	U_D/V	U_E/V	U_{BC}/V	U_{CD}/V
测量值	以 E 点为参考点							
	以 D 点为参考点							
计算值	以 E 点为参考点							
	以 D 点为参考点							

4. 实训评价

直流电测量的评价标准见表 4-5。

表 4-5 直流电测量评价表

班级		姓名		学号		组别	
项目	考核内容	配分	评分标准			自评	互评
原理图的识别	1. 元器件的识别 2. 电路图功能的描述	20	1. 不能正确识别白炽灯，开关未按规定型号选取，每处扣 5 分 2. 不能正确描述电路功能，扣 5 分				
电路的连接	电路的正确连接	25	1. 不能正确连接电路，每处扣 5 分 2. 电路连接点不牢固，每处扣 5 分 3. 不能正确调试电路，每处扣 5 分				
电路的测试	1. 正确选择直流电压表的量程 2. 正确选择直流电流表的量程 3. 正确读数	45	1. 不能正确选择直流电压表的量程，每次扣 5 分 2. 不能正确选择直流电流表的量程，每次扣 5 分 3. 不能正确读数，每处扣 5 分				
安全文明操作	1. 工作台上工具摆放整齐 2. 严格遵守安全操作规程	10	1. 工作台不整洁，扣 1~5 分 2. 违反安全操作规程，酌情扣 1~5 分				
合计		100					
学生交流改进总结：							
教师总结及签名：							

【知识拓展】

人物介绍

亚历山德罗·朱塞佩·安东尼奥·安纳塔西欧·伏特（Count Alessandro Giuseppe Antonio Anastasio Volta，1745—1827 年），意大利物理学家，因在 1800 年发明伏打电堆而著名。

古斯塔夫·罗伯特·基尔霍夫（Gustav Robert Kirchhoff，1824—1887 年），德国物理学家。

1845 年，21 岁时他发表了第一篇论文，提出了稳恒电路网络中电流、电压、电阻关系的两条电路定律，即著名的基尔霍夫电流定律（KCL）和基尔霍夫电压定律（KVL），解决了电器设计中电路方面的难题。后来又研究了电路中电的流动和分布，从而阐明了电路中两点间的电势差和静电学的电动势这两个物理量在量纲和单位上的一致。基尔霍夫被称为“电路求解大师”。

任务三　交流电压表与交流电流表的使用

【任务概述】

交流电是相对于直流电的另一种重要电能，它的最基本形式是正弦交流电。在工农业生产、生活中有着极为广泛的应用，因此掌握正弦交流电的测量显得尤其重要。

通过对交流电路中电压与电流的测量，正确掌握交流电压表和交流电流表的使用方法，并通过测量与计算，加深对交流电路的认识与理解。

【知识学习】

一、交流电流的测量

1. 交流电流表的组成

交流电流表有电磁系电流表和电动系电流表，但大多数都采用电磁系电流表。电磁系电流表可以直接用于交流电流的测量，是交流电流表中最简单的一种，能在相当宽的范围内直接测量交流电流。

电磁系交流电流表不采用并联分流电阻的方法来扩大量程，而通常根据其结构特点，利用改变线圈匝数的方法制成多量程电流表。图 4-20 是双量程交流电流表的改变量程的示意图。通常把固定线圈分成两段并把接线端引出在仪表的外壳上，通过接线片的串联或并联两种接法，使仪表获得两种量程。

在测量大电流时，电磁系电流表也不采用外接分流器的方法，而是采用与电流互感器配套来扩大量程。

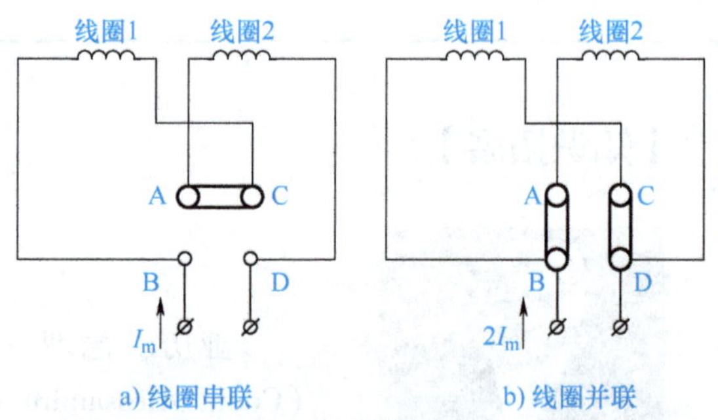

图 4-20　双量程电磁系电流表改变量程的示意图

2. 电流互感器

电流互感器和电压互感器统称为互感器。互感器是按一定比例和准确度变换电流或电压大小的仪器。互感器在电工测量中的作用有两个，一是扩大交流测量仪表的量程，二是使测量仪表和被测电路高压隔离，以保证仪表和操作人员的安全。

（1）电流互感器的结构与原理

电流互感器的结构原理图如图 4-21 所示。电流互感器是依据电磁感应原理工作的，由

闭合的铁心和绕组组成。一次绕组 L_1L_2 匝数很少，串联在需要测量的电流的线路中；二次绕组 K_1K_2 匝数比较多，串联在测量仪表和保护回路中。

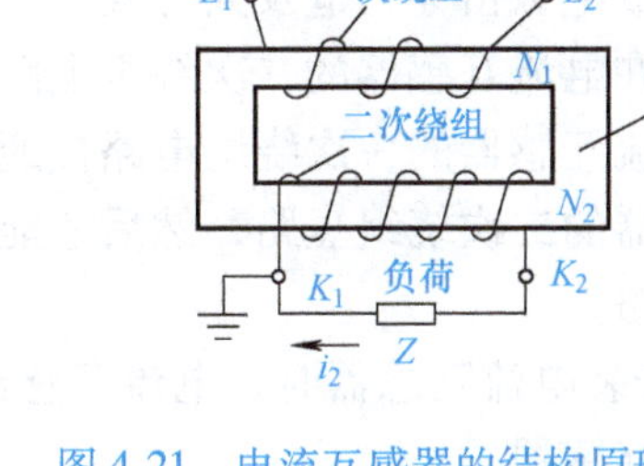

图 4-21 电流互感器的结构原理图

电流互感器的工作原理与变压器原理相似，一、二次绕组中电流关系：

$$\frac{I_1}{I_2}=\frac{N_2}{N_1}=K_{\mathrm{i}}$$

即

$$I_1=\frac{N_2}{N_1}I_2$$

可见，只要测出 I_2，就可得出被测电流 I_1，即使用电流互感器后将电流表的量程扩大 K_{i} 倍。实际上，与电流互感器配套的交流电流表刻度已按照乘以 K_{i} 后的数值标出，所以可以在交流电流表刻度上直接读数。

电流互感器的一次绕组的额定电流有多种规格，如 200A、300A、600A、1000A 等，但电流互感器的二次绕组的额定电流一般都设计为 5A。因此与电流互感器配套使用的交流电流表的量程应选择 5A。具体接线图如图 4-22 所示。

常用的电流互感器外形如图 4-23 所示，为穿心式电流互感器，其特点是没有一次绕组，使用时把大电流铜排或电缆穿过电流互感器的铁心作为一次绕组。

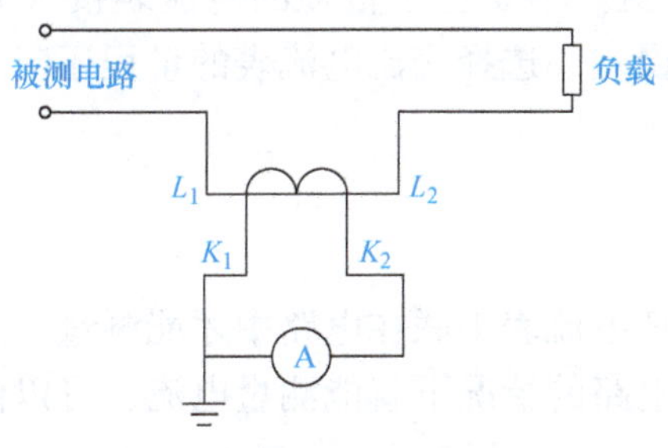

图 4-22 电流互感器的接线图

图 4-23 穿心式电流互感器

（2）使用电流互感器的注意事项

1）电流互感器的选择。用于供配电线路的电流互感器的二次绕组额定电流为 5A，都是配用 5A 量程的交流电流表。使用时应根据被测电流的范围选择合适的电流互感器的一次绕组额定电流与变流比，如 200A/5A、500A/5A 等。同时还要注意电流互感器的额定电压的选择，额定电压等级必须与被测线路电压等级相适应。

2）电流互感器的接线应遵守串联原则：即一次绕组应与被测电路串联，而二次绕组则与所有仪表负载串联。

3）电流互感器二次侧绝对不允许开路。电流互感器在正常工作时，二次侧近似于短路。

它的一次绕组与负载串联，其中 I_1 大小取决于负载的大小，不取决于二次绕组电流 I_2。此时电流互感器的磁通由一、二次绕组的 I_1 和 I_2 两个电流共同产生。但二次绕组开路时，I_2 为零，但是一次绕组电流不会像普通变压器那样，因为 I_2 的减小而减小，而是 I_1 电流不变。

此时由于二次绕组的磁通势消失，电流互感器铁心中的磁通全由一次绕组的磁通势产生，结果造成铁心内有大量磁通，使铁心因磁饱和而过热，而且在二次绕组的开路端口又会感应出高压，造成绝缘击穿，危及人身安全。因此，电流互感器的二次绕组是严禁开路的，在使用时不允许在电流互感器的二次绕组电路中装设熔断器。

在电流互感器的一次绕组电路接通情况下，如需拆除或更换二次绕组仪表时，首先应将电流互感器的二次绕组短路，然后才能拆除或更换二次绕组仪表，以免在操作过程中造成二次绕组开路。

4）安装电流互感器时，电流互感器的铁心及二次绕组的一端应同时可靠接地，特别是高压电流互感器。

5）电流互感器在连接时，必须注意一、二次绕组接线端的极性。如果接错不仅会使功率表、电能表反向偏置，在三相测量电路中还会引起其他严重故障。

3. 交流电流表的使用

（1）接线方法

测量交流电流与测量直流电流一样，要将电流表串联在被测电路中，接线时不需要考虑极性。

（2）量程选择

交流电流表的量程选择与直流电流表的量程选择一样，应根据被测电流大小选择交流电流表的量程，使选择的量程大于被测电流的数值。不要将小量程的电流表接入大电流的电路，以免电流表因过载而损坏。为了减小测量误差，选择交流电流表的量程还应注意使电流表的指针工作在不小于满刻度值的2/3区域。

4. 钳形电流表

使用电流表串联电路时，必须断开电路后把电流表串联在电路中才能测量，这样当电路工作时就无法进行测量了。为了做到在不断开电路的情况下就能测量电流，可以使用钳形电流表。

钳形电流表有钳形交流电流表（如T-301型）和钳形交、直流电流表（如MG-20型）。钳形交流电流表实际上是穿心式电流互感器与整流系电流表组合而成的便携式的交流电流测量仪表，外形如图4-24所示。

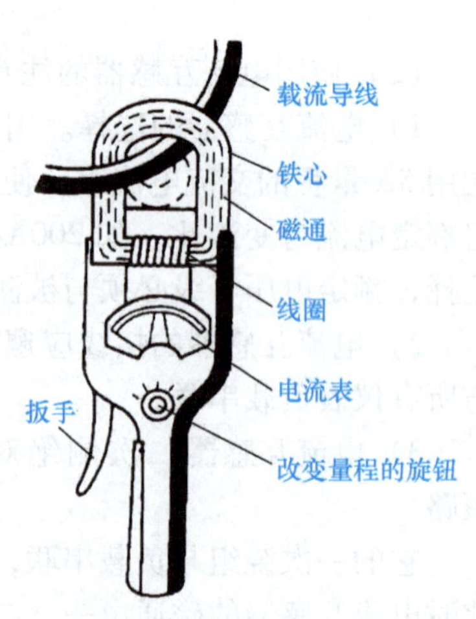

图4-24　钳形交流电流表

电流互感器的二次绕组连接电流表，电流互感器的铁心制成可开可闭的钳形，测量时捏住手柄打开铁心，使通电导线穿过铁心，然后再松开手柄使铁心闭合，此时通电导线相当于电流互感器的一次绕组，连接在二次绕组的电流表就能直接读出通电导线上的被测电流值。钳形电流表大多有几档量程，是通过改变电流互感器的电流比来实现的，可以调节手柄上的转换开关来改变量程。

钳形交、直流电流表的工作原理与钳形交流电流表不同，它采用电磁系仪表，利用被测电流在铁心中产生的磁场

来吸引铁片，带动指针偏转。

一般来讲，钳形交流电流表的准确度较低，交、直流两用的钳形表准确度更低。

钳形电流表便于携带，使用方便，在电工测量中使用广泛。在使用时，应注意下列几点：

1）用钳形电流表测量电流时，由于是直接手持钳形电流表在带电的线路上测量，因而要特别注意安全。钳形电流表只能测量低压电流，不能测量裸导体的电流。

2）用钳形电流表测量电流时，要选择合适的量程。如果对被测电流不能估计出大概数值时，应先用最大电流量程测出大概数值，然后再用转换开关选择合适的电流量程进行测量。但不要在测量过程中转换量程。

3）测量小电流时，如果使用最小的电流档进行测量，电流读数仍较小，则可以把被测导线在钳口上绕若干圈，这样就能使电流表的读数增大若干倍，被测电流的实际值就等于电流表读数除以倍数。

二、交流电压的测量

1. 交流电压表的组成

交流电压表大多数采用电磁系仪表，也有采用电动系仪表及磁电系仪表和整流变换装置组成的整流系仪表。

因为电磁系测量机构电流大，内阻小，测量机构的电压量程很小，所以不能直接作为电压表使用。与磁电系电压表一样，采用串联附加电阻的方法可制成多量程的交流电压表，如图 4-25 所示。

在测量高电压时，不采用串联附加电阻的方法，而是采用电压互感器，将高电压降低后再送入仪表测量。

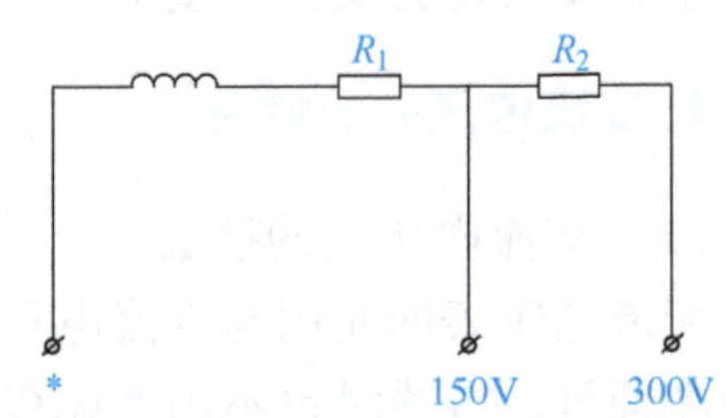

图 4-25　双量程电磁系电压表的组成

2. 电压互感器

（1）电压互感器的结构和工作原理

电压互感器的接线图如图 4-26 所示。其中 A、X 为一次绕组，匝数 N_1稠密；a、x 为二次绕组，匝数 N_2稀疏。两个绕组 A 与 a 是同名端（即同极性端）。

测量时，一次绕组与被测电路并联，二次绕组接电压表或其他仪表（功率表、电能表）的电压线圈。由于仪表的电压支路电阻较大，所以电压互感器的工作状态相当于一个减压变压器空载状态。根据变压器原理可得

$$\frac{U_1}{U_2}=\frac{N_1}{N_2}=K_U$$

式中，K_U为电压互感器的电压比。即

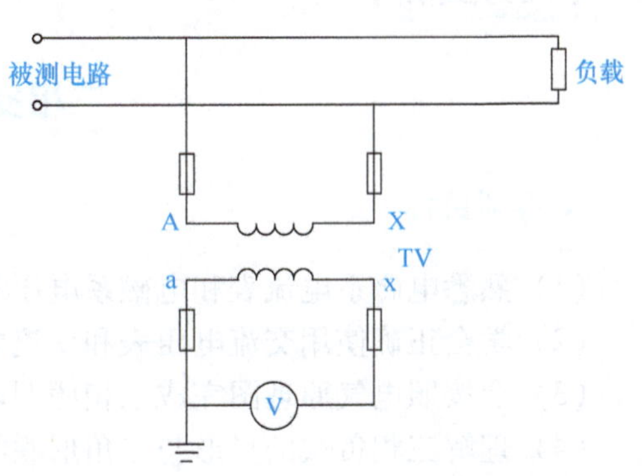

图 4-26　电压互感器的接法

$$U_1 = K_U U_2$$

可见，只要测出二次电压 U_2，就可以得出一次电压（即被测电压）$U_1 = K_U U_2$，使用电压互感器后将交流电压表扩大了 K_U倍。为了便于读数，实际上与电压互感器配套使用的交流电压表刻度值已经按照乘以 K_U后的数值标出，所以刻度上读出的就是被测电压 U_1。

为了便于使用，尽管电压互感器的一次绕组额定电压有 600V、1000V、35000V 等，但电压互感器的二次绕组额定电压一般都设计为 100V，如 600V/100V、10000V/100V、35000V/100V 等。因此，与电压互感器配套使用的交流电压表的量程应为 100V。

（2）使用电压互感器的注意事项

1）选择电压互感器时，应从电压互感器的电压等级和容量两方面考虑。电压互感器一次绕组的额定电压应略大于被测电压，二次绕组的额定电压一般为 100V，与电压互感器配套的交流电压表量程应为 100V。电压互感器的容量应大于二次回路所有测量仪表的负载功率。

2）电压互感器的一、二次绕组都不允许短路。电压互感器正常工作时，二次绕组近似为开路状态。如果二次绕组短路，则会烧毁电压互感器，为此电压互感器的一、二次绕组都应安装熔断器。

3）安装电压互感器时，电压互感器的铁心和二次绕组的一端要可靠接地，以防止一、二次绕组之间绝缘损坏或击穿时，一次绕组的高压窜入二次绕组，危及人身与设备安全。

4）在连接电压互感器时，注意一、二次绕组接线端的极性不能接反，尤其在三相测量系统中，接反将会发生严重事故。

3. 交流电压表的使用

（1）交流电压表的接法

交流电压表的使用与直流电压表的使用相同，只要把交流电压表的两端并联在被测电压的两端即可，接线时也不用考虑极性。

（2）交流电压表量程的选择

应根据被测电压的大小来选择交流电压表的量程，使选择的量程大于被测电压的数值。不要将小量程的电压表接入高电压的电路，以免电压表因过压而损坏。为了减小测量误差，选择交流电压表的量程还应注意使电压表的指针工作在不小于满刻度值的 2/3 区域。

【任务实训】

三相交流电的测量

1. 实训目标

（1）熟悉电磁系电流表和电磁系电压表的结构与原理。

（2）学会正确使用交流电压表和交流电流表测量交流电压和交流电流。

（3）会按照电气原理图完成三相照明电路的安装。

（4）理解三相负载的星形与三角形联结的相电压与线电压、线电流与相电流的概念。

（5）理解三相交流电路中性线的作用。

2. 实训器材

亚龙 YL-135 电子工艺实训考核装置一套，交流电压表一块，钳形电流表一块，电工工具一套，白炽灯 6 盏，导线若干。

3. 实训内容

（1）对称三相负载的三角形联结、星形联结（见图 4-27）

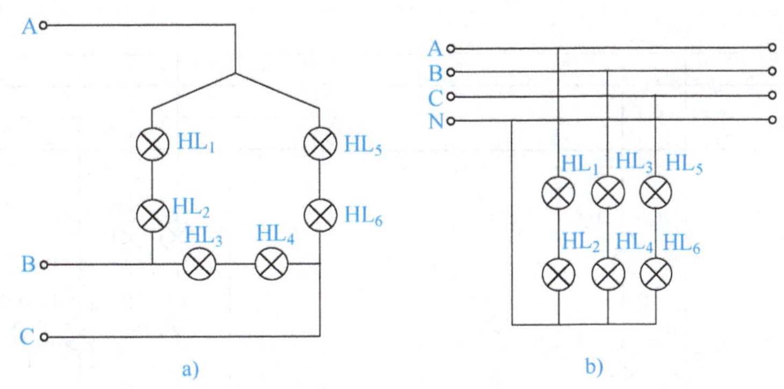

图 4-27 对称三相负载的三角形联结、星形联结

分别按图 4-27a、图 4-27b 两次接线，经教师检查无误后方可闭合电源开关，通电测量，将测量结果记录在表 4-6 中（注意测量完毕及时断开电源，绝对不允许带电插拔导线，以免引起设备和人身事故）。

表 4-6 三相对称负载电路中电压、电流的测量

三角形接法负载相电压			星形接法负载相电压			中性线电流
U_{AB}	U_{BC}	U_{CA}	U_{AN}	U_{BN}	U_{CN}	
负载相电流			负载相电流			
I_{AB}	I_{BC}	I_{CA}	I_A	I_B	I_C	
负载线电流			负载线电流			
I_A	I_B	I_C	I_A	I_B	I_C	

（2）不对称三相负载的星形联结（见图 4-28）

分别按图 4-28a、图 4-28b 接线，经教师检查无误后方可闭合电源开关，通电测量，将测量结果记录在表 4-7 中。

表 4-7 三相不对称负载电路的电压与电流的测量

无中性线负载相电压			有中性线负载相电压			中性线电流
$U_{AN'}$	$U_{BN'}$	$U_{CN'}$	U_{AN}	U_{BN}	U_{CN}	

（续）

无中性线负载相电压			有中性线负载相电压		
负载相电流			负载相电流		
I_A	I_B	I_C	I_A	I_B	I_C
负载线电流			负载线电流		
I_A	I_B	I_C	I_A	I_B	I_C

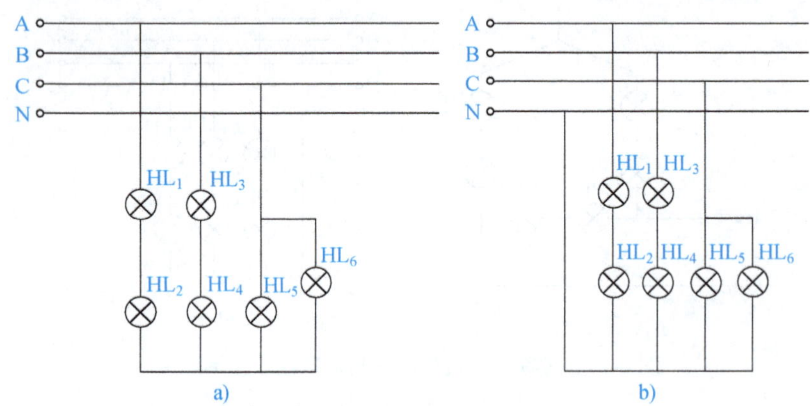

图 4-28　不对称三相负载的星形联结

4. 实训评价（见表 4-8）

表 4-8　三相交流电测量评价表

班级		姓名		学号		组别	
项目	考核内容		配分	评分标准		自评	互评
电路的连接	正确连接电路		40	1. 不能正确连接电路，每次扣 5 分 2. 不能自查改正接线，每次扣 5 分			
电路的测试	1. 正确选择交流电压表的量程 2. 正确选择钳形电流表的档位 3. 正确读数		50	1. 不能正确选择交流电压表的量程，扣 5~15 分 2. 不能正确选择钳形电流表的档位，扣 5~15 分 3. 不能正确读数、处理数据，每处扣 5 分			
安全文明操作	1. 工作台上工具摆放整齐 2. 严格遵守安全操作规程		10	1. 工作台不整洁，扣 5 分 2. 违反安全操作规程，酌情扣 1~5 分			
合计			100				
学生交流改进总结：							
教师总结及签名：							

【知识拓展】

用钳形电流表测量交流电流

测量电流必须把电流表串联接入被测电路，因此，一定要先断开电路，再接入仪表，测量完毕后，再把仪表拆除。这给测量工作带来许多不便。钳形电流表的突出优点是不必断开被测电路，就可以测量交流电流，给电流的带电测量带来极大的方便。因此，钳形电流表成了电工常用的仪表之一。

1. 钳形电流表的使用

（1）用前检查

1）外观检查。钳形电流表的各部位应完好无损；钳把操作灵活；钳口铁心应无锈、闭合紧密；铁心绝缘护套应完好；指针应能自由摆动；档位变换应灵活。

2）调整。将钳形电流表平放，指针应指在零位，否则应调零。

（2）测量步骤

1）选择适当的档位。选档原则是：若已知被测电流的范围，选用大于被测值但又与之最接近的档位。若不知被测电流范围，可先置于电流最高档试测（或根据导线截面积估算其安全载流量，适当选档），根据试测情况决定是否需要降档测量。总之，应使表针的偏转角度尽可能地大。

2）测量时应佩戴手套，将钳形电流表平放，张开钳口，使被测导线进入钳口后再闭合钳口。

3）读数。根据使用的档位，在相应的刻度上读取读数（注意：档位值即是满偏值）。

4）如果在最低档位上测量，表针的偏转角度仍很小（表针的偏转角度小，意味着其测量的相对误差较大），允许将导线在钳口铁心上缠绕几匝，闭合钳口后读数。这时导线上的电流值=读数/匝数（匝数的计算：钳口内侧有几条线，就算作几匝）。

2. 使用注意事项

1）测量前对钳形电流表充分检查，并正确选择档位。

2）测量时应佩戴手套（绝缘手套或清洁干燥的线手套），必要时应设监护人。

3）需换档测量时，应先将导线自钳口内退出，换档后再接入导线测量。

4）测量时，注意与附近带电体保持安全距离，并注意不要造成相间短路和相对地短路。

5）不可测量裸导体上的电流。

6）使用后，应将档位置于电流最高档，有表套时，将其放入表套内，并存放在干燥、无尘、无腐蚀性气体且不受振动的场所。

任务四 功率表的使用

【任务概述】

在日常电工测量中，对电器设备的电功率测量很重要，而电功率的测量一般使用功率表。

通过对交流电路中功率的测量，正确掌握功率表的使用方法，并通过测量与计算，加深对交流电路的认识与理解。

【知识学习】

一、功率表的组成及工作原理

1. 功率表的组成

测量功率需要用到功率表，因为电路中功率与电压和电流的乘积有关，因此功率表必须具有两个线圈：一个用来反映被测电路的电压，称为电压线圈；另一个用来反映被测电路的电流，称为电流线圈。只要把电动系测量机构的两个线圈中的可动线圈作为电压线圈来反映被测电路的电压，把固定线圈作为电流线圈来反映被测电路的电流，即可构成电动系功率表。电动系功率表是交、直流电路中测量功率的最常用的仪表。

2. 功率表的工作原理

电动系功率表的原理电路如图 4-29 所示。电动系测量机构的固定线圈匝数较稀疏，导线较粗，作为电流线圈，使用时与负载串联以反映电流的大小；可动线圈的匝数较密集，导线较细，作为电压线圈，电压线圈再串联一个附加电阻，使用时与负载并联以反映电压的大小。

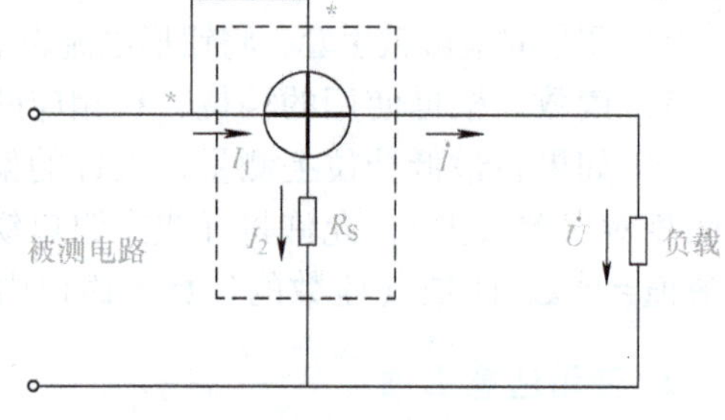

图 4-29　电动系功率表的原理电路

测量直流电路功率时，电流线圈中的电流 I_1 就是电路中的电流 I，即 $I_1=I$，电压线圈中的电流 I_2 为

$$I_2=\frac{U}{R_S}$$

式中，R_S 为仪表电压线圈支路的电阻，包括线圈电阻和附加电阻。

此时，仪表指针的偏转角 α 与电压、电流的乘积成正比，也就是说与电路中的电功率成正比，即

$$\alpha=KI_1I_2=KI\frac{U}{R_S}=\frac{K}{R_S}UI=\frac{K}{R_S}P$$

电动系功率表两个线圈中通入交流电流时，指针偏转角除与两个线圈的电流有效值成正比以外，还与两个电流之间相位差的余弦 $\cos\alpha$ 成正比。即

$$\alpha=KI_1I_2\cos\alpha=KI\frac{U}{R_S}\cos\alpha=\frac{K}{R_S}UI\cos\alpha=\frac{K}{R_S}P$$

上式表明，电动系功率表用来测量交流，则其指针偏转角 α 与有功功率成正比。

由上述分析可知，电动系功率表是交、直流两用的，同时由于指针偏转角 α 与有功功率成正比，因而功率表的刻度是均匀的。

二、功率表的接线

功率表的电路图和连接方法如图 4-30 所示。图中圆圈和圆圈中垂直交叉的两条直线表示电动系功率表，功率表的电流线圈用一段水平的粗线来表示，电压线圈用一段垂直的细线来表示。电流线圈的接法与电流表一样串联在电路中，使被测电流流过电流线圈；电压线圈与表内的附加电阻串联后作为功率表的电压测量支路，并联在被测电压两端，连接方法与电压表相同。

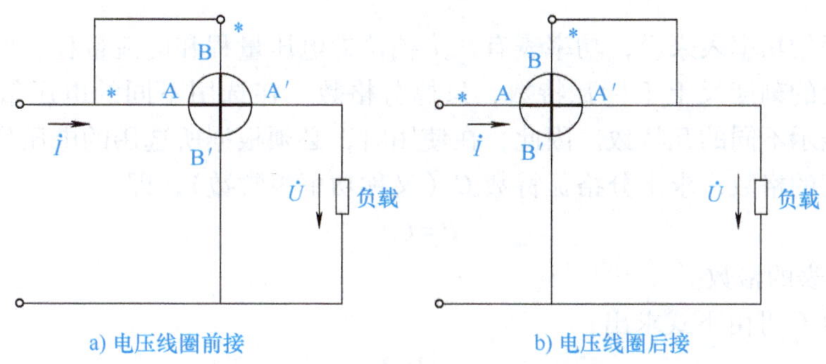

图 4-30 功率表的电路图及正确接法

如果不画出电流线圈和电压线圈，可以在表示仪表的圆圈内标上字母 W 表示功率表，上面有四个接线端，左右两个 A、A′表示电流线圈；上下两个 B、B′表示电压测量支路。故功率表共有四个接线端，即两个电流接线端和两个电压接线端。

电动系功率表的转动力矩和两个线圈电流的方向有关，在测量功率时，只要其中一个线圈的电流方向反接，转动力矩就会改变方向，功率表的指针就会反向偏转，使读数为负。因而功率表的接线端是有“极性”的。为了使功率表在测量负载功率时读数正确，因此功率表的电流接线端与电压接线端上都可以看到其中的一个端钮标有“*”（或“±”）号。在接线时，有“*”号的电流接线端必须接在电源侧，而另一个电流接线端接到负载侧，电流线圈串联在电路中。只要电流的正方向从“*”端流入电流线圈，电压的正方向从“*”端指向另一端（即电压线圈中的电流也是从“*”端流入），在测量某一负载的功率时，读数就一定是正的。

用功率表测量直流或单相交流电路的功率时，电压线圈前接和后接有两种正确接法如图 4-30 所示。在测量负载的功率时，经常采用图 4-30a 电压线圈前接方式，此时电流和电压的两个标记端连接在一起，连接在靠近电源的一端，所以这一标记端也常称为“电源端”。图 4-30b 的接法为电压线圈后接方式，也是正确的，因为它同样保证了两个测量端钮中的电流都从标记端流入。

三、功率表的量程扩大与功率表的读数

1. 功率表的量程扩大

功率表的量程包括电流量程、电压量程和功率量程。安装在开关板上的安装式功率表，通常只有一个档位量程，可以直接读数。为适应不同负载电压和不同负载功率的测量需要，

携带式功率表一般都是多量程的。通常电流量程有两档，电压量程有两档或三档。在多量程的功率表的面板刻度上一般只有一条刻度尺，读数不够直观。

电动系功率表的电流线圈一般分成两段，所以电流量程的改变可采用电流线圈串联或并联来实现。当两个电流线圈串联时，电流量程为 I；当两个电流线圈并联时，电流量程为 $2I$。功率表电压量程的改变与电压表扩大量程的方法一样，采用串联附加电阻的方法。

多量程功率表在接线时应注意，不要将电流量程和电压量程接错。

2. 功率表的读数

对于多量程的功率表来说，功率表有几个档位的电压量程和电流量程，但刻度尺却只有一条，在功率表的刻度尺上不标瓦特数，只标分格数。在选用不同的电压量程和电流量程时，每一分格表示不同的瓦特数。因此，在使用时，必须根据所选用的电压量程和电流量程以及标尺满刻度的格数，求出分格瓦特数 C（又称功率表常数），即

$$P=Cn$$

式中，n 为功率表的格数。

功率表常数 C 可由下式求出：

$$C=\frac{U_E I_E}{a_m}$$

式中，U_E、I_E分别为功率表选用的电压量程和电流量程；a_m为功率表标尺满刻度的格数。

3. 接入互感器的功率表的量程扩大与读数

当需要对交流高电压和大电流电路进行功率测量时，通常采用电压互感器和电流互感器来扩大量程。此时，被测电路的功率为

$$P=P_0 K_u K_i$$

式中，P_0 为功率表的表中读数。

被测电路的功率 P 等于功率表的表中读数 P_0 乘以电流互感器的电流比 K_i 和电压互感器的电压比 K_u。

在三相交流电路功率的测量中，通常用两个或三个功率表测量电路的总功率。三相交流电路的总功率应该把这两个或三个功率表的读数相加。在开关板仪表中，通常把两个或三个电动系测量机构装在一个转轴上，制成一个二元件三相功率表或三元件三相功率表，使这两个或三个测量机构的力矩在转轴上直接相加，这样就可以在功率表上直接读取三相电路的总功率。

四、功率表的使用注意事项

1. 功率表量程的选择

功率表的量程包括功率、电压、电流三个量程。选择功率表量程实际上是选择功率表的电压量程和电流量程，使功率表的电压量程能承受被测负载电压或线路电压，使功率表的电流量程能允许流过被测负载的电流，不能只顾功率量程，不顾电流和电压量程。

尤其在交流电路中，功率不仅和电压、电流有关，而且还与负载的功率因数有关。在实际功率测量中，为保护功率表，应接入电流表和电压表，以监视负载电流和电压使之不超过

功率表的电流和电压量程。

在测量功率时，功率表的读数必须注意按所选择的电流量程和电压量程进行换算。

2. 功率表的接线方式

功率表的接线方式应根据被测电路情况进行选择。电压线圈前接的方式适用于高电压、小电流负载（即负载电阻远大于电流线圈电阻的情况）；电压线圈后接的方式适用于低电压、大电流负载（即负载电阻远小于电压线圈支路电阻的情况）。

一般情况下，我们多数采用电压线圈前接法，因为功率表中的电流线圈的功耗小于电压线圈支路的功耗。

五、低功率因数表

在测量交流功率时经常会遇到一些低功率因数的负载，例如电动机、变压器的空载试验和运行。功率表测量低功率因数的负载功率时，由于电路的电压、电流较大而功率较小，在满足电压、电流量程后，功率的读数偏小，指针偏转角不大，使得读数困难，相对误差较大。为此，仪表厂专门制造了一种低功率因数功率表。它与一般的功率表的区别就是仪表的功率量程不是电压量程和电流量程的乘积，而是电压量程和电流量程的乘积再乘以系数 0.1 或 0.2（这一系数称为仪表的功率因数 $\cos\phi_H$，但这一称呼并不确切，因为它实际上并不表示任何一条支路的功率因数），这样就大大减小了功率量程，使得指针的偏转角度增大，功率读数较为容易。

【任务实训】

三相负载功率的测量

1. 实训目标

1）熟悉电动系功率表的结构与原理。
2）学会正确使用功率表测量功率。
3）会按照电气原理图完成三相照明电路的安装。
4）理解三相对称与不对称负载星形联结的功率关系。

2. 实训器材

亚龙 YL-135 电子工艺实训考核装置一套、功率表三块、电工工具一套，白炽灯 6 个，导线若干。

3. 实训内容

三相负载的星形联结如图 4-31 所示。

分别按图 4-31a、b 接线，经教师检查无误后方可闭合电源开关，通电测量，将测量结果记录在表 4-9 中（注意测量完毕及时断开电源开关，绝对不允许带电插拔导线，以免引起设备和人身事故）。

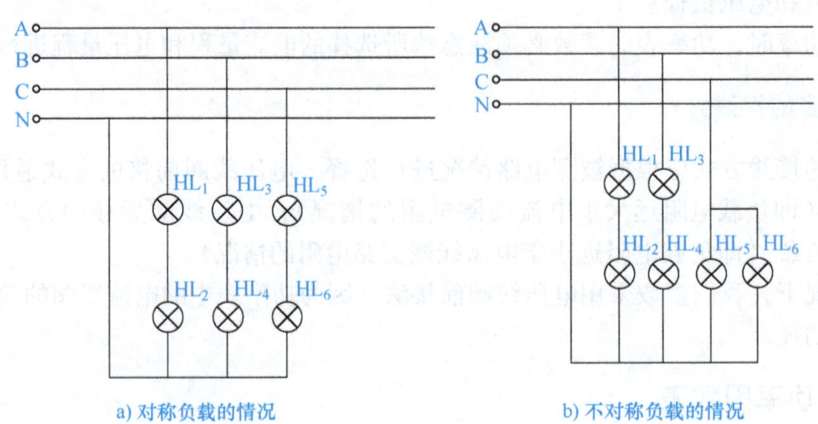

a) 对称负载的情况

b) 不对称负载的情况

图 4-31　三相负载的星形联结

表 4-9　三相对称负载电路中功率的测量

星形联结负载对称情况				星形联结负载不对称情况			
P_A	P_B	P_C	$P_{总}$	P_A	P_B	P_C	$P_{总}$

4. 实训评价（见表 4-10）

表 4-10　三相交流电路测量评价表

班级		姓名		学号		组别	
项目	考核内容		配分	评分标准		自评	互评
电路的连接	电路的正确连接		40	1. 不能正确连接电路，每次扣 5 分 2. 不能自查改正接线，每次扣 5 分			
电路的测试	1. 正确连接功率表 2. 正确读数		50	1. 不能正确连接功率表，扣 5 ~ 15 分 2. 不能正确读数、处理数据，每处数据扣 5 分			
安全文明操作	1. 工作台上工量具摆放整齐 2. 严格遵守安全操作规程		10	1. 工作台不整洁扣 5 分 2. 违反安全操作规程，酌情扣 1 ~ 5 分			
合计			100				

学生交流改进总结：

教师总结及签名：

【知识拓展】

中国能效标识

能效标识又称能源效率标识，是附在耗能产品或其最小包装物上，表示产品能源效率等级等性能指标的一种信息标签，目的是为用户和消费者的购买决策提供必要的信息，以引导和帮助消费者选择高能效节能产品。

目前已有 100 多个国家实施了能效标识制度。我国能效标识为背部有黏性的、顶部标有"中国能效标识（CHINA ENERGY LABEL）"字样蓝白背景的彩色标签，一般粘贴在产品的正面面板上，分为 1、2、3、4、5 共 5 个等级：等级 1 表示产品达到国际先进水平，最节电，即能耗最低；等级 2 表示比较节电；等级 3 表示产品的能源效率为我国市场的平均水平；等级 4 表示产品能源效率低于我国市场平均水平；等级 5 是市场准入指标，低于该等级要求的产品不允许生产和销售。

世界各国都通过制定和实施能效标准、推广能效标识制度来提高耗能产品的能源效率，促进节能技术进步，进而减少有害物的排放，保护环境。

以空调能效标识为例，上面的信息包括：产品的生产者名称、规格名称、能源效率等级、能效比、输入功率、制冷量、依据的国家标准号。其中"输入功率"表明了空调在标准工况下工作时所要消耗的电能，"制冷量"则表示空调在标准工况下的制冷能力，"能效比"则可以用前两者计算得出：能效比=制冷量/输入功率。

任务五　万用表的使用

【任务概述】

万用表是一种多功能、多量程的测量仪表，在电气设备的安装、维修及调试等工作中应用十分广泛。一般万用表都具有测量直流电流、直流电压、交流电流、交流电压、电阻和音频电平等功能，有的还可以测量电容量、电感量及半导体的一些参数等。

【知识学习】

一、指针式万用表

1. 指针式万用表的结构

指针式万用表主要由三大部分组成，分别为测量机构、测量线路、转换开关。图 4-32 所示为指针式万用表。

（1）测量机构

测量机构是指针式万用表进行各种测量的公共部分。一般采用磁电系微安表，测量机构的电流量程为几微安到几百微安。测量机构电流量程越小，指针式万用表的灵敏度越高。测量机构上有四条刻度线，它们的功能如下：第一条（从上到下）标有“R”或“Ω”，指示的是电阻值，转换开关在欧姆档时，即读此条刻度线。第二条标有“∽”和“VA”，指示的是交、直流电压和直流电流值，当转换开关在交、直流电压或直流电流档，量程在除交流10V以外的其他位置时，即读此条刻度线。第三条标有10V，指示的是10V的交流电压值，当转换开关在交、直流电压档，量程在交流10V时，即读此条刻度线。第四条标有“dB”，指示的是音频电平。

图4-32 指针式万用表

（2）测量线路

测量线路是指针式万用表的关键部分，是用来把各种被测量转换到适合测量机构测量的微小直流电流的电路，它由电阻、半导体元件及电池组成。它能将各种不同的被测量（如电流、电压、电阻等）、不同的量程，经过一系列的处理（如整流、分流、分压等）统一变成一定量限的微小直流电流送入测量机构进行测量。

（3）转换开关

一般来说，转换开关的作用就是用来选择各种不同的测量线路，以满足不同种类和不同量程的测量要求。转换开关一般是一个圆形拨盘，在其周围分别标有功能和量程，其包括交流电压档、直流电压档、电流档、欧姆档。

2. 指针式万用表的使用

（1）指针式万用表测量直流电压、电流

1）直流电压档、电流档简介

直流电压档、直流电流档是指针式万用表常用的测量档位，其标志分别是“V”和“A”。直流电压档和直流电流档读数时都使用第二条刻度线。

2）测量步骤

① 正确插入表笔。红表笔插入“+”插孔，黑表笔插入“-”插孔。

② 选择合适的量程。如果不知道被测电压或电流的大小，应先用最大量程，而后再选用合适的量程来测量，以免表针偏转过度而被打弯。测电压、电流时应尽量使指针偏转到满刻度的1/2以上，这样可减少测量误差。

③ 正确接入指针式万用表。测量电压时，指针式万用表与被测电路并联（红表笔接被测电路的高电位点，即电压“+”极性端，黑表笔接低电位点，即电压的“-”极性端）；测量电流时，指针式万用表与被测电路串联（即电流从红表笔流入，黑表笔流出）。

④ 读数。测量机构第二条刻度线为交、直流电压和电流读数的共用刻度线。刻度线的最左端为“0”，最右端为满刻度值，均匀分了5个大格和50个小格。为了读数方便，刻度线下有0~250、0~50、0~10三组数。例如测量直流电压时，若选择了50V量程，则按0~50这组读数就比较方便，即满量程是50V，每个小格代表的是50V/50小格=1V/小格，如果指针指在20右边过1个小格的位置，则读数为21×1V=21.0V。

测量直流电流时的读数方法同上。

⑤ 档位复位。指针式万用表不使用时，将档位开关选在 OFF 档，或选在交流电压 1000V 档。

注意：*有些型号的指针式万用表的刻度线排列顺序与此略有不同，注意看刻度线旁的标志就不会用错。*

（2）指针式万用表测量交流电压

1）交流电压档简介

交流电压档是指针式万用表常用的测量档位，其标志是“$\underset{\sim}{\text{V}}$”。交流电压档读数时使用第二条刻度线。

2）测量步骤

① 正确插入表笔。红表笔插入“+”插孔，黑表笔插入“-”插孔。

② 选择合适的量程。如果不知道被测电压的大小，应先用最大量程，而后再选用合适的量程来测量，以免表针偏转过度而被打弯。测电压时应尽量使指针偏转到满刻度的 1/2 以上，这样可减少测量误差。

③ 正确接入万用表。交流电不分正负极，测量交流电压时，将万用表两表笔并联接在被测电压两端进行测量。

④ 读数。测量机构的第二条刻度线为交、直流电压和电流读数的共用刻度线。

⑤ 档位复位。指针式万用表不使用时，将档位开关选在 OFF 档，或选在交流电压 1000V 档。

（3）指针式万用表测量电阻

1）欧姆档简介

欧姆档是指针式万用表常用的测量档位，其标志是“Ω”。欧姆档读数时使用第一条刻度线。

2）测量步骤

① 正确插入表笔。红表笔插入“+”插孔，黑表笔插入“-”插孔。

② 机械调零。在使用之前，应注意水平放置指针式万用表时，测量机构指针是否处于交直流档标尺的零刻度线上，若指针不指在零位，应通过机械调零的方法，使指针回到零位，否则读数会产生误差。

③ 选择合适的量程。先粗略估计所测电阻阻值，再选择合适量程，如果被测电阻不能估计其值，一般情况将开关调到“R×100”或“R×1k”的位置进行初测。看指针是否停在中线附近，如果是，说明档位合适；如果指针太靠零，则要减小档位；如果指针太靠近无穷大，则要增大档位。

④ 欧姆调零。量程选准以后在正式测量之前必须调零，否则测量值有误差。将红、黑两表笔短接，看指针是否指在零刻度位置，如果没有，调节欧姆调零旋钮，使其指在零刻度位置。

注：*如果重新换档，在正式测量之前也必须调零一次。*

⑤ 正确接入万用表。将万用表红、黑表笔分别与被测电阻两端相连。注意不能带电测量，且被测电阻不能有并联支路。

⑥ 读数。测量机构第一条刻度线为电阻刻度线，电阻的阻值为刻度值乘以倍率。例如：电阻档位选择“R×10k”，刻度值为 18，则电阻阻值 $R=18\times10\text{k}\Omega=180\text{k}\Omega$。

⑦ 档位复位。指针式万用表不使用时，将档位开关选在 OFF 档，或选在交流电压 1000V 档。

(4) 指针式万用表操作中的注意事项

1) 接线要正确。指针式万用表一般配有红、黑两种颜色的表笔，面板上也有“+”“-”（或“*”）极性的插孔，使用时应将红色表笔的连接线插入标有“+”号的插孔内，黑色表笔的连接线插入标有“-”号的插孔内。测量交直流电压时指针式万用表应并联在被测电路中，测量直流电流时指针式万用表应串联在被测支路中，绝对不能接错。测量直流电压与直流电流时，要注意指针式万用表表笔的正负极性，红色表笔接正极，黑色表笔接负极。用万用表测量晶体管时，应牢记万用表的红表笔与表内电池的负极相连，黑表笔与表内电池的正极相连。

2) 选档要正确。选择量程时应使被测量值在所选量程的范围内，若误用档位和量程，不仅得不到测量结果，而且还会损坏指针式万用表。测量电压或电流时，指针应尽量在量程的 1/3 或 2/3 以上；测量电阻时，指针应尽量落在欧姆中心值的 0.1~10 倍范围内。

3) 不能带电拨动转换开关。指针式万用表使用中经常需要转换测量档而拨动转换开关，此时应将电路断开，不能带电拨动转换开关。尤其在测量较大电流时，若不事先将电路断开而转换量程，则在转换量程的过程中因切断电流可能产生火花，烧坏转换开关的触头。

4) 测量电阻时的注意事项。每次转换量程时都需要重新欧姆调零。如果调节调零电位器不能使指针指在 0Ω，则说明表中所用电池的电压不足，应更换电池。测量高阻值的电阻时，不要用手接触被测电阻的两端，以免人体电阻并入被测电阻而加大误差。

5) 测量完毕后，应将转换开关切换至交流电压最大档位或空档上。

二、数字式万用表

1. 数字式万用表的结构

数字式万用表是近些年发展起来的新一代仪表。由于数字式万用表具有使用方便、测量精确、显示清晰等优点，所以得到了广泛应用。图 4-33 所示为数字式万用表外形结构。

2. 数字式万用表的使用

(1) 直流电压测量

将黑表笔插入 COM 插孔，红表笔插入 V/Ω 插孔。将量程转换开关切换至相应的 DCV 量程上，然后将测量表笔跨接在被测电路中，红表笔所接的该点电压与极性显示在屏幕上。被测电压不能超过 1000V，如果被测电压没显示数值时，应将量程转换开关切换至最高档位进行测量。测量时如在高位显示 1，表明已过量程，需将量程转换开关切换至较高的档位上。

(2) 交流电压测量

将黑表笔插入 COM 插孔，红表笔插入 V/Ω 插孔。将量程转换开关切换至相应的 ACV 量程上，然后将表笔并联跨接在被测电路上，红表笔所接的该点电压显示在屏幕上。被测电压不能超过 700V，测量时如在高位显示 1，表明已过量程。

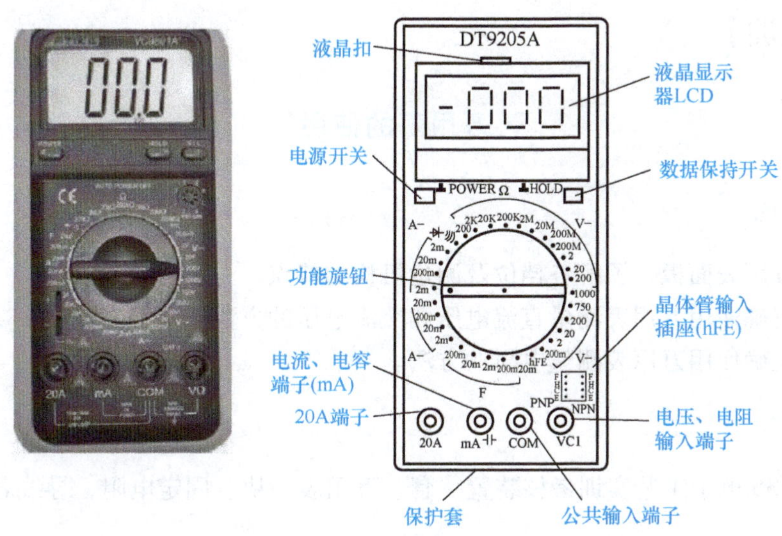

图 4-33 数字式万用表外形结构

（3）直流电流测量

将黑表笔插入 COM 插孔，红表笔插入 A 插孔（最大为 200mA）或红表笔插入 10A 插孔（最大为 10A）。将量程转换开关切换至相应的 DCA 量程上，然后将表笔串联接入被测电路上，流过仪表的电流值与极性就同时显示在屏幕上。测量时如在高位显示 1，表明已过量程。

（4）交流电流测量

将黑表笔插入 COM 插孔，红表笔插入 A 插孔（最大为 200mA）或红表笔插入 10A 插孔（最大为 10A）。将量程转换开关转至相应的 ACA 量程上，然后将表笔串联接入被测电路上，流过仪表的电流值显示在屏幕上。测量时如在高位显示 1，表明已过量程。

（5）电阻测量

将黑表笔插入 COM 插孔，红表笔插入 V/Ω 插孔。将量程转换开关切换至相应的电阻量程上，将两表笔跨接在被测电阻上。如果电阻值超过所选量程的最大值时则会显示 1，这时应将量程转换开关调高一档。当测量电路中的电阻时，应将被测电路的电源切断，如果电路中有电容器，应先将其放电后再测量。

（6）电容测量

将被测电容插入电容插孔，将量程转换开关切换至相应的电容量程上，如果测量值超过所选量程的最大值时则会显示 1，这时应将量程转换开关调高一档。

（7）频率测量

将表笔插入 COM 插孔和 f/v/Ω 插孔。将量程转换开关切换至相应的频率量程上，将两表笔跨接在信号源或被测负载上。

（8）晶体管 hFE

将量程转换开关切换至 hFE 档，根据所测晶体管的类型（NPN 型或 PNP 型）将发射极、基极、集电极分别插入相应的插孔。

【任务实训】

万用表的使用

1. 实训目标

1）认识万用表面板，了解各档位及测量机构的特点。
2）学会正确使用万用表测量直流电压和交流电压的方法。
3）学会正确使用万用表测量电阻的方法。

2. 实训器材

亚龙 YL-135 电子工艺实训考核装置一套、万用表一块、固定电阻，导线若干。

3. 实训内容

1）测量固定电阻的阻值。
2）测量亚龙 YL-135 电子工艺实训考核装置直流电源电压值。
3）测量亚龙 YL-135 电子工艺实训考核装置交流电源电压值。

4. 实训评价（表 4-11）

表 4-11　万用表测量评价表

班级		姓名		学号		组别	
项目	考核内容	配分	评分标准			自评	互评
电路的测试	1. 正确选择万用表的功能 2. 正确选择万用表的档位 3. 正确读数	80	1. 不能正确选择万用表的功能，扣5~15分 2. 不能正确选择万用表的档位，扣5~15分 3. 不能正确读数、处理数据，每处读数或数据扣5分				
安全文明操作	1. 工作台上工具摆放整齐 2. 严格遵守安全操作规程	20	1. 工作台不整洁，扣5分 2. 违反安全操作规程，酌情扣1~5分				
合计		100					
学生交流改进总结：							
教师总结及签名：							

【任务拓展】

使用指针式万用表判断电容好坏

电容是电子设备最为常用的元件，它是一种储能元件。在电路中，电容常作为滤波、耦合、振荡、旁路、隔直、调谐等元件，电容的好坏对电路影响很大，因此学会检测电容的方法非常重要。

1. 容量为 0.01μF 以上固定电容的检测

将指针式万用表调至“R×10k”欧姆档，并进行欧姆调零，然后用万用表的红、黑表笔分别接触电容的两个引脚，观察指针式万用表指针的变化。如果表笔接通瞬间，指针式万用表的指针向右微小摆动，然后又回到无穷大处，调换表笔后，再次测量，指针也向右摆动后返回无穷大处，则可以判断该电容正常；如果表笔接通瞬间，指针式万用表的指针摆动至“0”附近，则可以判断该电容被击穿或严重漏电；如果表笔接通瞬间，指针摆动后不再回至无穷大处，则可判断该电容漏电；如果两次万用表指针均不摆动，则可以判断该电容已开路。

2. 容量小于 0.01μF 的固定电容的检测

检测 10pF 以下的小电容时，因电容容量太小，故用万用表进行测量，只能检查其是否有漏电、内部短路或击穿现象：测量时选用指针式万用表“R×10k”档，将两表笔分别任意接电容的两个引脚，电阻值应为无穷大。如果测出电阻值为零，则可以判定该电容漏电损坏或内部击穿。

3. 电解电容的检测

电解电容的容量较一般固定电容大得多，测量时，针对不同容量选用合适的量程。一般情况下，1~47μF 的电容，可用“R×1k”档测量；大于 47μF 的电容可用“R×100”档测量。电容容量越小，电阻档倍率选择应越大。测量前应让电容充分放电，即将电解电容的两根引脚短路，把电容内的残余电荷放掉；大容量电容须用螺钉旋具金属部分放电。

电容充分放电后，将指针式万用表的红表笔接负极，黑表笔接正极。在刚接通的瞬间，指针式万用表指针应向右偏转较大角度，然后逐渐向左返回，直到停在某一位置。此时的电阻值便是电解电容的正向绝缘电阻值，一般应在几万欧。调换表笔测量，指针重复上述现象，最后指示的电阻值是电容的反向绝缘电阻值，应略小于正向绝缘电阻值。

在上述测量中，如果测量时指针式万用表指针不动，则说明电容容量消失或内部断路；如果电容的正、反向绝缘电阻值很小或为零，则说明电容剩余电流大或内部短路，不能再使用。

任务六 绝缘电阻表的使用

【任务概述】

电气设备的绝缘性能是否良好，不仅关系到设备能否正常运行，而且关系到操作人员的生命安全。电气设备由于工作时的发热、受潮及老化等原因，绝缘性能往往达不到要求，需要检修，检修前后都需要用绝缘电阻表测量绝缘电阻。本任务主要学习绝缘电阻表的选用方法，并能够正确测量指定设备的绝缘电阻，如三相交流电动机、火花塞、电缆、工具等。

【知识学习】

一、绝缘电阻表的结构

绝缘电阻表是用来测量绝缘电阻阻值大小的专业测量工具，大多采用手摇发电机供电，故俗称摇表，刻度是以兆欧（MΩ）为单位。主要用来检查电气设备、家用电器或电气线路对地及相间的绝缘电阻，以保证这些设备、电器和线路工作在正常状态，避免发生触电伤亡及设备损坏等事故。

图 4-34 为绝缘电阻表，绝缘电阻表的外观很简单，有三个接线端钮，其中有两个长得一样，分别为线路端钮 L 和接地端钮 E，另一个稍微小一点，叫作屏蔽端钮 G（也称保护环）。另有一个发电机手柄和一块显示屏。

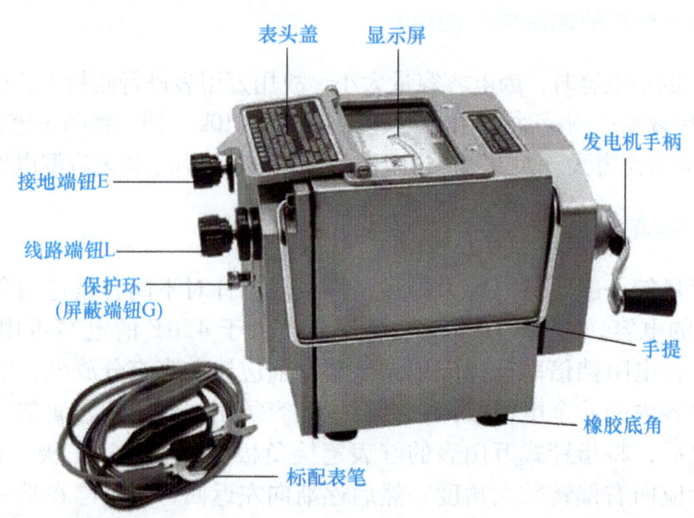

图 4-34　绝缘电阻表

二、绝缘电阻表的工作原理

绝缘电阻表的原理电路如图 4-35 所示，图中 G 为手摇发电机，1、2 为磁电系比率表中的两个可动线圈。R_1和 R_2是串联在两个线圈中的限流电阻。绝缘电阻表有三个接线端钮：线路端钮 L、接地端钮 E 以及屏蔽端钮 G，被测绝缘电阻 R_X 连接在 L、E 之间。

绝缘电阻表发电机并联有两条支路。一条支路称为电流支路，它由线圈 1（线圈的电阻为 r_1）、电阻 R_1与被测电阻 R_X串联组成，支路电流为 I_1，即

$$I_1=\frac{U}{R_1+R_X+r_1}$$

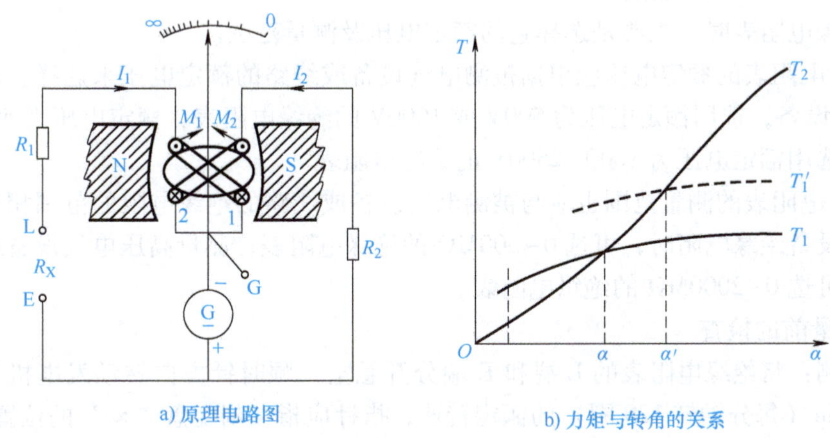

a) 原理电路图　b) 力矩与转角的关系

图 4-35　绝缘电阻表的工作原理

另一条支路称为电压支路，它由线圈 2（线圈的电阻为 r_2）、与电阻 R_2 串联组成，支路电流为 I_2，即

$$I_2=\frac{U}{R_2+r_2}$$

当发电机的电压 U 和限流电阻 R_1、R_2 保持某一恒定值时，电流支路中电流 I_1 的大小由被测电阻 R_X 决定，产生转动力矩 T_1；电压支路中的电流 I_2 也是定值，它将产生反作用力矩 T_2。由于气隙中磁场分布是不均匀的，所以转动力矩 T_1 与反作用力矩 T_2 都与两线圈在磁场中的位置有关，也就是说与指针的偏转角度 α 有关。在指针的零位处，两线圈都偏离磁场中心较远，力矩较小，随着偏转角的增大，线圈逐渐靠近磁场中心，力矩也随之增大，由于线圈 2 比线圈 1 更靠近磁场中心，所以力矩 T_2 比 T_1 增加得更快，T_1、T_2 与偏转角 α 的关系如图 4-35 所示。由图可见，在偏转角较小时，转动力矩 T_1 大于反作用力矩 T_2，使得指针偏转，随着偏转角的增大，两力矩也随之增大并逐渐接近相等，在偏转角 α 处两条曲线相交，此时 $T_1=T_2$，指针平衡，指出被测量电阻值。如果被测量电阻的阻值 R_X 减小，电流 I_1 增大，则曲线 T_1 将被抬高到 T_1' 的位置，偏转角 α 要增大到 α' 才能使两条曲线相交，力矩平衡，指针偏转角度 α 的增大说明了被测电阻的阻值 R_X 减小。

经过推导，绝缘电阻表平衡式指针的偏转角 α 为

$$\alpha=f\left(\frac{I_1}{I_2}\right)=f\left(\frac{R_2+r_2}{R_1+R_X+r_{12}}\right)=f'(R_X)$$

由上可知，由于电阻的阻值 R_1、R_2、r_1、r_2 都是常数，因此绝缘电阻表的偏转角 α 只随被测电阻 R_X 而改变。

三、绝缘电阻表的使用

（1）绝缘电阻表的选择

绝缘电阻表的主要性能参数有额定电压、测量范围等，额定电压有 100V、250V、500V、1000V、2500V 等规格，测量范围有 0～200MΩ、0～500MΩ、0～1000MΩ、0～

2000MΩ、2~2000MΩ 等规格。

选择绝缘电阻表时，主要是选择它的额定电压及测量范围。

1）绝缘电阻表的额定电压应根据被测电气设备或线路的额定电压来选择。额定电压为500V 以下的设备，选用额定电压为 500V 或 1000V 的绝缘电阻表；额定电压为 500V 以上的设备，一般选用额定电压为 1000~2500V 的绝缘电阻表。

2）绝缘电阻表的测量范围也应与被测电气设备或线路的绝缘电阻的范围相适应。如测量低压电气设备绝缘电阻时，可选 0~500MΩ 的绝缘电阻表；测量高压电气设备或电缆的绝缘电阻时，可选 0~2000MΩ 的绝缘电阻表。

（2）测量前的检查

开路检测：将绝缘电阻表的 L 端和 E 端分开悬空，顺时针方向转动发电机手柄，使其达到 120r/min（每分钟转 120 圈）的额定转速，指针应指在刻度盘“∞”的位置。

短路检测：将绝缘电阻表的 L 端和 E 端短接，顺时针方向缓慢转动发电机手柄，指针应指在刻度盘“0”的位置。

若零位或无穷大达不到，说明绝缘电阻表有问题，必须进行检修。

（3）绝缘电阻表的接线

测量绝缘电阻时，一般只用“L”端和“E”端，但在测量电缆对地的绝缘电阻或被测设备的剩余电流较严重时，就要使用“G”端，并将“G”端接屏蔽层或外壳。接好线路，可按顺时针方向转动手柄，转速由慢而快，当转速达到 120r/min，保持匀速转动 1min，读数并且记录，注意边摇边读数，不能停下来读数。

（4）拆线

测试完后，在绝缘电阻表没有停止转动和被测物没有放电前，不能用手触及被测物和进行拆线工作，必须先对测试设备进行放电，放电方法：将被测设备的接线端和外壳分别对地短接。

四、绝缘电阻表的使用注意

1）测量时必须先切断电源，遇到有电容性质的设备，要先将设备放电。

2）绝缘电阻表停止转动及设备放电之前，严禁用手碰触。

3）绝缘电阻表的线必须绝缘良好，并且绝缘电阻表与被测设备间的连接导线不能用双股绝缘线或绞线，应用单股绝缘线分开单独连接。

【任务实训】

绝缘电阻表测量绝缘电阻

1. 实训目标

1）认识绝缘电阻表结构。

2）掌握检测绝缘电阻表的好坏的方法。

3）掌握正确使用绝缘电阻表测量绝缘电阻的方法。

2. 实训器材

电动机、电缆、尖嘴钳、绝缘电阻表。

3. 实训内容

（1）测量电动机的绝缘电阻并判断是否合格

1）测电动机两绕组间绝缘电阻：两接线柱 L、E 端分别接在每两相绕组接线端；

R_{U-V}：________________

R_{U-W}：________________

R_{V-W}：________________

2）测电动机绕组与外壳绝缘电阻：L 端与绕组相连接，E 端与外壳相连接。

$R_{U-外壳}$：________________

$R_{V-外壳}$：________________

$R_{W-外壳}$：________________

3）根据测量结果判断该电动机是否合格？

（2）测量电缆的绝缘电阻并判断是否合格

1）测电缆的绝缘电阻时，L 端与缆芯相连接，E 端与保护层相连接，G 端与绝缘层相连接。

电缆的绝缘电阻：________________

2）根据测量结果判断该电缆是否合格。

（3）测量尖嘴钳的绝缘电阻

1）测量尖嘴钳的绝缘电阻时，L 端与钳头相连接，E 端与钳柄相连接。

尖嘴钳的绝缘电阻：________________

2）根据测量结果判断该电缆是否合格。

4. 实训评价（见表 4-12）

表 4-12　兆欧表测量评价表

班级		姓名		学号		组别		
项目	考核内容		配分	评分标准			自评	互评
验表	1. 开路检查 2. 短路检查		10	未做检查，扣 10 分				
测量电动机绝缘电阻	1. 正确测量电动机相间绝缘电阻并读数 2. 正确测量电动机绕组与外壳绝缘电阻并读数 3. 正确判断电动机是否合格		30	1. 不能正确测量电动机相间绝缘电阻，扣 5~10 分 2. 不能正确测量电动机绕组与外壳绝缘电阻，扣 5~10 分 3. 不能正确判断电动机是否合格，扣 5 分 4. 不能正确读数、处理数据，每处扣 5 分				

（续）

项目	考核内容	配分	评分标准	自评	互评
测量电缆绝缘电阻	1. 正确测量电缆绝缘电阻并读数 2. 正确判断电缆是否合格	20	1. 不能正确测量电缆绝缘电阻，扣5~10分 2. 不能正确判断电缆是否合格，扣5分 3. 不能正确读数、处理数据，扣5分		
测量电缆绝缘电阻	1. 正确测量尖嘴钳绝缘电阻并读数 2. 正确判断尖嘴钳是否合格	20	1. 不能正确测量尖嘴钳绝缘电阻，扣5~10分 2. 不能正确判断尖嘴钳是否合格，扣5分 3. 不能正确读数、处理数据，扣5分		
安全文明操作	1. 工作台上工具摆放整齐 2. 严格遵守安全操作规程	20	1. 工作台不整洁扣5分 2. 违反安全操作规程，酌情扣1~5分		
合计		100			
学生交流改进总结：					
教师总结及签名：					

【任务拓展】

数字式绝缘电阻表

数字式绝缘电阻表整机电路设计采用微机技术设计，由中大规模集成电路组成。其输出功率大，短路电流值高，输出电压等级多（每种机型有四个电压等级），外形如图 4-36 所示。

图 4-36　数字式绝缘电阻表外形

1. 数字式绝缘电阻表工作原理

数字式绝缘电阻表的工作原理为由机内电池作为电源，经 DC/DC 变换产生的直流高压，由 E 极流出经被测试品到达 L 极，从而产生一个从 E 到 L 极的电流，经过 I/V 变换经除法器完成运算，将被测的绝缘电阻值由 LCD 显示出来。

2. 数字式绝缘电阻表特点

1）输出功率大、带载能力强、抗干扰能力强。

2）数字式绝缘电阻表外壳由高强度铝合金组成，机内设有等电位保护环和四级有源低通滤波器，对外界工频及强电磁场可起到有效的屏蔽作用。对于容性试品测量，由于输出短路电流大于1.6mA，很容易使测量电压迅速上升到输出电压的额定值。对于低电阻值测量，由于采用比例法设计，故电压下降并不影响测试精度。

3）数字式绝缘电阻表不需要人力做功，由电池供电，量程可自动转换。操作和显示面板一目了然，使得测量十分迅捷。

项目五 照明线路安装与调试

项目导读

【项目概述】

基本照明线路的安装是电工线路安装中的基础，也是最简单的线路之一。其是日常生活的基本技能，通过本项目掌握基本照明线路的安装与调试。

【知识目标】

1）掌握常用电光源的类型、工作原理、特性。
2）理解电气图形符号、文字符号，能够识读相应的电气原理图。

【技能目标】

1）熟练掌握电工工具的使用，操作规范，合理利用电工材料。
2）能根据电气原理图选择电器元件，并根据安装位置图进行元器件安装。
3）掌握电工基本接线操作的工艺要求，操作规范、熟练。
4）具备安全意识，做好劳动防护措施，严格按照安全规程进行操作。

【学习重点】

1）认识常用电光源
2）认识常用灯具开关及插座
3）认识常见照明线路

任务一 用 PVC 管明装照明线路

【任务概述】

在生活中，我们常常会遇到楼梯的电灯，由楼上、楼下两个开关控制。这种开关就叫作双联开关，可以实现两地控制一盏灯。这样就可以避免开、关灯时来回跑，极大地方便了生活。

【知识学习】

一、热辐射光源

电光源按其发光原理可分为热辐射光源和气体放电光源两大类。热辐射光源是利用电流通过物体加热时辐射发光的原理所制成的光源，如白炽灯、卤钨灯（包括碘钨灯、溴钨灯等）。气体放电光源是利用气体放电时发光的原理所制成的光源，如荧光灯、高压汞灯、高压钠灯、金属卤化物灯和氙灯等。

1. 白炽灯

（1）白炽灯的基本性能

白炽灯是靠钨丝（灯丝）通过电流加热到白炽状态从而引起热辐射发光。白炽灯由玻璃泡壳、灯丝、支架、引线、灯头等组成，如图 5-1 所示。

在制造白炽灯时，功率在 40W 以下的白炽灯，通常是将玻璃壳内抽成真空；而功率超过（含）40W 的白炽灯，则在玻璃壳内充有氩气或氮气等惰性气体，以减少钨丝氧化挥发，延长灯泡的使用寿命。

图 5-1 白炽灯

白炽灯有普通照明灯泡和低压照明灯泡两种。白炽灯的额定电压有 12V、24V、36V 和 220V 等。

普通照明灯泡额定电压一般为 220V，功率为 10～1000W。其灯头有卡口和螺口之分，其中 100W 以上的一般采用瓷质螺纹灯头，用于常规照明。

36V 及以下的白炽灯属于低压安全灯，功率一般不超过 100W，常用于机床照明等局部照明和行灯等携带照明。

在使用时，要注意白炽灯的额定电压必须与线路电源电压相符，否则会造成发光暗或白炽灯损坏。

（2）白炽灯控制电路

控制白炽灯的开关，常用的有单联开关和双联开关。单联开关分为拉线式和扳动式。单联开关控制白炽灯电路，只需将每盏白炽灯串联一只单联开关，然后并联到电源线上。其安装接线如图 5-2 所示。

安装单联开关控制白炽灯电路时，应注意以下四点：

1）必须使相线进开关，中性线直接进灯头。当开关断开时，灯头不会带电，保证使用和维修的安全。

2）固定走线的瓷夹或金属轧头，安装要牢固，并且不要损伤导线。

3）接线盒接到灯头的这段导线，应在接线盒的出线孔内部和灯头进线孔内部将导线扎一个结，以减轻接线盒和灯头接线处的拉力。

4）开关安装高度不得低于 1. 2m。

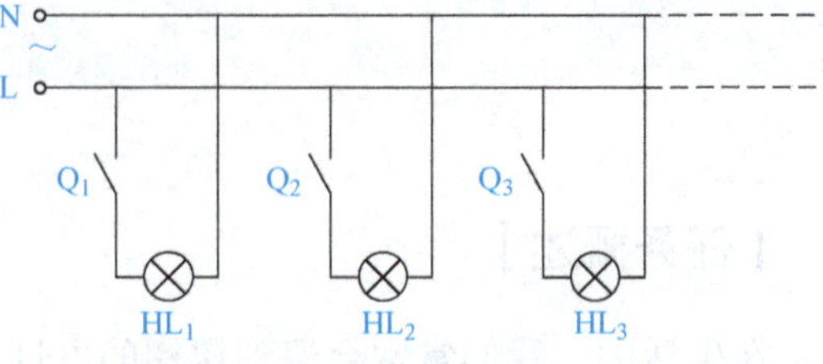

图 5-2　一只单联开关控制电灯接线图

在照明电路中，用一只开关控制一盏灯或一组灯的控制方式称为单灯单控照明电路，它是应用最广泛的一种照明电路。图 5-3 所示是一个开关控制一盏白炽灯，加一个插座的电路原理图。在家庭用电中，冰箱、电视机、洗衣机、电磁炉等都是靠插座来提供电源的。

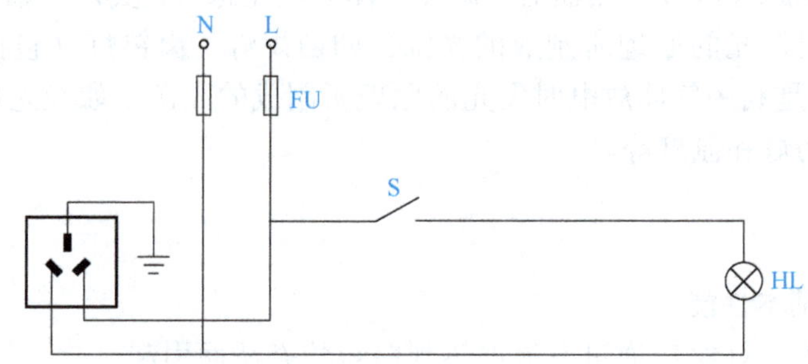

图 5-3　一个开关控制一盏白炽灯电路

（3）白炽灯电路常见故障的排除方法

白炽灯电路常见故障的排除方法见表 5-1。

表 5-1　白炽灯电路常见故障的排除方法

故障现象	产生故障的可能原因	排除方法
白炽灯不发光	灯丝断裂	更换白炽灯
	灯座或开关触头接触不良	修复接触不良的触头或更换
	熔体烧断	修复熔体
	电路开路	修复电路
	停电	开启其他电器验证是否断电
灯光发光强烈	灯丝局部短路	更换白炽灯
灯光忽亮忽暗或时亮时暗	灯座或开关触头松动，或表面存在氧化物	修复松动的触头或接线，去除氧化层后重新接线，或去除触头氧化层
	电源电压波动	更换配电变压器
	熔体接触不良	重新安装，加固压接螺钉
	导线连接不妥，连接处松散	重新连接导线

（续）

故障现象	产生故障的可能原因	排除方法
烧断熔体	灯座或挂线盒连接处两线头碰线	重新接线头
	负载过大	减轻负载或扩大线路导线容量
	熔体太细	正确选配熔体规格
	电路短路	修复电路
	胶木灯座两触头间胶木严重烧毁	更换灯座
灯光暗红	灯座、开关或导线对地严重漏电	更换完好的灯座，开关或导线
	灯座、开关接触不良或导线连接处接触电阻增加	修复接触不良的触头，重新连接接头
	线路导线太长太细，限压降太大	缩短线路长度，或更换较大截面积的导线

2. 卤钨灯

（1）卤钨灯基本性能

卤钨灯是在白炽灯泡内充入含有少量卤族元素或卤化物（如碘化物或溴化物）的气体，利用卤钨循环原理来提高灯的发光效率和使用寿命。如图 5-4 所示，外壳用石英玻璃制成，外壳内的钨丝绕成螺旋形状，用若干钨丝圈支撑，以免灯丝碰到管壁。

图 5-4 卤钨灯

灯管内抽成真空并充入氩气和适当的碘，称为碘钨灯。碘钨灯的安装接线原理与白炽灯相同。为了使卤钨灯能顺利进行，卤钨灯必须水平安装，与水平面的倾斜角必须小于 4°，而且不允许采用人工冷却装置（如风扇冷却）。由于卤钨灯工作时管壁温度高达 600℃，所以不能与易燃物靠近。卤钨灯的耐振性较差，因此需注意防振。但是它的显色性很好，使用也很方便。

（2）碘钨灯故障的排除

碘钨灯除了会出现如同白炽灯类似的常见故障外，还可能有：

1）因灯管安装倾斜，灯丝寿命缩短。

2）因工作时灯管过热，经反复热胀冷缩后，灯脚接触不良。

以上故障排除方法，应根据引起故障的原因，采取相应的措施。

二、常用照明灯具开关及插座

1. 开关

（1）开关的种类

按使用结构分为单联开关和双联开关。单联开关分为拉线式和拨动式。开关的品种较多，常用的开关如图 5-5 所示。

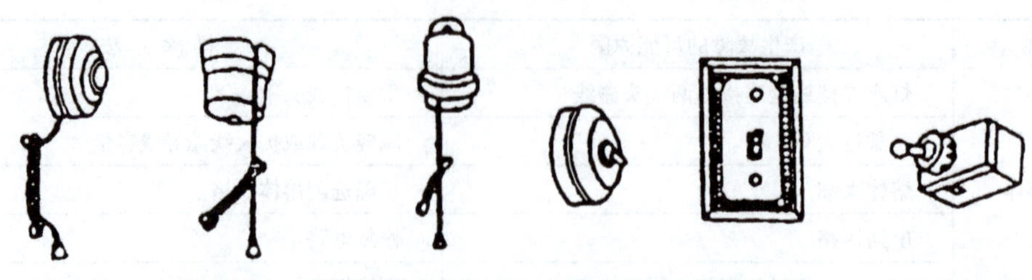

a) 拉线开关　b) 顶装式拉线开关　c) 防水式拉线开关　d) 平开关　e) 暗装开关　f) 台灯开关

图 5-5　开关

一般现代家庭楼梯、房间等场所往往用双联开关来控制白炽灯，以方便生活起居。安装用两只双联开关控制一只白炽灯的线路，其线路和双联开关的结构图如图 5-6 所示。

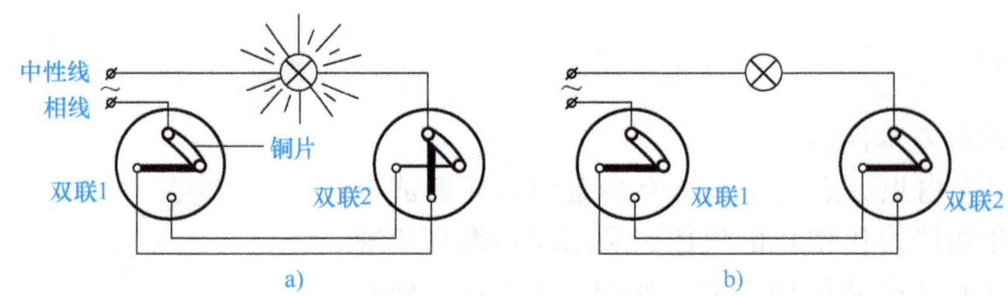

图 5-6　两只双联开关控制一盏白炽灯电路图

图 5-6a 所示电路控制电灯亮，图 5-6b 所示电路控制电灯灭。从图 5-6 中可知，接线时也要相线进开关，中性线进灯头，接通双联开关 2 与灯头，再接好两只双联之间的连接线即可。

（2）开关的常见故障及排除

开关的常见故障及排除方法见表 5-2。

表 5-2　开关常见故障及排除方法

故障现象	产生原因	排除方法
开关操作后电路不通	接线螺钉松脱，导线与开关导体不能接触	断电后，拆卸开关，紧固接线螺钉
	内部有杂物，使开关触片不能接触	断电后，拆卸开关，清除杂物
	机械卡死	给机械部位加润滑油，机械部分损坏严重时，应更换开关
接触不良	压线螺钉松脱	拆卸开关盖，紧固界限螺钉
	开关触头上有污物	断电后，清除污物
	拉线开关触头磨损、打滑或烧毛	断电后修理，或更换开关
开关烧坏	负载短路	处理短路点，并恢复供电
	长期过载	减轻负载或更换容量大一级的开关
漏电	开关防护盖损坏或开关内部接线头外露	重新配全开关盖，并接好开关的电源连接线
	受潮或受雨淋	断电后进行烘干处理，并加装防雨措施

2. 插座

（1）插座的种类

插座种类繁多，功能各异，按使用要求，有带开关和不带开关的双孔、三孔、四孔插座，如图 5-7 所示，图 5-7a 为单相双孔插座；图 5-7b 为单相三孔插座；图 5-7c 为单相五孔插座；图 5-7d 为三相四孔插座。此外还有电话插座、电视插座、宽带网插座等。

双孔插座适用于单相负载，但没有接地线。

三孔插座适用于有接地线的单相负载，一般家用电器应该是具有接地装置的三孔单相插座。

四孔插座用于三相负载，其中一个较大的孔为接地线。

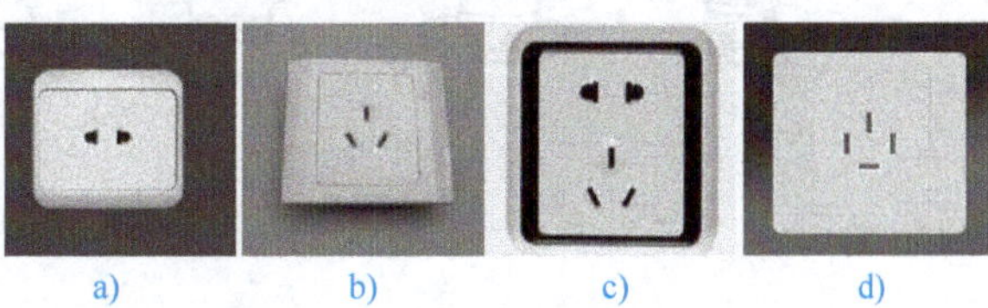

a) b) c) d)

图 5-7 插座

具有保护功能的插座是当全部插头插入后才能接通，可防止发生触电的事故。

为了适应圆插头、扁插头、直插头、斜插头，目前市场上还有多功能插座。

（2）插座的常见故障及排除

插座的常见故障及排除方法见表 5-3。

表 5-3 插座的常见故障及排除方法

故障现象	产生原因	排除方法
插头插上后不通电或接触不良	插头压线螺钉松动，连接导线与插头片接触不良	拆卸插头，重新压接导线与插头的连接螺钉
	插头根部电源线在绝缘皮内部折断，造成时通时断	剪断插头端部一段导线，重新连接
	插座口过松或插座触片位置偏移，使插头接触不上	断电后，将插座触片收拢一些，使其与插头接触良好
	插座引线与插座压线导线螺钉松开，引起接触不良	重新连接插座电源线，并紧固螺钉
插座烧坏	插座长期过载	减轻负载或更换容量大的插座
	插座连接线处接触不良	紧固螺钉，使导线与触片连接好并清除锈迹
	插座局部漏电引起短路	更换插座
插座短路	导线接头有飞边，在插座内松脱引起短路	重新连接导线与插座，在接线时要注意将接线飞边清除
	插座的两插口相距过近，插头插入后触碰引起短路	断电后，拆卸插座修理
	插头内部接线螺钉脱落引起短路	重新把螺钉旋进螺母位置，固定紧
	插头负载端短路，插头插入后引起弧光短路	消除负载短路故障后，断电更换同型号的插座

3. 灯座

灯座又称灯头，品种较多，常用的灯座如图 5-8 所示，图中 5-8a 为插口吊灯座、图 5-8b 为插口平灯座、图 5-8c 为螺口吊灯座、图 5-8d 为螺口平灯座、图 5-8e 为防水螺口吊灯座、图 5-8f 为防水螺口平灯座。选用时灯座与灯的功率应匹配。大功率白炽灯要选用瓷质灯座。

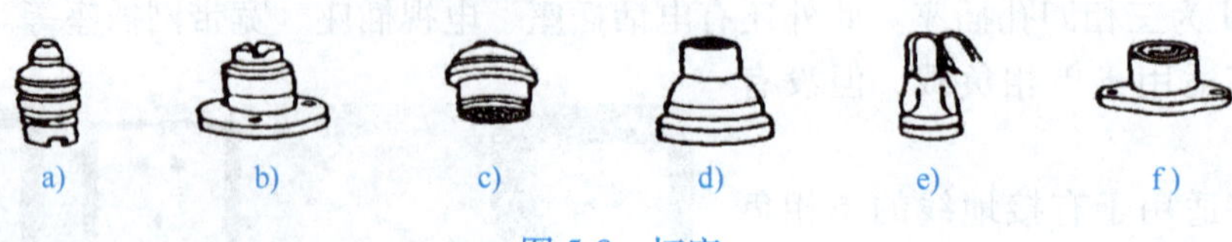

图 5-8　灯座

【任务实训】

（一）PVC 管明装两地控制一盏白炽灯并有一个插座的线路

1. 实训目标

1）熟练使用电工工具及电工材料。
2）能够识读电气线路原理图及电器安装位置图。
3）掌握电工基本接线操作的工艺要求，操作规范、熟练。
4）掌握正确通电调试方法。

2. 实训器材

电路安装接线板底层（6mm 左右高硬度绝缘电木板，外围尺寸：800mm×600mm），断路器一只，双联开关一只，插座一个，白炽灯一盏，熔断器两只，电工工具一套，导线若干（截面积为 1mm^{2}多股软线）。

3. 实训内容

（1）识读两地控制一盏白炽灯并有一个插座的电路原理图，并正确选择所需元器件。原理电路如图 5-9 所示。

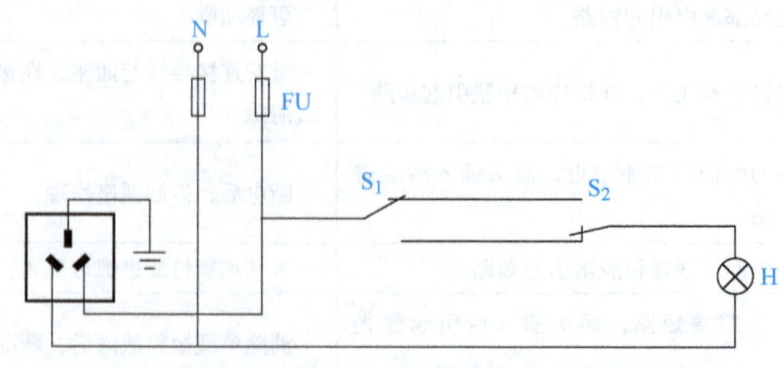

图 5-9　两地控制一盏白炽灯并有一个插座电路图

（2）元件认识与检测

1）万用表检测开关好坏。将表笔正确插入万用表，将档位调至通断档（有扬声器标识），短接两个表笔，若扬声器发出声响则可确认该档位正常。

测试开关两个触头，按动开关两次，若一次不响（电阻为∞），一次发出声响（电阻为0），则开关良好。

2）检测白炽灯好坏。用万用表测量白炽灯电阻的方法来检测白炽灯质量好坏。

3）万用表检测双联开关的好坏。将万用表档位调至通断档（有扬声器标识），测试开关的任意两个触头，按动开关两次，若一次都不响（电阻为∞），则说明这两点间不是一副开关，剩下的触头是中心触头。再将万用表的一支表笔接中心触头，另一支表笔接开关剩下两点中的任意一点，按动开关两次，应该一次通，一次断，表明开关完好。

（3）元器件布置与安装

根据电路原理图和安装位置图的要求将电器元件安装在操作板上，做到横平竖直、固定牢靠、排列整齐，元器件之间的距离符合要求，做到既要节省空间，又要方便走线和维修。在正确的基础上注意所连线路的实用方便性和美观性。安装位置如图5-10所示。

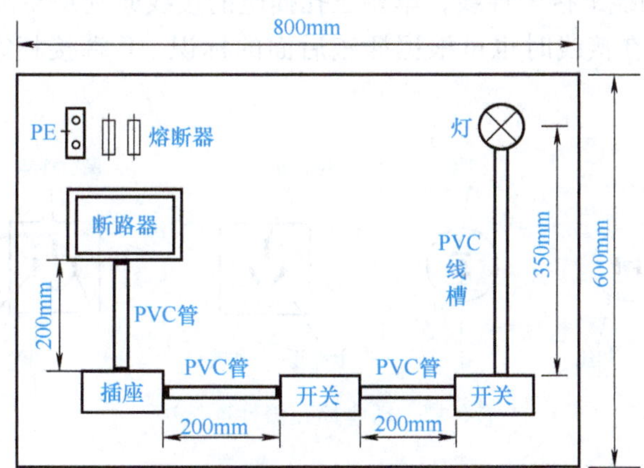

图5-10　两地控制一盏白炽灯并有一个插座安装图

（4）电路接线

根据工艺要求安装接线，依据元器件的位置敷设导线。应做到导线长度适合，避免浪费；导线接头裸露部分适当，应按规范接线。

1）开关接线。开关不能安装在中性线上，必须安装在灯具电源侧的相线上，确保开关断开时灯具不带电。开关安装时，应先敷设线路，然后在开关处安装木枕，固定木台，并在木台上安装好开关底座，然后接线。

安装扳动式开关时，无论是明装或暗装，都应装成扳柄向上扳时电路接通，扳柄向下扳时电路断开。

目前市场上能买到的几乎都是具有中心触头的双联开关，而单控开关已经很少见。在实际接线时要特别注意区分中心触头和另外两个触头。

2）白炽灯及灯座的接线。白炽灯及灯座接线如图5-11所示。

白炽灯安装使用注意事项：相线和中性线应严格区分，将中性线直接接到灯座上，相线经过开关再接到灯头上；对螺口灯座，相线必须接在螺口灯座中心的接线端上，中性线接在螺口的接线端上，千万不能接错，否则就容易发生触电事故。

导线与接线螺钉连接时，先将导线的绝缘层剥去合适的长度，再将螺钉紧固以免松动，最后环成圆扣。圆扣的方向应与螺钉紧固的方向一致，否则旋紧螺钉时，圆扣就会松动。

当灯具需接地时，应采用单独的接地导线（如黄绿双色）接到电网的中性线上，以确保安全。

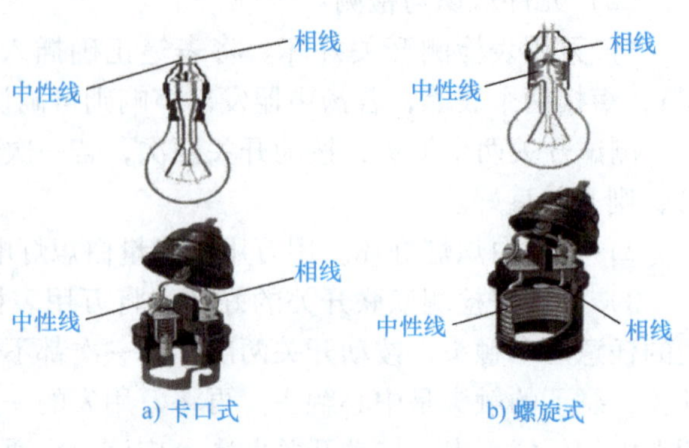

图 5-11 白炽灯及灯座接线

3）插座接线。根据安装形式不同，插座又可分为明装式和暗装式，现家庭一般是暗装插座。单相两孔插座有横装和竖装两种。横装时，接线原则是左接中性线右接相线；竖装时，接线原则是上接相线下接中性线；单相三孔插座的接线原则是左接中性线右接相线上接地（见图 5-12）。另外在接线时也可根据插座后面的标识，L 端接相线，N 端接中性线，E 端接地线。

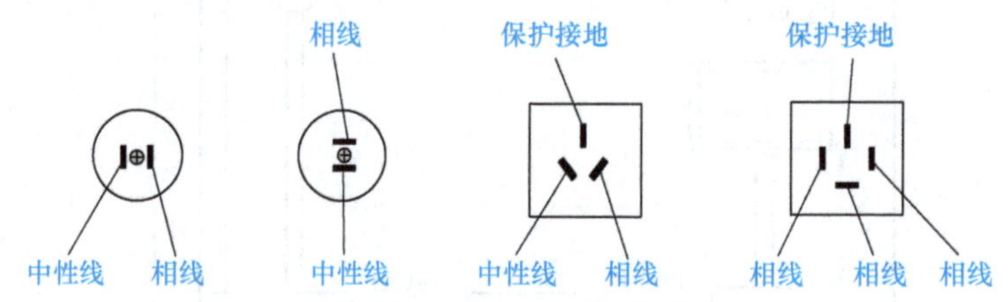

图 5-12 插座插孔极性连接法

注意： 根据标准规定，相线（火线）是红色线，中性线（零线）是黑色线，接地线是黄绿双色线。

单相电源插座接线口诀：

单相插座有多种，常分两孔和三孔。

两孔并排分左右，三孔组成品字形。

接线孔旁标字母，L 为相 N 为中性。

三孔之中还有 E，表示接地在正中。

面对插座定方向，各孔接线有规定。

左接中性右接相，保护地线接正中。

（5）通电运行

安装完成的电路如图 5-13 所示。

1）自检电路。接线完毕后，对照原理图用万用表检查线路是否存在短路现象；旋入螺口灯座，按动开关，测试回路通断情况；测试插座与相应导线的对应关系，不能错乱。

2）通电运行。经自检电路后，再由教师检查无误后，在教师的指导下闭合剩余电流断

路器，通电观察结果。应注意如下几个方面：

按动开关，观察灯座是否受控，是否发光正常，有无异常现象。

插座电压符合要求，用验电器检查是否符合“左接中性线右接相线”的基本原则；用万用表交流电压档测试插座电压是否正常（将万用表打到交流250V电压档）。

（6）清理现场

实训结束后，收拾好工具、仪表，整理实训台。

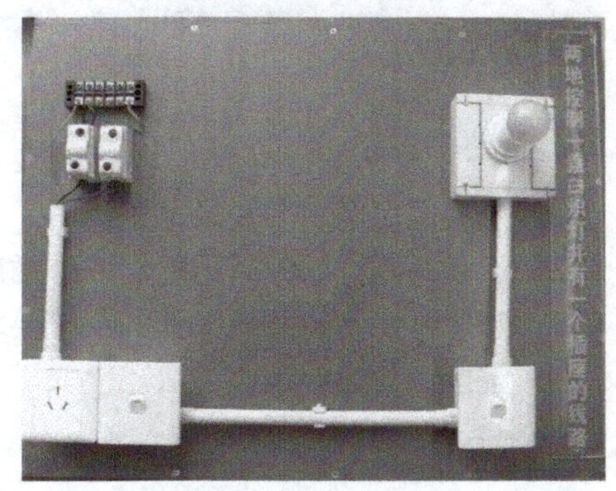

图5-13 双联开关控制一盏白炽灯实物

4. 实训评价（见表5-4）

表5-4 实训评价表

<table>
<tr><td>班级</td><td></td><td>姓名</td><td></td><td>学号</td><td></td><td>组别</td><td colspan="2"></td></tr>
<tr><td>项目</td><td colspan="2">考核内容</td><td>配分</td><td colspan="3">评分标准</td><td>自评</td><td>互评</td></tr>
<tr><td>元器件的选择</td><td colspan="2">根据所给的原理图判断所需元器件是否正确</td><td>10</td><td colspan="3">不能正确选择元器件，每个元器件扣5分</td><td></td><td></td></tr>
<tr><td>元器件的安装</td><td colspan="2">元器件安装位置、元器件与元器件之间距离应与参考图样一致；元器件应用木螺钉紧固</td><td>10</td><td colspan="3">元器件安装位置不正确、距离不合理、固定不牢固，每处扣2分，扣完为止；未按图样要求安装扣10分</td><td></td><td></td></tr>
<tr><td>PVC管安装</td><td colspan="2">PVC管安装整齐、紧固；PVC管连接可靠</td><td>10</td><td colspan="3">PVC管安装不整齐、不紧固；PVC管连接不可靠，每处扣2分</td><td></td><td></td></tr>
<tr><td>线路接线</td><td colspan="2">正确接线，并符合敷设规范</td><td>30</td><td colspan="3">接线错误，每次扣5分</td><td></td><td></td></tr>
<tr><td>接线与敷设工艺</td><td colspan="2">敷设整齐、规范，导线端子长度适宜，连接工艺美观、可靠、无损伤</td><td>20</td><td colspan="3">工艺不达标，每处扣5分</td><td></td><td></td></tr>
<tr><td>安全文明操作</td><td colspan="2">1. 工作台上摆放整洁
2. 严格遵守安全操作规程</td><td>20</td><td colspan="3">1. 工作台不整洁，扣5分
2. 操作违反规范，每处扣5分</td><td></td><td></td></tr>
<tr><td colspan="3">合计</td><td>100</td><td colspan="3"></td><td></td><td></td></tr>
<tr><td colspan="9">学生交流改进总结：</td></tr>
<tr><td colspan="9">教师总结及签名：</td></tr>
</table>

（二）PVC 管明装一盏灯、一只门铃、一个插座的线路

1. 实训目标

1）熟练使用电工工具及电工材料。
2）识读一盏灯、一只门铃、一个插座的电气线路原理图及电器安装位置图。
3）掌握电工基本接线操作的工艺要求，操作规范、熟练。
4）掌握正确通电调试方法。

2. 实训器材

电路安装接线板底层（6mm 左右高硬度绝缘电木板，外围尺寸：800mm×600mm），断路器一只，单联开关两只，插座一个，白炽灯一盏，门铃一只，熔断器两只，电工工具一套，导线若干（截面积为 $1mm^2$ 多股软线）。

3. 实训内容

1）识读控制一盏灯、一只门铃、一个插座的电路原理图，如图 5-14 所示。

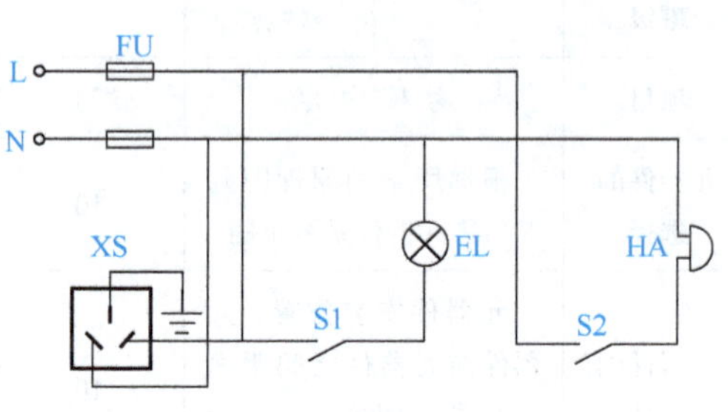

图 5-14　控制一盏灯、一只门铃、一个插座的电路

2）根据电路原理图和安装位置图的要求将电路元器件安装在操作板上，做到横平竖直、固定牢靠、排列整齐，元器件之间的距离符合要求，做到既要节省空间，又能方便走线和维修。在正确的基础上注意所连线路的实用方便性和美观性。元件安装位置如图 5-15 所示。

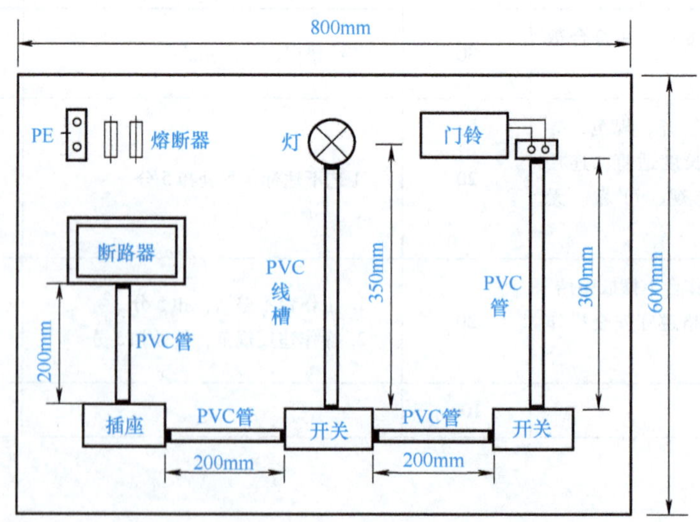

图 5-15　控制一盏白炽灯、一只门铃、一个插座电路的安装位置

3）根据工艺要求安装接线，依据元器件的位置敷设导线。应做到导线长度适合，避免

浪费，接线应规范；不得出现错接、漏接等现象。

4）安装结束后应认真对照电路原理图进行核对，检查是否有短路或接错现象，用万用表检查电路状况是否正常；电路连好并经教师同意后方可通电调试。

5）文明操作，未经允许不得擅自通电，以免造成设备损坏。

4. 实训评价（见表 5-5）

表 5-5 实训评价表

班级		姓名		学号		组别	
项目	考核内容		配分	评分标准		自评	互评
元器件的选择	根据所给的原理图选择所需元器件		10	不能正确选择元器件，每处扣 5 分			
元器件的安装	元器件安装位置、元器件与元器件之间距离应与参考图样一致；元器件应用木螺钉紧固		10	元件安装位置不正确、距离不合理、固定不牢固，每处扣 2 分，扣完为止；未按图样要求安装扣 10 分			
PVC 管安装	PVC 管安装整齐、紧固，连接可靠		10	PVC 线管安装不整齐、不紧固，连接不可靠，每处扣 2 分			
线路接线	正确接线，并符合敷设规范		30	接线错误，每次扣 5 分			
接线与敷设工艺	敷设整齐、规范，导线端子长度适宜，连接工艺美观、可靠、无损伤		20	工艺不达标，每处扣 5 分			
安全文明操作	1. 工作台上摆放整洁 2. 严格遵守安全操作规程		20	1. 工作台不整洁，扣 5 分 2. 操作违反规范，每处扣 5 分			
合计			100				
学生交流改进总结：							
教师总结及签名：							

【任务拓展】

接线工艺

电工作业时都会涉及接线。规范的接线方法是大大降低安全隐患的有力保证。在接线时注意以下几点：

1）紧固接线用力要适中，防止用力过大将螺栓螺母滑扣，发现已滑扣的螺栓螺母及时更换，严禁将就作业。

2）用螺钉旋具紧固或松动螺钉时，必须用力使螺钉旋具顶紧螺钉，然后再进行紧固或松动，防止螺钉旋具与螺钉打滑，造成螺钉损伤不易拆装。

3）发现难于拆卸的螺栓螺母，不要强行拆卸，防止造成变形更难于拆卸，应给予适当敲打，或加螺钉松动剂、稀盐酸等稍后再进行拆卸。

4）不要用尖嘴钳紧固或松动螺栓螺母，以防造成损坏，用活扳手时要调整好开口，防止将螺栓螺母损坏变形。

5）同一接线端子允许最多接两根相同类型及规格的导线。

6）易松动或接触不良的接线端子，导线接头必须做成“羊眼圈”紧固在接线端子上，增加接触面积及防止松动。

7）导线接头或线鼻子互相连接时，中间严禁加装非铜制或导电性能不好的垫片。

8）导线接头连接时，要求接触面光滑且无氧化现象，接线鼻子或铜排相接时，可在接触表面清理干净后涂抹导电膏，然后再进行紧固。

9）接临时线时，单根导线软线要求接线头对折一次，然后接到空气开关下口；单芯硬线线头可做成“羊眼圈”，然后接到空气开关开下口。

10）对于 30kW 及以上电动机接线，要求电动机出线和连接电动机的电缆导线之间不允许跨接导电性能不好的垫片，如镀锌螺母、平垫、弹簧垫等。

任务二 荧光灯线路装调

【任务概述】

荧光灯电路是利用一定的装置和设备将电能转化成光能，为人们工作、生活和生产提供照明的电路。荧光灯电路的安装和维修是电工必须掌握的专业技能。

【知识学习】

一、气体放电光源

气体放电光源是利用气体放电时发光的原理所制成的光源，常见的一般有用于家用照明的荧光灯、节能荧光灯，商用或户外照明用的高压汞灯、高压钠灯等。

1. 荧光灯

（1）荧光灯的发光原理

荧光灯俗称日光灯，它是利用汞蒸气在外加电压作用下产生弧光放电，发出少量的可见光和大量的紫外线，紫外线又激励灯管内壁涂覆的荧光粉，使之发光。由此可见，荧光灯的发光效率比白炽灯高得多。在使用寿命方面荧光灯也优于白炽灯，但是荧光灯的显色性稍差。

（2）荧光灯的结构

荧光灯主要由灯管、镇流器、辉光启动器、灯架和灯座等部件组成。

1）灯管。灯管由灯座（俗称灯脚）、灯头、灯丝、荧光粉和玻璃管构成。在玻璃管内壁涂有荧光材料，管内抽真空后充入少量汞和适量的惰性气体（氩），在灯丝上涂有电子发射物质（称电子粉），其结构如图 5-16 所示。荧光灯的规格较多，常用的有 8W、12W、15W、20W、30W 和 40W 等。

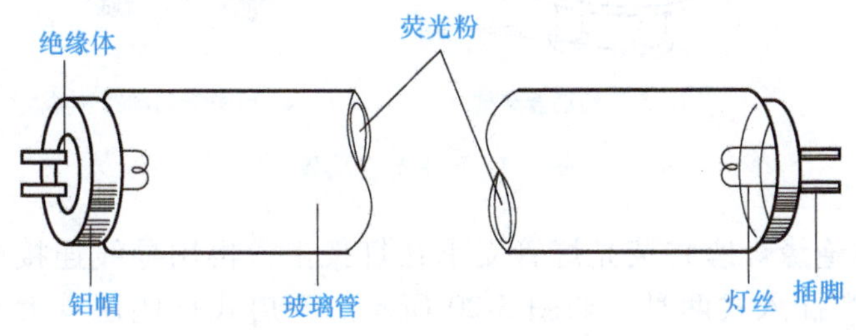

图 5-16　荧光灯灯管结构

2）镇流器。镇流器的作用是限制灯丝预热时流经灯丝的电流值过大，防止预热温度过高烧坏灯丝；维持灯管启辉工作后的工作电压在额定范围内，以保证灯管稳定工作。

目前市场上镇流器有两种结构，电抗型镇流器与电子型镇流器，品种分开启式、半封闭式和封闭式三种。

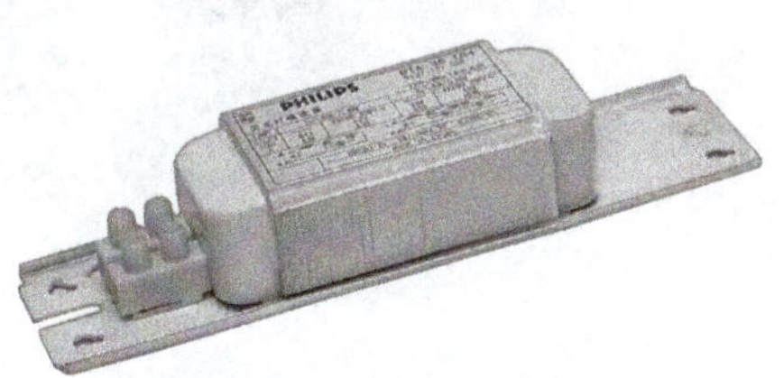

图 5-17　电抗型镇流器

① 电抗型镇流器。由铁心、线圈及外壳构成，如图 5-17 所示。

② 电子型镇流器。电子型镇流器无扼流线圈，无铁损，发光效率高，是一种节能型荧光灯镇流器。成品电子镇流器一般有 6 根引线，其中 2 根连接电源，其余 4 根分为两组，分别连接灯管两端灯丝，如图 5-18 所示。

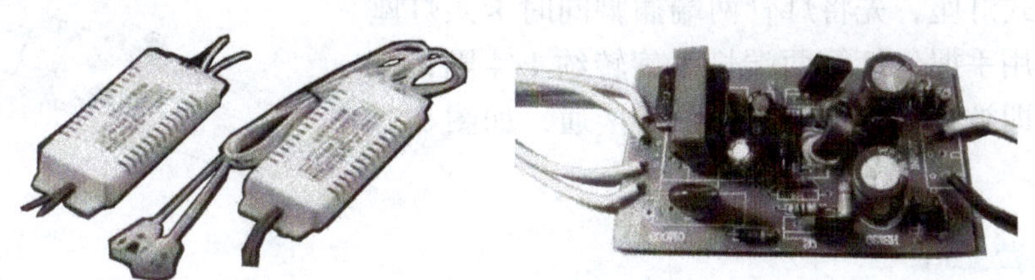

图 5-18　电子型镇流器

3）辉光启动器。辉光启动器主要由铝壳、氖管（内充惰性气体）、门型动触片（双金属片）、绝缘底座、插头、静触片和电容等组成，如图 5-19 所示。辉光启动器的常用规格有 4~8W、15~20W 和 30~40W，以及通用型 4~40W，选用时应选择与所用荧光灯管相同的功率参数。辉光启动器中电容 C 是用来减小触片分断时的火花。当电容击穿时，剪去电容后氖管仍可以应用。辉光启动器的作用相当于一副自动触头，仅在起动时把灯管两端短接-断开一下。在维修时，临时可用导线触碰辉光启动器座两极，同样可以起到启辉作用。

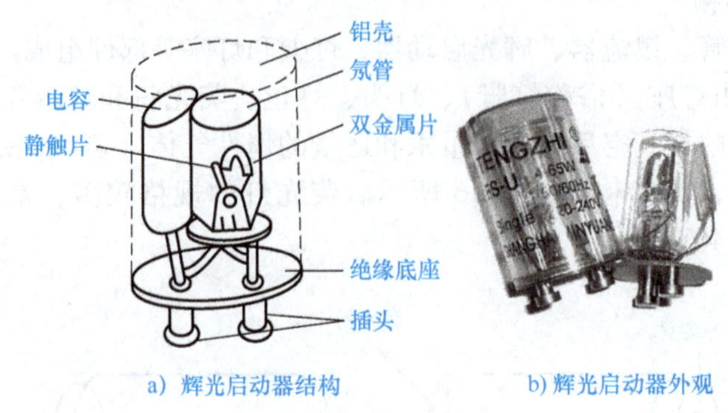

a）辉光启动器结构　　b) 辉光启动器外观

图 5-19　辉光启动器

4）灯座。一对绝缘灯座将荧光灯管支承在灯架上，再用导线连接成荧光灯的完整电路，灯座有开启式和插入式两种，如图 5-20 所示。开启式灯座还有大型和小型两种，如 6W、8W、12W、13W 等细灯管用小型灯座，15W 以上灯管用大型灯座。

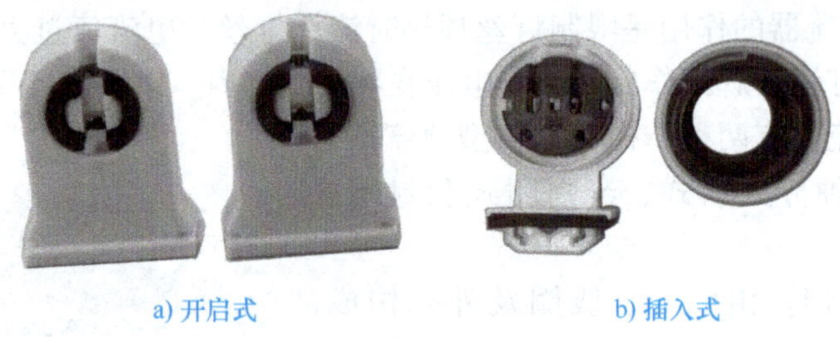

a) 开启式　　b) 插入式

图 5-20　荧光灯座

在灯座上安装灯管时，对插入式灯座，先将灯管一端插脚插入带弹簧的一端灯座，稍用力使弹簧灯座活动部分向外退出一小段距离，另一端趁势插入不带弹簧的灯座。对开启式灯座，先将灯管两端插脚同时卡入灯座的开缝中，再用手握住灯管两端灯头旋转约 1/4 圈，灯管的两个插脚即被弹簧片卡紧，使电路接通，如图 5-21 所示。

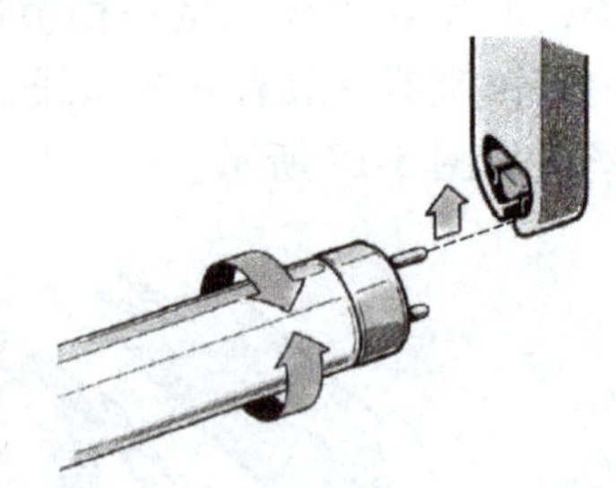

图 5-21　在开启式灯座上安装灯

2. 高压汞荧光灯

（1）工作原理

高压汞荧光灯又称高压汞灯，它是普通荧光灯的改进产品，属于高气压的汞蒸气放电光源。它不需要辉光启动器来预热灯丝，但它必须与相应功率的镇流器串联使用。高压汞荧光灯具有省电、光效高（约为白炽灯的 3 倍）、耐用（寿命为 1500~2500h）等优点。使用和安装非常方便，适用于广场、体育馆、高大建筑物和道路等场合。

如图 5-22 所示，高压汞荧光灯由玻璃外壳、石英玻璃放电管、上下主电极、辅助电极、

电阻和一些支架等组成。高压汞荧光等工作时，第一主极与辅助电极（触发极）间首先击穿放电，使管内的汞蒸发，导致第一主电极与第二主电极间击穿，发生弧光放电，使管壁的荧光物质受激，产生大量可见光。

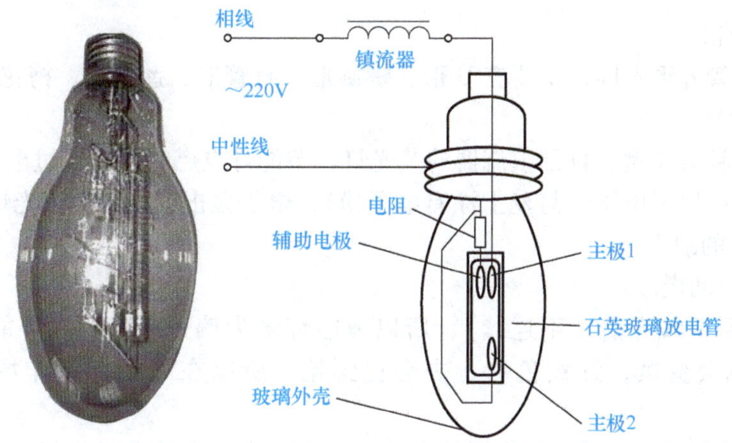

图 5-22　高压汞荧光灯结构及连接线路

（2）高压汞荧光灯故障的排除

高压汞荧光灯附件较少，所以抗振性能较好，常见故障有：

1）不能启辉。一般是由于电压下降或镇流器选配不当而电流过小，或灯管内部构件损坏等原因引起的。

2）只亮灯芯。一般是由于灯管玻璃破碎或漏气等原因引起的。

3）亮而忽熄。一般是由于电压下降或灯座、镇流器和开关松动等原因引起的。

4）开而不亮。一般是由于停电、电路熔断器烧断、开关失灵、灯泡损坏、镇流器烧坏等原因引起的。

针对以上故障，应根据引起故障的原因，采取相应的修理措施进行排除。

3. 高压钠灯

高压钠灯利用高气压的钠蒸气放电发光，其辐射光谱集中在人眼较为敏感的区间，所以它的光效比高压汞灯还高一倍，且寿命长，但显色性较差，启动时间较长。其接线与高压汞荧光灯相同。

4. 节能灯

节能灯是指将荧光灯与电子型镇流器组合成一个整体的照明设备，如图 5-23 所示。

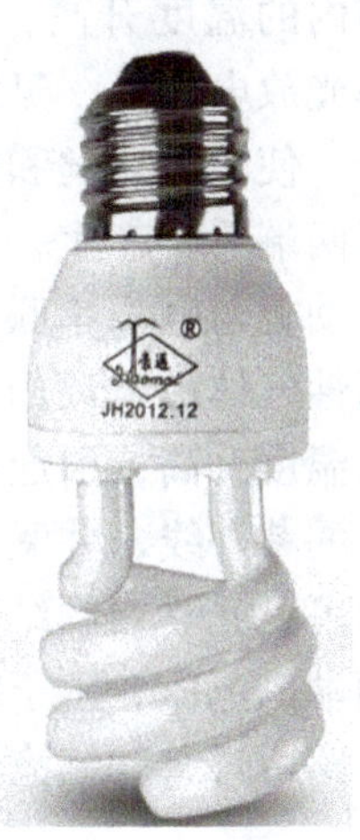

图 5-23　节能灯

（1）结构组成

节能灯由灯头、灯壳、镇流器、灯管四大部分组成。灯头是最上面的金属部分，是灯和电源的连接体，按直径分为 E27、E40、E14 等。灯壳是灯头下面的部分，是灯的骨架或保护体，它使各个部分牢固地连接在一起，并防止触电。灯壳要求使用阻燃耐热材料制作，这样灯壳不会变形起火。电子型镇流器在灯壳内部，作用是把普通交流电转化为可以点亮灯管的高频高压电，是节能灯的关键部分。灯管是与灯壳连接的玻璃部分，其内壁涂有荧光粉，在玻璃壳内填充少量的氩和汞等元素。

（2）外形规格

节能灯因灯管外形不同，主要有U形、螺旋形、直管形、莲花形、梅花形、佛手形等。

（3）工作原理

节能灯是一种紧凑型、自带镇流器的荧光灯，节能灯点燃时首先经过电子型镇流器给灯丝加热，灯丝开始发射电子（灯丝上涂有电子粉），电子轰击荧光粉使荧光灯发光。

（4）节能灯的缺点

1）节能灯启动慢。

2）节能灯是明线光谱（不连续），所以节能灯多为偏紫色光，在节能灯下看东西会严重变色。蓝色会变紫，红黄色看上去会更鲜艳。所以在配色的工作场合不宜使用节能灯。

3）节能灯使用的镇流器在产生瞬间高压时，会产生一定的电磁辐射。节能灯的电磁辐射还来自电子与汞蒸气发生的电离反应。同时，节能灯需要添加稀土荧光粉，由于稀土荧光粉本身有放射性，因而节能灯还会产生放射性辐射，相比电磁辐射对人体侵害的程度存在不确定性。

二、荧光灯电路

1. 荧光灯电路的工作原理

荧光灯电路的工作原理如图5-24所示。当电路接通电源，闭合开关S后，由于灯管尚未放电导通，电源电压绝大部分都加在辉光启动器上。这时辉光启动器在较高电压作用下产生辉光放电，氖泡内的温度升高，双金属片伸展移动、静触片闭合。辉光放电停止，氖管内动静触片随温度冷却收缩并断开，使流经灯丝和镇流器的电流突然中断，则在镇流器两端瞬时产生一个比电源高得多的感应电动势，该电动势与电源串联后全部加在灯管两端，使灯管内的惰性气体被电离而产生弧光放电。随着弧光放电使管内温度升高，引起汞蒸气弧光放电，辐射出肉眼不可见的紫外线，并激发灯管内的荧光粉，发出近似日光的可见光。启辉结束后，辉光启动器两端电压是灯管两端的电压，由于镇流器的串联分压，此时辉光启动器的端电压较低，不再起作用，此时的电路由灯管和镇流器串联构成。

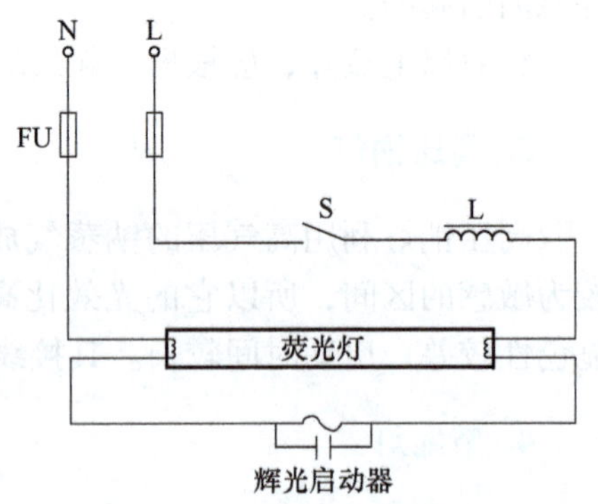

图5-24 荧光灯工作原理电路

2. 荧光灯电路常见故障的排除方法

荧光灯电路常见故障的排除方法见表5-6。

表 5-6　荧光灯电路常见故障的排除方法

故障现象	产生原因	排除方法
荧光灯不能发光	停电或熔体烧断导致无电源	找出断电原因，检修好故障后恢复送电
	灯管漏气或灯丝断开	用万用表检查或观察荧光粉是否变色，如确认灯管坏，可换新灯管
	电源电压过低	不必修理
	新装荧光灯接线错误	检查线路，重新接线
	电子型镇流器整流桥开路	更换整流桥
荧光灯灯光抖动或两端发红	接线错误或灯座插脚松动	检查线路或修理灯座
	电子镇流器谐振电容器容量不足或开路	更换谐振电容器
	灯管老化，灯丝上的电子发射将尽，放电作用降低	更换灯管
	电源电压过低或线路电压降过大	升高电压或加粗导线
	气温过低	用热毛巾对灯管加热
灯光闪烁或管内有螺旋滚动光带	电子型镇流器的大功率晶体管开焊，接触不良或整流桥接触不良	重新焊接
	新灯管暂时现象	使用一段时间，会自行消失
	灯管质量差	更换灯管
灯管两端发黑	灯管老化	更换灯管
	电源电压过高	调整电源电压至额定电压
	灯管内汞凝结	灯管工作后即能蒸发或将灯管两端对换
灯管光度降低或色彩转差	灯管老化	更换灯管
	灯管上积垢太多	清除灯管积垢
	气温过低或灯管处于冷风直吹位置	采取遮风措施
	电源电压过低或线路电压降过大	调整电压或加粗导线
灯管寿命短或发光后立即熄灭	开关次数过多	减少不必要的开关次数
	新装灯管接线错误将灯管烧坏	检修线路，改正接线
	电源电压过高	调整电源电压
	受剧烈振动，将灯丝振断	调整安装位置或更换灯管
断电后灯管仍发微光	荧光粉余辉特性	过一会将自行消失
	开关接到了中性线上	将开关改接至相线上
灯管不亮，灯丝发红	高频振荡电路不正常	检查高频振荡电路，重点检查谐振电容器

【任务实训】

单控开关控制荧光灯线路

1. 实训目标

1）熟练使用电工工具及电工材料。
2）识读单控开关控制荧光灯电气线路原理图及电器安装位置图。
3）掌握安装基本电路应配备的器材和所需用的电工工具。
4）掌握简单照明电路的操作安装工艺，操作规范、熟练。
5）培养重视质量、安全文明操作等职业习惯。

2. 实训器材

实训器材见表 5-7。

表 5-7 实训器材

项 目	名 称	说 明	总 数 量
所用设备	电工实训实验板 800mm×600mm	安装照明电路	1 块
所用仪器仪表	数字式万用表或指针式万用表	检查故障、测试电路	1 块
所用工具	剥线钳、电工刀	剖削导线	各 1 把
	螺钉旋具	安装照明器件	1 套
	钢丝钳、斜口钳	剪断导线	各 1 把
	尖嘴钳	弯曲导线、导线连接	1 把
	验电器	检查是否带电	1 只
所用元器件	开关	通断电路	1 个
	插座	接用电器	1 个
	剩余电流断路器	漏电保护装置	1 个
	熔断器	电路的短路保护	2 个
	荧光灯管	照明	1 个
所用材料	导线 $1mm^2$ 多股软线	连接电路	若干根

3. 实训内容

（1）识读电路图，如图 5-25 所示。
（2）荧光灯的安装与接线如图 5-26 所示。
根据安装元器件布置图，如图 5-26 所示，进行元器件安装并接线。
1）辉光启动器上的两个接线桩分别与两个灯座的接线桩连接。
2）一个灯座中余下的一个接线桩与电源的中性线（N）连接，另一个灯座中余下的一个接线桩与镇流器的一端连接。

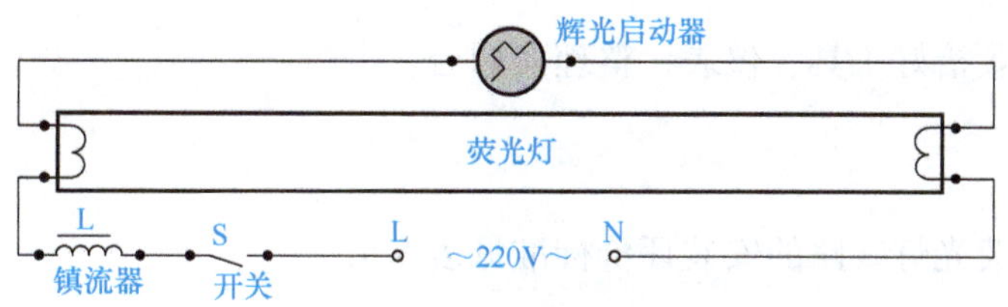

图 5-25　荧光灯的接线

3）镇流器的另一端与开关的一个接线桩连接，而开关的另一个接线桩与电源相线（L）连接。

（3）电路安装与通电运行

电路安装接线的工艺要求与单联开关控制一盏白炽灯相同，只是在自检电路时需要一次闭合双控开关，测试回路通断情况（将万用表置于欧姆档，表笔分别接触）。

根据电路原理图和安装位置图的要求将元器件安装在实验板上，做到横平竖直、固定牢靠、排列整齐，元器件之间的距离符合要求，做到既要节省空间，又要方便走线和维修。在正确的基础上注意所连线路的实用方便性和美观性。

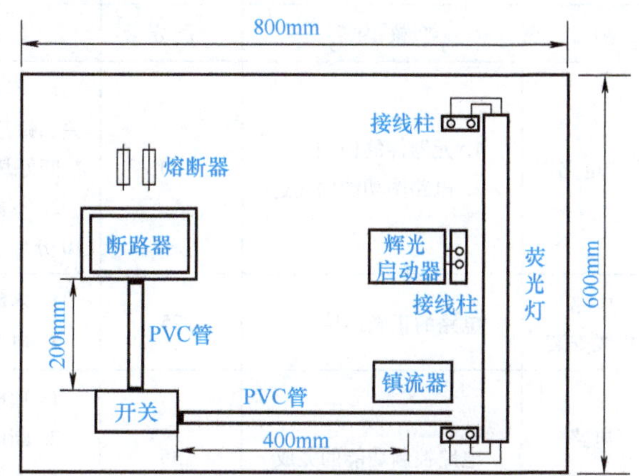

图 5-26　荧光灯电路元器件布置图

根据工艺要求安装接线，依据元器件的位置敷设导线。应做到导线长度适合，避免浪费，接线应规范；不得出现错接、漏接等现象。

安装结束后应认真对照电路原理图进行电路核对，检查是否有短路或接错现象，用万用表检查电路状况；电路连好并经教师同意后方可通电调试。

（4）电路调试与参数测量

荧光灯电路辉光启动器点亮后，可以近似认为灯管对电流有一定的阻碍作用，认为是一个电阻，而将镇流器看成一个电感，于是荧光灯电路就变成一个 RL 串联电路，由此可以测量荧光灯电路的功率因数。

用万用表测量电源电压 U、灯管两端电压 U_R 和镇流器两端电压 U_L，将测量结果记入表 5-8 中，绘制电压三角形，计算功率因数。

表 5-8　荧光灯电路测量结果记录表

U/V	U_R/V	U_L/V	电压三角形	功率因数 $\cos\varphi$

（5）清理现场

实训结束后，收拾好工具、仪表，整理实训台。

4. 实训评价

单控开关控制荧光灯线路的安装评价标准见表 5-9。

表 5-9 单控开关控制荧光灯线路安装评价表

<table>
<tr><td>班级</td><td></td><td>姓名</td><td></td><td>学号</td><td></td><td>组别</td><td colspan="2"></td></tr>
<tr><td>项目</td><td colspan="2">考 核 内 容</td><td>配分</td><td colspan="3">评 分 标 准</td><td>自评</td><td>互评</td></tr>
<tr><td>识读电路图</td><td colspan="2">1. 元器件的识别
2. 电路图功能的描述</td><td>20</td><td colspan="3">1. 不能正确识别选取白炽灯、开关、镇流器、辉光启动器或不能正确判断好坏，每处扣 5~10 分
2. 不能正确描述电路功能，扣 5~10 分</td><td></td><td></td></tr>
<tr><td>电路接线安装</td><td colspan="2">电路的正确连接</td><td>25</td><td colspan="3">1. 不能正确连接电路，扣 1~5 分
2. 电路接点不牢固，每处扣 1~5 分</td><td></td><td></td></tr>
<tr><td>电路通电调试</td><td colspan="2">电路控制功能的完成</td><td>35</td><td colspan="3">1. 通电次序不正确，扣 5~10 分
2. 断电次序不正确，扣 5~10 分
3. 不能完成电路控制功能，每处扣 10 分</td><td></td><td></td></tr>
<tr><td>电路参数测量</td><td colspan="2">1. 正确选择万用表的功能
2. 正确选择万用表的档位
3. 正确读数</td><td>10</td><td colspan="3">1. 不能正确选择万用表的功能，扣 1~5 分
2. 不能正确选择万用表的档位，扣 1~5 分
3. 不能正确读数，扣 1~5 分</td><td></td><td></td></tr>
<tr><td>安全文明操作</td><td colspan="2">1. 工作台上工具摆放整齐
2. 严格遵守安全操作规程</td><td>10</td><td colspan="3">1. 工作台不整洁扣 1~5 分
2. 违反安全操作规程，酌情扣 1~5 分</td><td></td><td></td></tr>
<tr><td colspan="3">合计</td><td>100</td><td colspan="3"></td><td></td><td></td></tr>
<tr><td colspan="9">学生交流改进总结：</td></tr>
<tr><td colspan="9">教师总结及签名：</td></tr>
</table>

【知识拓展】

LED 灯

发光二极管（light emitting diode，LED）是一种能够将电能转化为可见光的固态的半导体器件。LED 的核心器件是一个半导体的晶片，如图 5-27 所示。

图 5-27　LED 灯

1. 基本结构

晶片的一端附在一个支架上，一端是负极，另一端连接电源的正极，使整个晶片被环氧树脂封装起来，起到保护内部芯线的作用。故 LED 的抗振性能较好。

2. 工作原理

半导体晶片由两部分组成，一部分是 P 型半导体，空穴占其主导地位；另一端是 N 型半导体，主要是电子。当这两种半导体连接起来的时候，它们之间就形成一个 PN 结。当电流通过导线作用于这个晶片的时候，电子就会被推向 P 区，在 P 区里电子跟空穴复合，然后就会以光子的形式发出能量，这就是 LED 灯发光的原理。而光的波长也就是光的颜色，是由形成 PN 结的材料决定的。

3. LED 灯与普通灯的区别

优点：

1）节能。

2）寿命长。

3）适用性好，因单颗 LED 的体积小，可以做成任何形状。

4）回应时间短，是纳秒（ns）级别的回应时间，而普通灯具是毫秒（ms）级别的回应时间。

5）环保，无有害金属，废弃物容易回收。

6）色彩绚丽，发光色彩纯正，光谱范围窄，并能通过红、绿、蓝三基色混合成七彩或者白光。

缺点：

1）价格贵。

2）光效率有待提高。

3）目前能做到的寿命和理论寿命（10 万 h）还有很大差距。

4）存在发热现象，发热量仍有待改善。

5）对于小功率 LED 灯，光衰仍比较大。

任务三　用 PVC 管、线槽明装照明线路

【任务概述】

随着社会的快速发展，照明电路给人们的日常生活带来了巨大的便利，成为人们生活中不可或缺的一部分。模拟居民照明线路，完成用 PVC 管、线槽明装照明线路，是一名电工

应具备的基本技能。

【知识学习】

一、PVC管的加工

PVC管主要用于电气设备布线，对敷设其中的导线起机械、电气保护作用。PVC管的管径种类很多，常用的有Φ20mm、Φ16mm两种。PVC管敷设时，应根据PVC管每段敷设位置和PVC管所需长度进行切断、弯曲与连接。

1. PVC管的切断

用专用截管器裁切PVC管时，应边慢慢转动PVC管边进行裁剪，更容易切入管壁，切入管壁后，应停止转动PVC管，以保证切口平整，并继续裁剪，直至PVC管被切断为止，如图5-28所示。

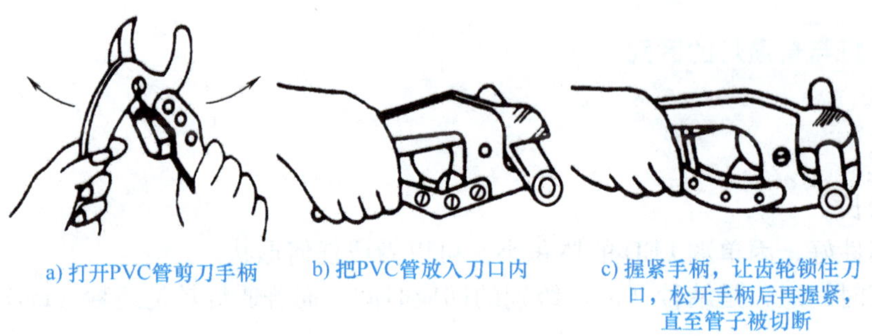

a) 打开PVC管剪刀手柄　b) 把PVC管放入刀口内　c) 握紧手柄，让齿轮锁住刀口，松开手柄后再握紧，直至管子被切断

图5-28　用专用截管器裁切PVC管

2. PVC管的弯曲

（1）热煨法

将弯管弹簧插入管内待弯处，用电炉或吹风机等加热装置均匀加热，烘烤PVC管煨弯处，待PVC管被加热到能够随意弯曲时，放在案子上固定一端，逐步弯出所需角度，并用湿布抹擦使弯曲部位冷却定型，然后抽出弯簧。注意不得因煨弯使PVC管出现烤伤、变色、破裂等现象。

（2）冷煨法

管径在25mm及其以下可以用冷煨法。

PVC管的柔韧性很好，在常温下即可用弹簧弯管器来直接弯曲，较为简便易行。弯管时，将与PVC管内径相应的弹簧弯管器插入PVC管需弯曲处，如图5-29a所示，两手握住PVC管弯曲处两端有弯簧插入的部位，逐渐用力弯出需要的弯曲半径，如图5-29b所示。若手部力量不够时，可将弯曲部位顶在膝盖或硬物上再用手扳弯，如图5-29c所示。弯曲的力度不能太猛，不要一次就将角度弯出，要逐渐用力弯曲，用力与受力均匀。一般情况下弯出的角度应比所需弯曲的角度略小，待弯管回弹后，即可达到要求，然后将弹簧弯管器从PVC管内抽出。

弯管时应注意以下几点。

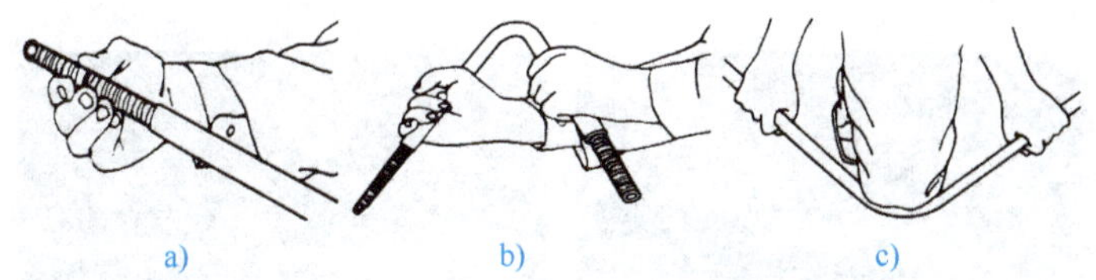

图 5-29　用弹簧弯管器冷弯

1）长管冷弯：当弯曲较长的 PVC 管时，弹簧弯管器的一端应拴上铁丝或细绳，以方便确定弹簧弯管器的放置位置以及弯管完成后将弹簧弯管器拉出，如图 5-30 所示。在弹簧弯管器未拉出前，不要用力使弹簧恢复，否则易损坏弹簧，当遇到弹簧不易拉出时，可逆时针转动弹簧弯管器，使其外径收缩，同时向外拉即可取出弹簧弯管器。

2）PVC 管端部弯曲 90°或鸭脖弯：若要在硬质塑料管的端部弯曲如图 5-31 所示 90°或鸭脖弯，直接用手弯曲会较困难，此时可在 PVC 管端部先预留一段，待完成弯曲成型后，再用截管器去除多余部分。

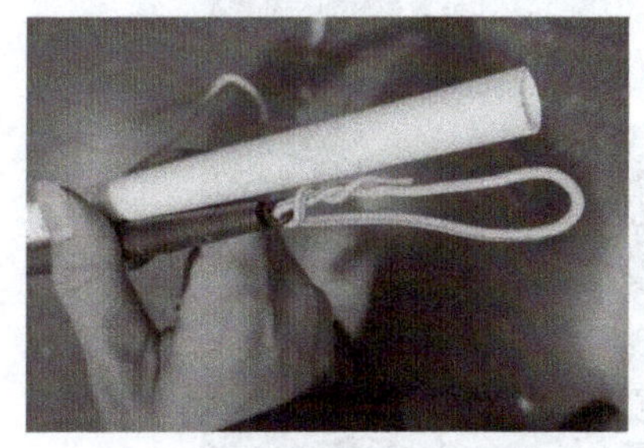
图 5-30　长管冷弯技巧

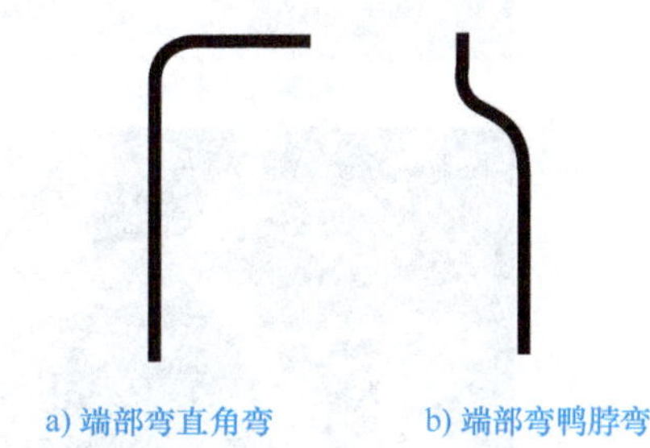

图 5-31　PVC 管端部弯曲 90°或鸭脖弯

PVC 管端部弯鸭脖弯步骤如图 5-32 所示。

管弯工艺要求：

1）PVC 管的弯曲角度一般不宜少于 90°，弯曲半径应为 PVC 管外径的 4~5 倍。

2）PVC 管的弯曲处不应有折皱、凹穴、裂缝、裂纹。

3）PVC 管弯曲处需平滑，弯曲处弯扁的长度不应大于 PVC 管外径的 10%。

4）直角转弯的偏差角度不大于±5°。

3. PVC 管与 PVC 管的连接

（1）插入法

连接时，先将两根连接管的端部擦干净，将外部管端部加热软化后，在内接管的端部涂上胶合剂，如图 5-33a 所示，然后迅速插入外接管软化的端部，插接的长度为连接外径的 1.1~1.8 倍，如图 5-33b 所示，并使两管同心，然后冷却即成。

（2）套接法

连接时，用比连接管管径大一级的塑料管做套管，长度宜为连接管外径的 1.5~3 倍，如图 5-33c 所示，在两根要连接的管端涂好胶合剂，然后从两端插入到套管内，两管的对接处应在套管的中心，并紧密粘接。

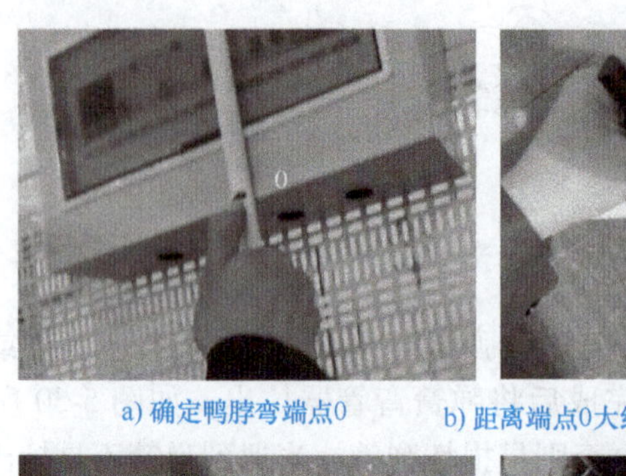

a) 确定鸭脖弯端点0

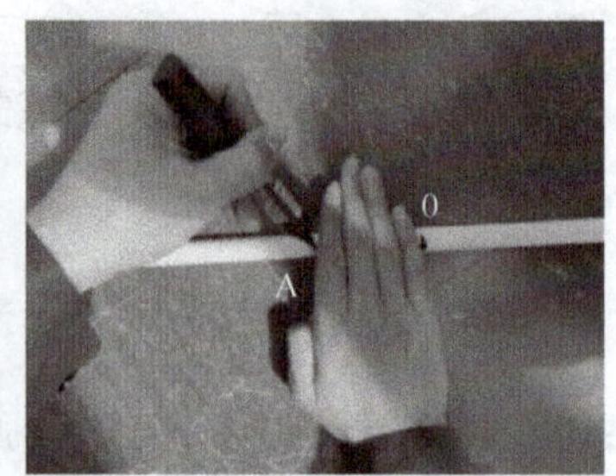

b) 距离端点0大约4根手指距离画第一个拐点A

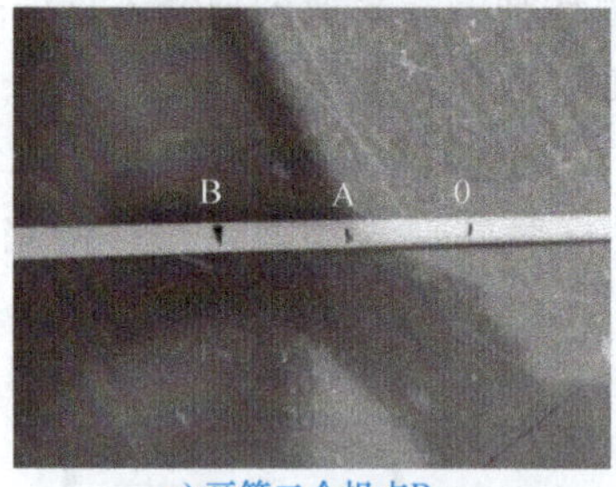

c) 画第二个拐点B

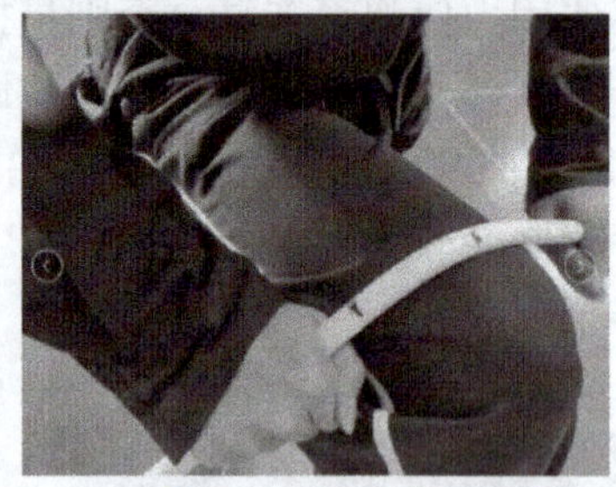

d) 以拐点A为中心弯曲PVC管

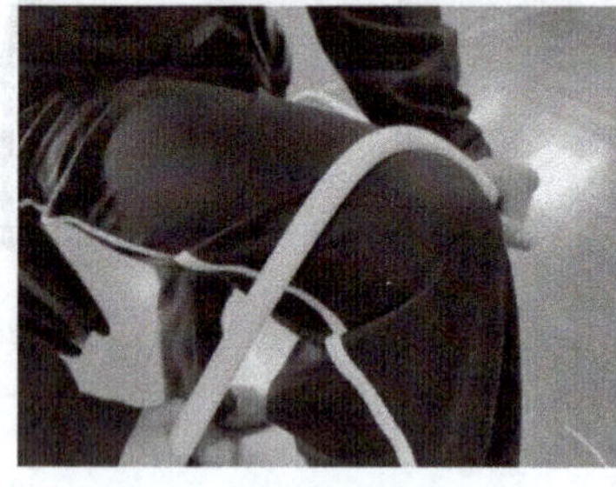

e) 以拐点B为中心弯曲PVC管

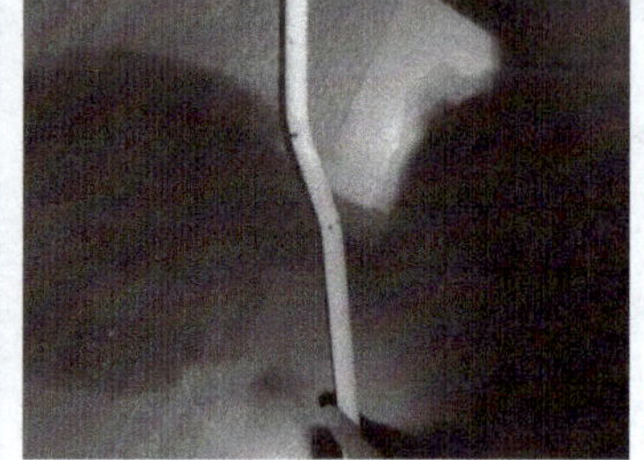

f) 鸭脖弯效果图

图 5-32 PVC 管端部弯鸭脖弯步骤

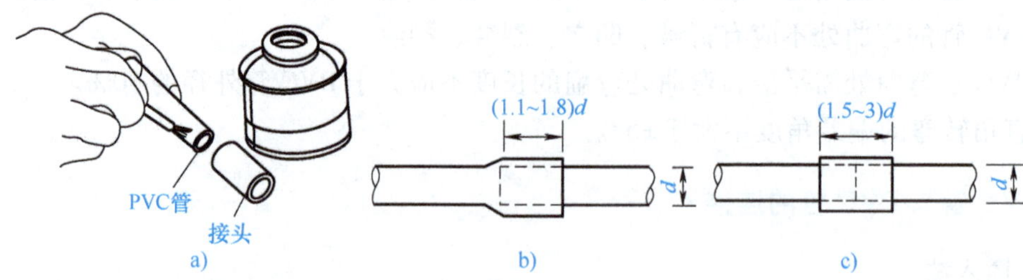

图 5-33 PVC 管与 PVC 管的连接

PVC 管粘接方法：管粘接前，要将 PVC 管清理干净，在 PVC 管结构表面均匀刷一层 PVC 胶水后，立即将刷好胶水的管头插入接头内，不要扭转，保持 15s 不动，即可粘接牢固。

（3）成品管接头

PVC 管的连接也可以用专门的成品套管来套接，连接管两端需涂上套管专用的胶合剂来粘接。

4. PVC 管与盒的连接

PVC 管与盒（箱）的连接，有些可在场外预先进行连接，有些需要在现场配合施工过程连接。

（1）用成品管盒连接件连接

连接前，选用与 PVC 管和成品管盒敲落孔规格对应的 PVC 管连接件，将 PVC 管接盒连接件，从盒的敲落孔插入，插入深度宜为管外径的 1.1～1.8 倍，如图 5-34 所示。

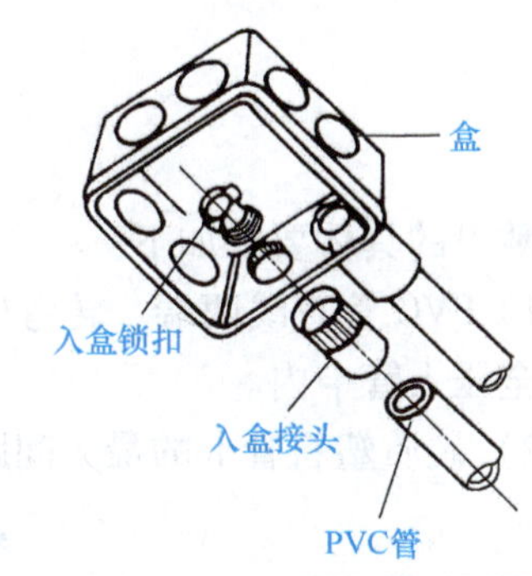

图 5-34　用成品管盒连接件连接

（2）用钢丝卡环固定

使用成品钢卡或用钢丝自制卡环均可，在管口处相应的两侧适当部位用锯条开口，然后将钢丝卡环卡在锯口处，如果卡环卡在盒内管口处，可防止管口在盒内回缩脱出盒子，如果卡在盒外管口处，可防止管口伸进盒内过长。将钢丝卡环卡在锯口处，可在现场使用绑扎管口，如图 5-35 所示。

a) 管口处适当位置用锯条开口

b) 钢丝卡环

c) 将钢丝卡环卡在锯口处

图 5-35　用钢丝卡环固定

（3）PVC 管连接质量要求

1）管与盒（箱）的连接处，应顺直进入，不应使 PVC 管斜穿到盒（箱）内。

2）连接管的外径要与盒（箱）的敲落孔相一致，管口平整、光滑，一管一孔顺直插入盒（箱）内，在盒（箱）内露出长度应小于 5mm。

3）多根管进入配电箱时应长度一致，排列间距均匀。

4）管与盒（箱）连接应固定牢固，盒（箱）未被用到的敲落孔盖不应被破坏。

5）PVC 管入槽（盒、箱）时必须加连接件。

6）PVC 管入盒时，必须对准盒的中心。

5. PVC 管的敷设

PVC 管在室内沿墙壁敷设一般都使用塑料管卡或塑料开口管卡（小口径管）。图 5-36 所示为不同类型管卡。塑料开口管卡用一个木螺钉固定，敷设时，先将线路上的管卡逐个固定后，配管时将 PVC 管从管卡开口处压入即可。而塑料管卡要用两个木螺钉固定，敷设时要先将管卡的一端螺钉拧进一半，然后将 PVC 管置于卡内，再拧入另一个木螺钉，最后将两个螺钉拧紧即可。

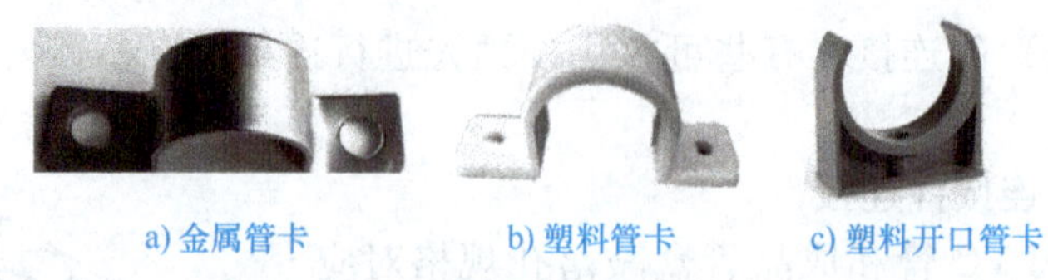

a) 金属管卡　　b) 塑料管卡　　c) 塑料开口管卡

图 5-36　管卡

敷设的具体要求如下：

1）PVC 管直线两端、转弯处两端或入盒（箱、槽）前端都需要装管卡固定，且 PVC 管应完全压入管卡内。

2）硬质塑料管卡的最大间距见表 5-10。

表 5-10　硬质塑料管卡的最大间距

管内径/mm	20 及以下	25～40	50 以上
吊架、支架或沿墙壁敷设间距/m	1.0	1.5	2.0

3）转弯处两端的管卡应对称，管卡与转弯点距离应大于 50mm，一般取 50～100mm 为宜，如图 5-37a 所示。

4）PVC 管直接进盒（箱）前端的固定管卡中心孔与盒（箱）边距离应大于 80mm，如图 5-37b 所示。

5）鸭脖弯 PVC 管进盒（箱）前要有管卡固定，管卡固定孔与盒（箱）边距离为 180～300mm，如图 5-37c 所示；PVC 管不能直接进入盒（箱）时必须做鸭脖弯处理；同一位置多个 PVC 管入同一箱体时，鸭脖弯的形状、位置应一致，如图 5-37d 所示。

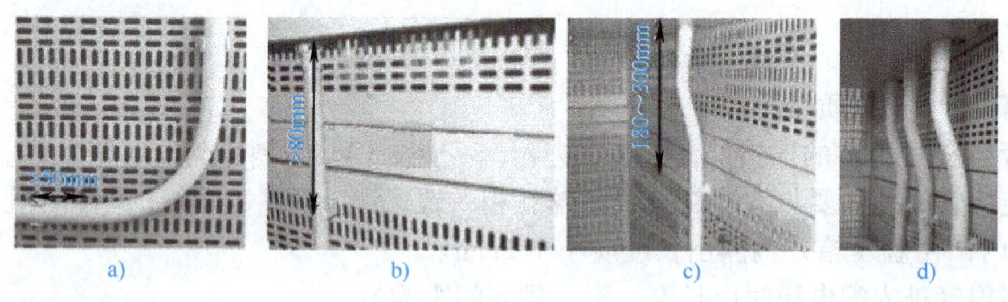

a)　　b)　　c)　　d)

图 5-37　PVC 管敷设

二、塑料线槽的加工

线槽由槽底、槽盖和附件组成，是用难燃型硬质聚氯乙烯工程塑料挤压成型，它具有绝缘、防腐、阻燃、自熄等特点，主要用于电气设备布线，对敷设其中的导线起机械、电气保护作用。塑料线槽如图 5-38 所示。

图 5-38　塑料线槽

1. 塑料线槽的切割

塑料线槽的切割可以使用手锯或线槽切割机实现。使用手锯切割塑料线槽的步骤如下：

1）在线槽槽盖和侧面画出切割线，如图 5-39a 所示。

2）将线槽卡住挡板，如图 5-39b 所示。

3）用手锯沿切割线锯断线槽，如图 5-39c 所示。

4）使用锉刀将线槽切口飞边磨平，如图 5-39d 所示。

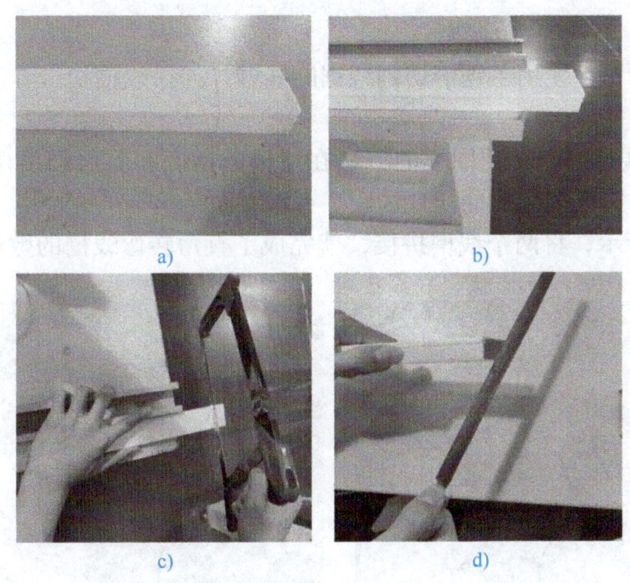

a)　b)　c)　d)

图 5-39　用手锯切割塑料线槽

2. 塑料线槽的敷设

塑料线槽的敷设安装方式有直通敷设安装、平面转弯敷设安装、阴角敷设安装、阳角敷设安装、T 形槽敷设安装，还有线槽和其他器件连接等。

（1）直通敷设安装

塑料线槽槽盖应比照每段线槽槽底的长度按需要切断，在切断时槽盖的长度要比槽底的长度短一些（L 约为线槽宽度的一半），以保证安装槽盖时能与槽底错位搭接，如图 5-40 所示。

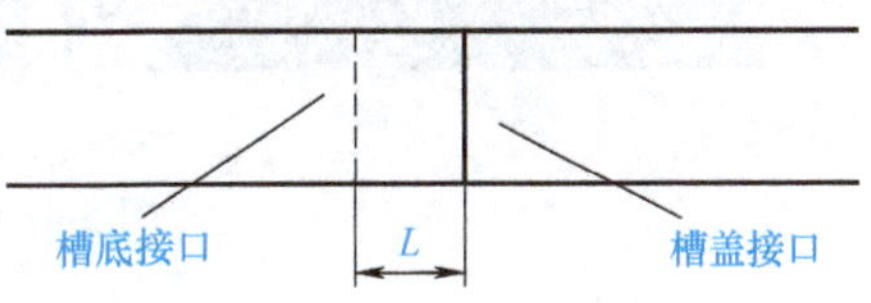

图 5-40　线槽直通敷设安装

（2）平面转弯敷设安装

平面转弯敷设安装时常常需要线槽直角转弯或任意转弯。

1）直角转弯的敷设安装。直角转弯的敷设安装需在两段线槽各自的拼接端，先锯出如图 5-41 所示 45°的切口，然后拼接在一起就是 90°弯头。

直角转弯的敷设安装步骤介绍如下。

① 如图 5-42a 所示，在线槽的槽盖上借助直角尺画出 45°切割线 L_1。

② 如图 5-42b 所示，在与 A 点相邻的侧面以 A 点为顶点，画出切割线 L_2。

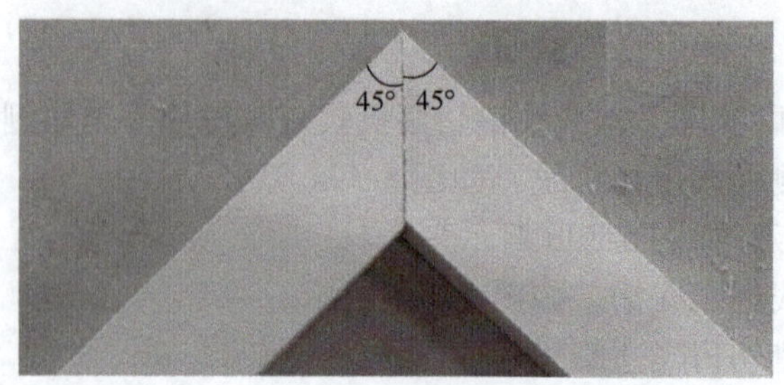

图 5-41 直角转弯的敷设安装效果图

③ 如图 5-42c 所示，使用手锯沿切割线锯断线槽，如果线槽切口有飞边，可使用锉刀磨平，第一个线槽加工完成。

④ 处理第二个线槽时，使用同样的方法在线槽的槽底和侧面画出切割线，然后使用手锯完成线槽的加工，第二个线槽的切口如图 5-42d 所示。

⑤ 如图 5-42e 所示，将两个线槽拼接，就完成了直角转弯线槽的敷设安装。

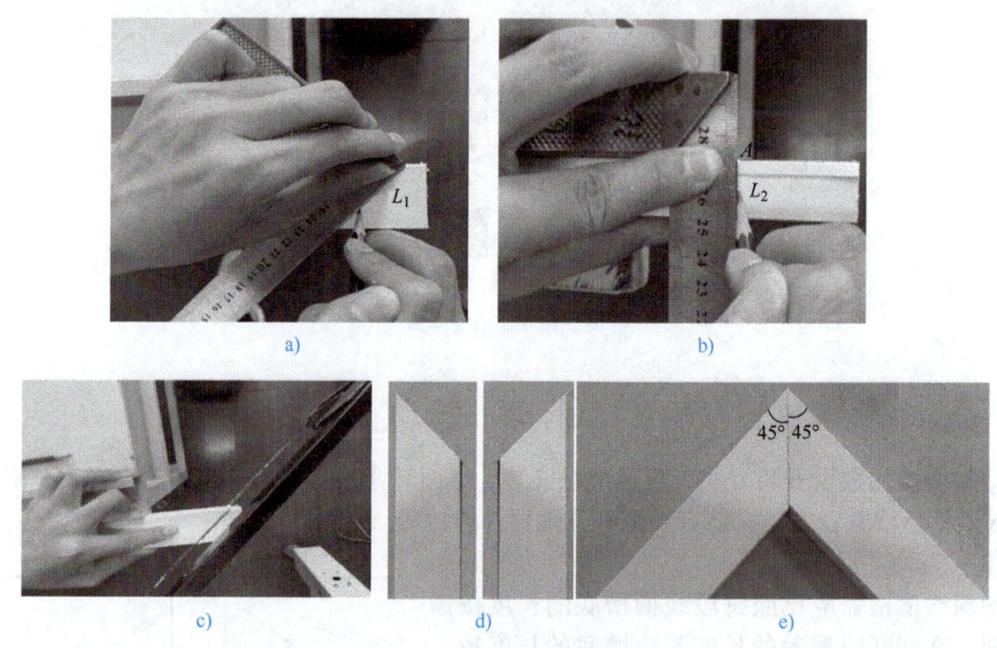

图 5-42 直角转弯的敷设安装过程

2）任意转弯敷设安装。任意转弯敷设安装的角度通常有 130°、150°，敷设安装时，先各自锯出相同的角度切口，然后再拼接，如图 5-43 所示。

这里以 130°转弯为例，敷设安装步骤介绍如下。

① 如图 5-44a 所示，在线槽的槽盖上借助量角器画出 65°切割线 L_1。

② 如图 5-44b 所示，在与 A 点相邻的侧面以 A 点为顶点，画出切割线 L_2。

③ 如图 5-44c 所示，使用手锯沿切割线锯断线槽，第一个 65°线槽切口加工完成。

④ 处理第二个线槽时，使用同样的方法在线槽的槽底和侧面画出切割线，然后使用手锯完成线槽的加工，第二个线槽的切口如图 5-44d 所示。

a) 130°转弯敷设安装　b) 150°转弯敷设安装

图 5-43　任意转弯的敷设安装效果图

⑤ 如图 5-44e 所示，将两个线槽拼接，就完成了 130°转弯线槽的敷设安装。

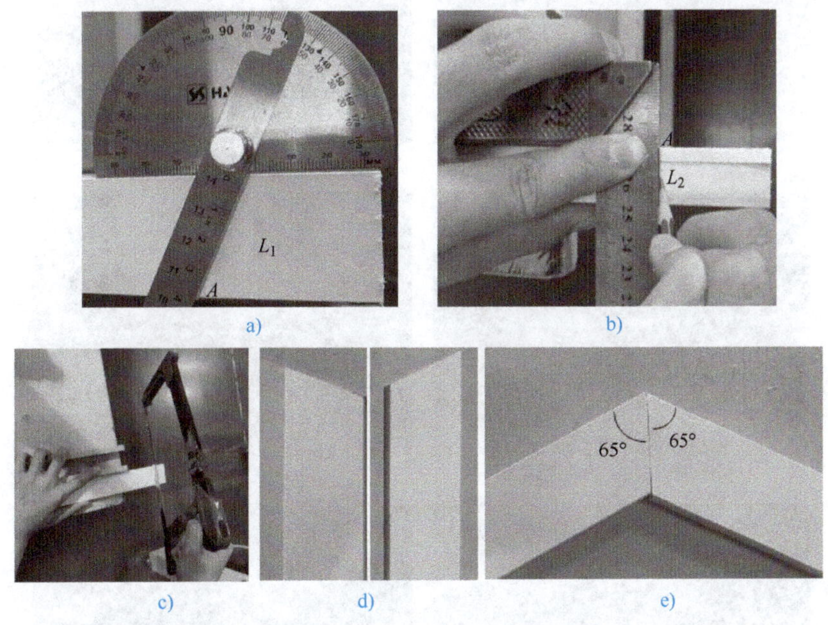

a)　b)　c)　d)　e)

图 5-44　130°转弯敷设安装过程

（3）阴角与阳角敷设安装

当线槽的敷设遇到柱和梁，或墙面内角转弯时，就必须采用阴角敷设安装方式，即采用 45°内角拼接，如图 5-45 所示。注意：阴角敷设在槽侧面画 45°切割线 L_1，在槽盖画切割线 L_2。

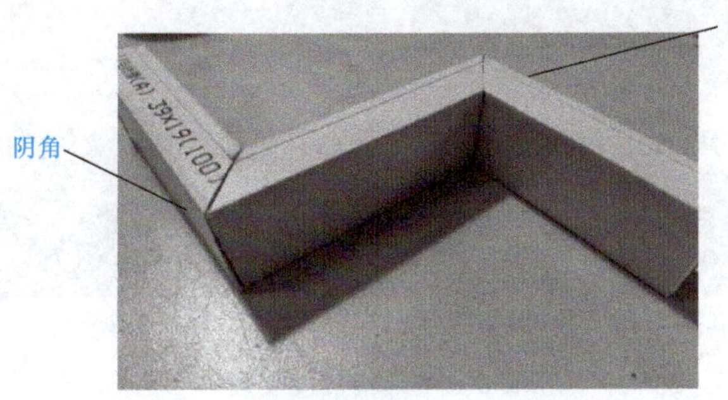

图 5-45　阴角与阳角敷设安装

当线槽的敷设遇到柱和梁，或墙面外角转弯时，就必须采用阳角敷设安装方式，即采用45°外角拼接，如图5-45所示。注意：阳角敷设在槽侧面画45°切割线 L_1，在槽底画切割线 L_2。

（4）T形槽敷设安装

同规格线槽遇到T形槽连接时，需要在线槽上开口，然后进行连接；不同规格的线槽需要进行T形槽连接时，先在尺寸大的线槽侧面上开一个矩形孔，然后将尺寸小的线槽垂直插入矩形孔中进行连接，小线槽伸入5~10mm的距离，具体安装过程如图5-46所示。

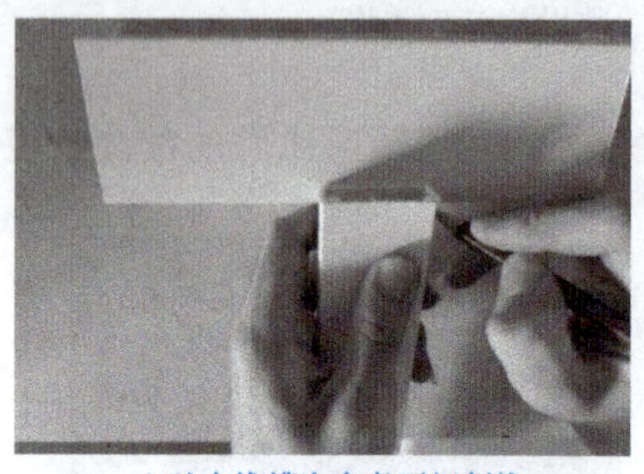

a) 以小线槽为参考画切割线

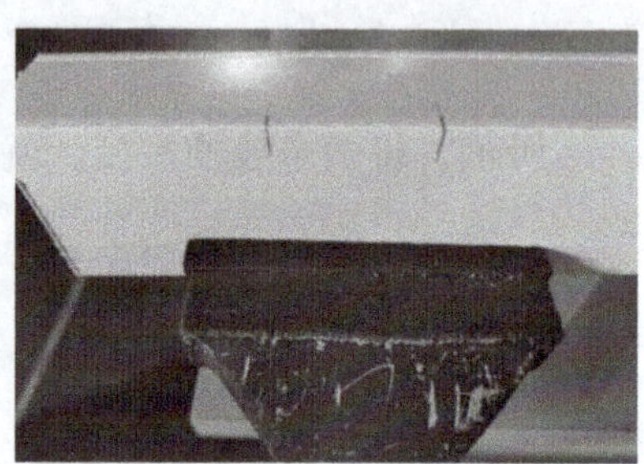

b) 切割线效果图

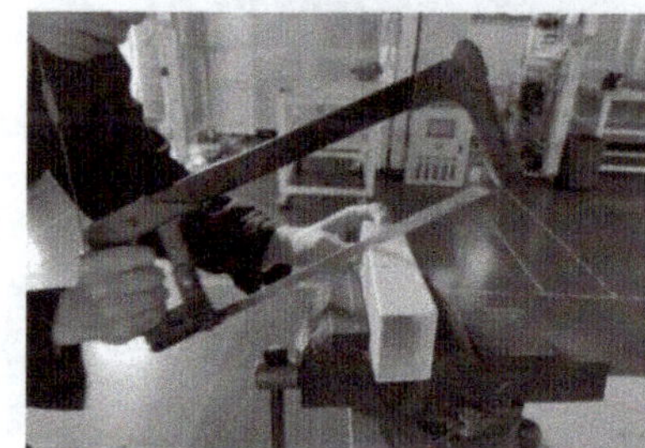

c) 沿两侧切割线垂直锯线槽

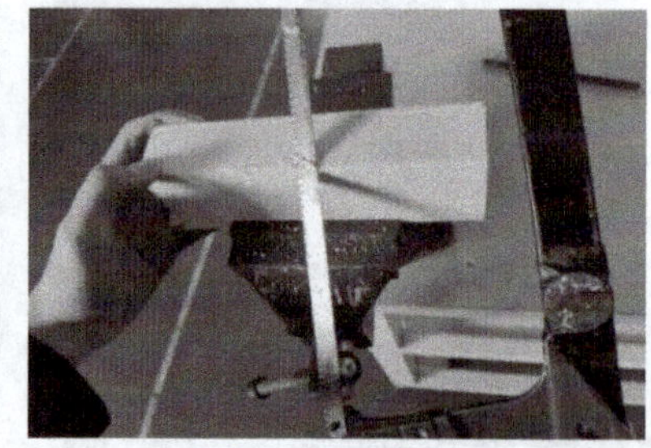

d) 沿右侧切割线向左锯线槽

e) 沿左侧切割线向右锯线槽

f) 用锉刀修整矩形孔

g) 用斜口钳在小线槽槽底剪直角切口

h) 安装效果图

图5-46　T形槽敷设安装

（5）线槽与其他器件的连接

1）线槽与PVC管的连接。线槽与PVC管连接时，在线槽上标出连接处，并固定在台虎钳上，用开孔器开出大小合适的圆孔，然后用PVC管的杯疏与线槽进行连接，如图5-47所示。

2）线槽与电箱的连接。线槽与总电源箱、照明配电箱或电气控制箱相连接时，电箱的线孔必须事先装好连接件或橡胶护套，线槽敷设位置应在电箱的进出线孔的中心，线槽边与电箱边间连接应小于1mm，如图5-48所示。

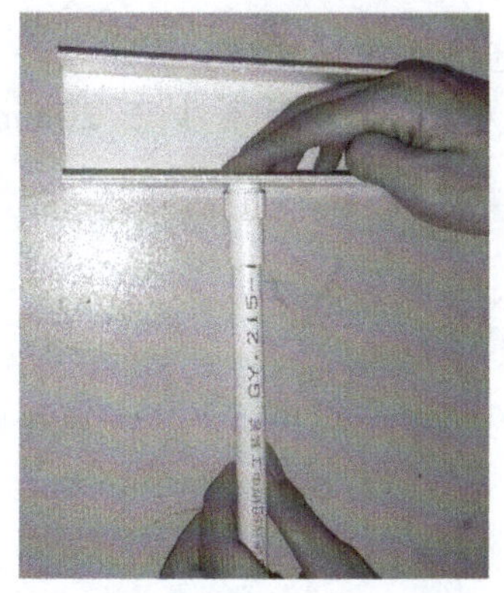

图5-47　线槽与PVC管的连接

图5-48　线槽与电箱的连接

3）线槽与开关盒等的连接。线槽与开关盒、插座底盒或灯具底座相连接时，线槽应伸入盒或底座内，伸入长度为5~15mm，且槽盖边与盒（座）边的间隙应小于1mm。如图5-49所示为线槽与开关盒的连接。

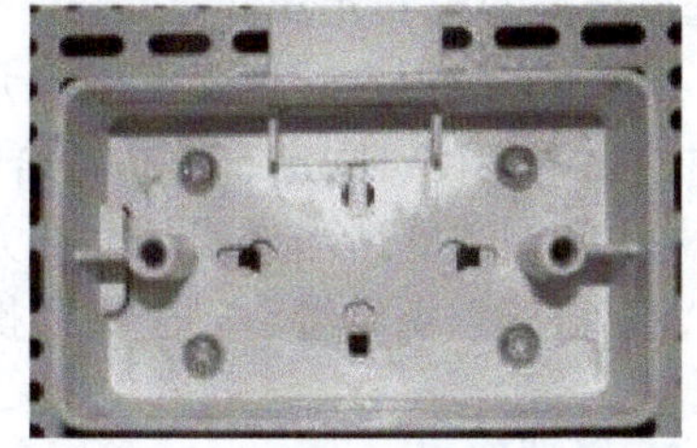

图5-49　线槽与开关盒的连接

3. 塑料线槽固定点的间距

塑料线槽槽底的固定点间距应根据线槽规格而定，一般不大于表5-11所列数值。宽度规格为20~40mm及以下的塑料线槽固定时，只需单行螺钉固定，相邻两个固定螺钉之间的最大距离为500mm；宽度规格为40mm及以上的塑料线槽固定时，需要双排螺钉并行固定或交替固定。当并行固定时，相邻螺钉之间的最大距离为1000mm；当交替固定时，最大距离为500mm。

表5-11　线槽固定点间距

线槽宽度/mm	20~40	40~60	
固定点形式及最大间距 L/m	L	L	L_1 L_2
	$L=0.5$	$L=1.0$	$L_1=0.5$　$L_2=1.0$

线槽固定工艺要求：

1）固定线槽前，应从始端到终端找好水平或垂直线，用粉袋线沿墙壁等处弹出线路的中心线，并根据线槽定点的档距要求，标出线槽的固定点。

2）若在线槽中间固定，固定点应在线槽中心线上；若在线槽两侧固定，固定点应在两侧的两条直线上。

3）固定线槽时，应先固定两端再固定中间，端部固定点距槽底终点不应小于50mm。

4）固定好的槽底应紧贴墙壁表面，布置合理，横平竖直，线槽的水平度与垂直度允许误差不应大于5mm。

5）弯角（或折角）两端、三通连接的三端、进箱（盒）处需有固定点。

6）线槽弯角两端均有固定点，固定点与线槽端部边距不少于20mm，固定点应对称。

【任务实训】

（一）用PVC管、线槽明装两地控制一盏荧光灯并有一个插座的线路

1. 实训目标

1）熟练掌握电工工具的使用，操作规范，并合理利用电工材料。

2）了解电气图形符号、文字符号，能够识读相应的电气原理图，并可以根据电气原理图选择合适的电器元器件。

3）能够根据安装位置图进行元器件安装，正确安装元器件；并使PVC管加工、敷设、弯曲的曲率半径、固定、排布符合规范要求。

4）掌握选择适当导线长度的方法，并使接头裸露合适，接线符合规定。

5）培养重视质量、安全文明操作等职业习惯。

2. 实训器材

1）实训实验设备一套。

2）万用表一块。

3）荧光灯、PVC管、PVC线槽、开关、插座、导线。

4）电工工具一套。

3. 实训内容

（1）识读用PVC管、线槽明装两地控制一盏荧光灯并有一个插座的原理图及安装图（见图5-50。）

照明电路配电箱安装图如图5-51所示。

照明电路电器安装位置俯视图如图5-52所示。

照明电路电器安装布线图如图5-53所示。

（2）照明配电箱的安装与接线

1）器件安装。根据照明配电箱安装图选择相应的断路器，用万用表检测其通断情况。

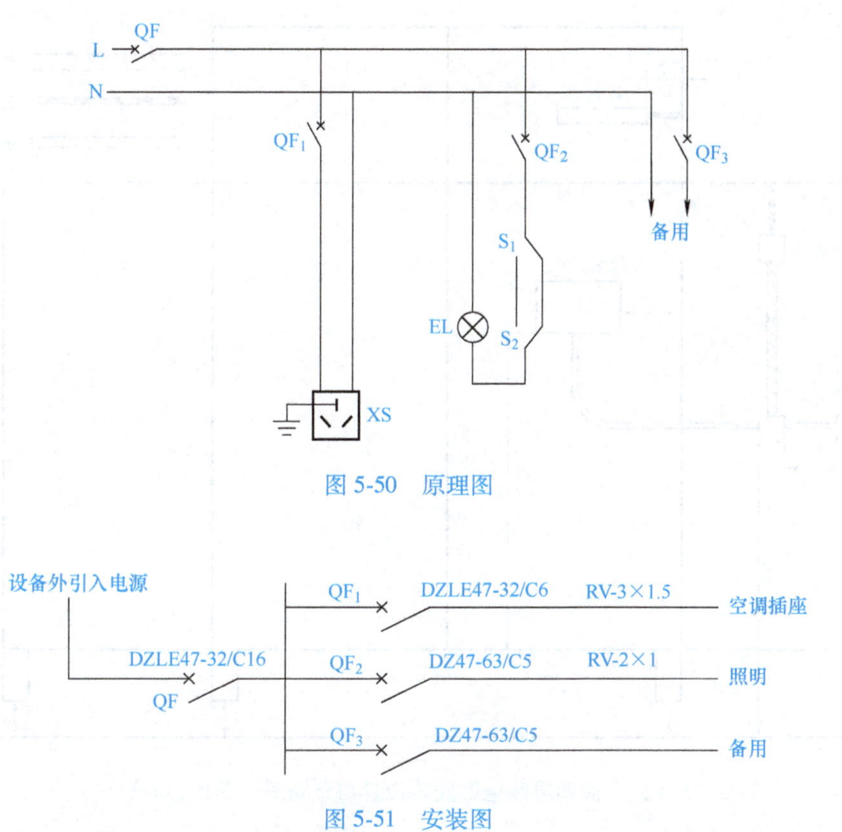

图 5-50　原理图

图 5-51　安装图

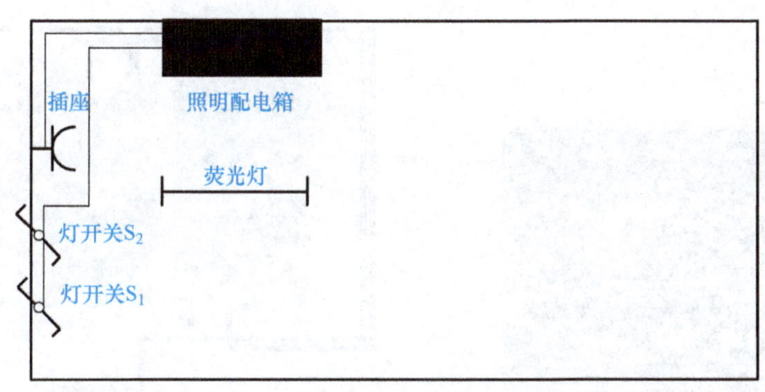

图 5-52　照明电器安装位置俯视图

然后将 4 个断路器分别安装在照明配电箱导轨上，从左到右依次是总开关、空调插座开关、照明电路开关、备用开关，其中总开关为额定电流 16A 的剩余电流断路器，空调插座开关为额定电流 6A 的剩余电流断路器，照明电路开关和备用开关为额定电流 5A 的普通断路器，器件安装位置如图 5-54 所示。

2）箱内配线。

① 根据照明电器元器件摆放好后，使用 1. 5mm^{2}单股绝缘导线按照照明配电箱安装图进

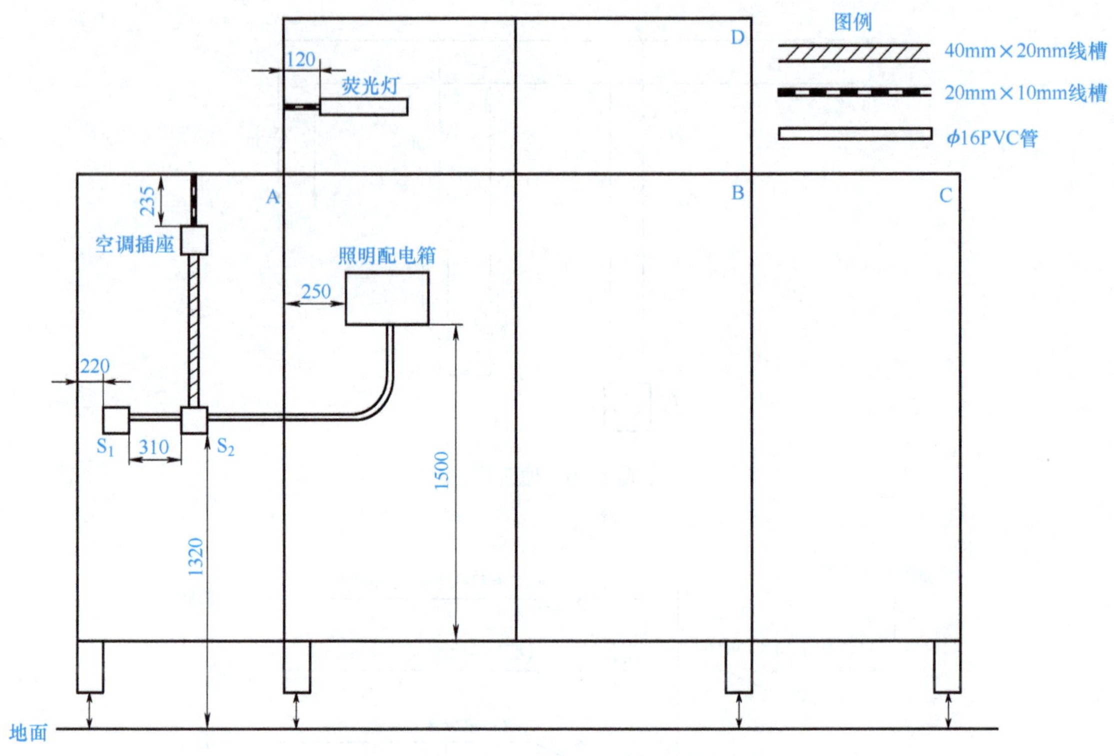

图 5-53　照明电路电器安装位置与布线图（单位：mm）

行线路的连接。照明配电箱的接线示意图如图 5-55 所示。

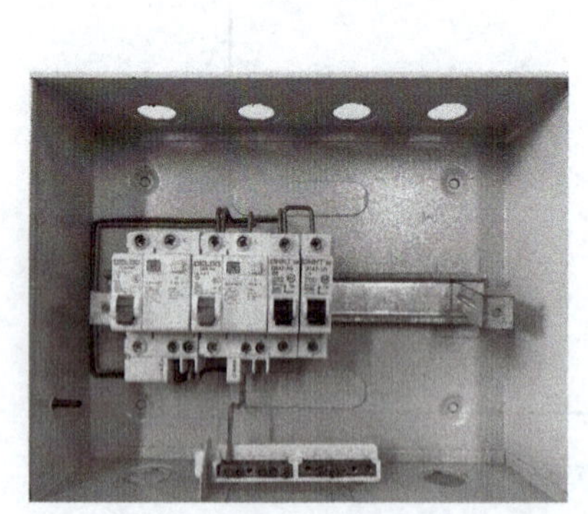

图 5-54　照明配电箱的安装

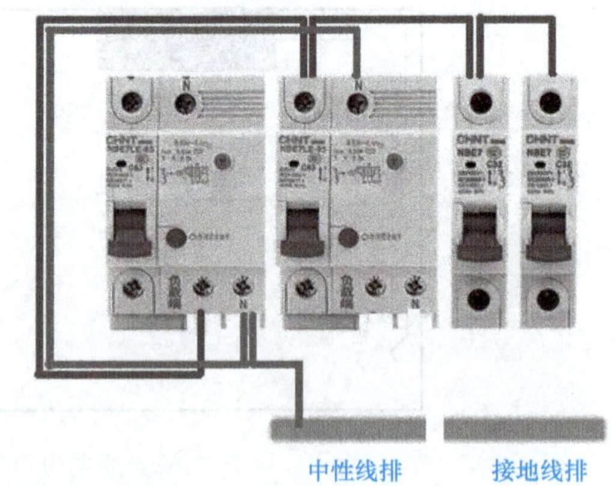

图 5-55　照明配电箱的接线示意图

② 估算导线长度后将其剪断，用钢丝钳在台虎钳上拉直。

③ 根据导线敷设位置量好长度，并用尖嘴钳将导线弯出直角。重复此步骤，完成该导线弯曲制作。

④ 重复③的操作步骤，继续完成其他导线的制作。

⑤ 用螺钉旋具将所有的导线固定在照明箱内。

⑥ 完成整个照明配电箱的接线。

3）配线工艺要求。

① 导线做到横平竖直、固定牢靠、排列整齐，在正确的基础上注意所连线路的实用性和美观性。

② 断路器接线时上面接进线，下面标有“负载端”接出线。

③ 总开关和空调插座开关为两极剩余电流断路器，上下均有两个接线柱，注意相线和中性线的位置不要接错，可通过开关上的标记识别，标注有大写字母 N 的接线柱接中性线，则另一个接相线，如果断路器上没有标注符号 N，一般按照左接相线右接中性线来接。照明电路开关和备用开关为单极低压断路器，它只有一个进口和一个出口，所以只接相线。

④ 照明线路的相线用红色线，中性线用蓝色线，接地线用黄绿双色线。

⑤ 断路器按系统图顺序整齐排列，每个接线柱最多只接 2 根导线，且接线牢固。

（3）器件安装

1）器件定位。根据照明电路电器安装位置与布线图，使用记号笔在多孔安装底架上完成照明器件安装位置的标记，如图 5-58a 所示。注意 *A*、*B*、*C*、*D* 面分别对应多孔安装底架左侧、正面、右侧、顶部。多孔安装底架如图 5-56 所示。

2）器件安装。根据照明电路电器安装位置与布线图，首先将接线盒上钻好线孔和锯好线槽，然后将照明配电箱、接线盒、开关、空调插座以及荧光灯等器具的底座固定在对应位置，如图 5-58b 所示。

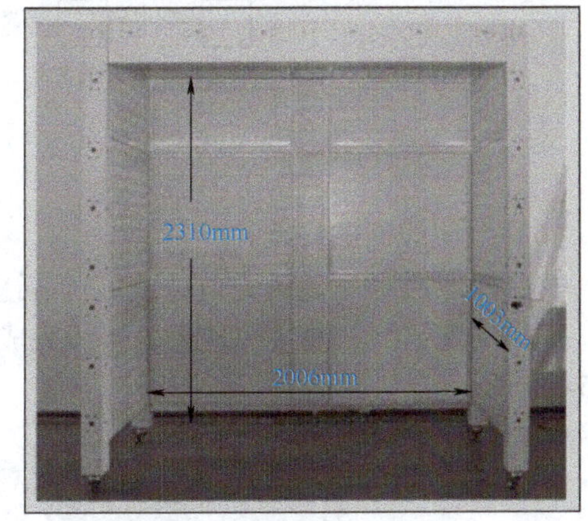

图 5-56　多孔安装底架

（4）PVC 管、线槽敷设

根据照明电路电器安装位置与布线图，确定 PVC 管和线槽的固定点，进行 PVC 管或线槽的加工，完成线路的敷设，如图 5-58c 所示。

（5）照明线路布线

按照两地控制一盏荧光灯并有一个插座原理图，从空调插座开关引出线至空调插座，从照明电路开关引出线至荧光灯。

1）空调插座线路布线。空调插座线路选用 1.5mm^2 多股软线，同时取红色、蓝色、黄绿双色 3 根导线，从空调插座用开关引出相线和中性线，从接地排引出一根地线，这三根导线连接到空调插座对应的端子上。

2）荧光灯线路布线。

① 门铃和荧光灯线路选用为 1mm^2 多股软线，从照明开关引出一根相线至灯开关 S_1 公共端。

② 开关盒 S_1 与 S_2 之间放两根开关线（红线）。

③ 从开关 S_2 公共端引出一根红线至荧光灯相线接线柱。

④ 从照明配电箱内中性线排上引出一根中性线至荧光灯中性线接线柱。

综上，PVC 管 1 中共有 5 根线，PVC 管 2 中共有 3 根线，图 5-57 所示为布线示意图，图 5-58d 为布线实物图。

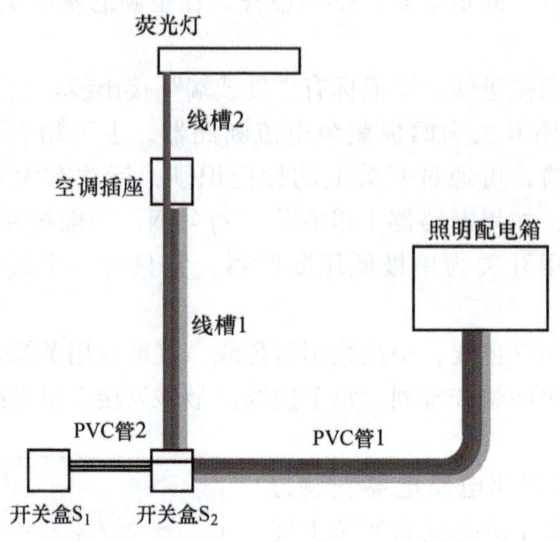

图 5-57　布线示意图

（6）照明线路的接线

按照两地控制一盏荧光灯并有一个插座原理图进行接线，如图 5-58e 所示。接线应规范，不得出现错接、漏接等现象，接线完成后盖好线槽盖板。照明线路敷设安装完成效果如图 5-58f 所示。

a) 画线定位　b) 器件固定　c) PVC管、线槽敷设　d) 照明线路布线

图 5-58　两地控制一盏荧光灯并有一个插座线路接线安装过程

e) 照明线路接线

f) 照明线路安装完成

图 5-58　两地控制一盏荧光灯并有一个插座线路接线安装过程（续）

（7）通电测试

电路连接好并经教师同意后方可通电调试，步骤如下：

1）用万用表检测断路器之间的连接情况。

2）将电源线引入照明配电箱内。

3）通电调试。

通电顺序为：闭合总开关—闭合空调插座开关—闭合照明电路开关—闭合备用开关。

断电顺序为：断开备用开关—断开电路照明开关—断开空调插座开关—断开总开关。

（8）清理现场

实训结束后，收拾好工具、仪表，整理实训工位。

4. 实训评价（见表 5-12 和表 5-13）

表 5-12　客观评分表

名称：照明线路安装与调试

序号	配分	规定或标称值	评分细则描述	得分
1	5 分	PVC 管敷设 1. PVC 管固定应横平竖直 2. PVC 管应压入管卡中	1. PVC 管固定倾斜，每处扣 2 分 2. PVC 管未压入管卡中，每处扣 3 分（最多可扣 5 分）	
2	10 分	器件安装位置按图样尺寸施工	1. 空调插座距边界高度为 235mm，│偏差│> 10mm，扣 3 分 2. 灯开关 1 安装位置为 1320mm×220mm（距地高度×距外边界距离），│偏差│> 10mm，扣 3 分 3. 两开关间距 310mm，│偏差│>10mm，扣 2 分 4. 荧光灯安装位置离侧边 120mm，│偏差│> 10mm，扣 2 分 5. 照明配电箱安装位置 1500 mm×250mm（距地高度×距外边界距离），│偏差│> 10mm，扣 2 分	

（续）

序号	配分	规定或标称值	评分细则描述	得分
3	5分	PVC管线路工艺 1. PVC管的弯曲处不应有折皱、凹穴、裂缝、裂纹 2. PVC管的弯曲半径不超出规定范围	1. PVC管的弯曲处有折皱、凹穴、裂缝、裂纹，每处扣2分 2. PVC管的弯曲半径超出规定范围，每处扣2分 （最多可扣5分）	
4	5分	PVC管进盒（箱）工艺 PVC管进盒（箱）应用连接件	PVC管进盒（箱）未用连接件，每处扣2分 （最多可扣5分）	
5	10分	线槽工艺 1. 底槽应伸进盒（箱）5~10mm 2. 线槽应加盖	1. 底槽未进盒（箱），每处扣5分 2. 线槽未加盖，每处扣5分 （最多可扣10分）	
6	5分	照明供电箱内接线 1. 应按图样要求接线 2. 接线端露铜、端子接线不超过2根，线端压接牢固 3. 地线接地线排或应接中性线排的中性线 4. 引入线或引出线接线留合理余量	1. 不按图样要求，错接（漏接）每处扣2分 2. 接线端露铜、端子接线超过2根，线端压接松动，每处扣1分 3. 地线未接地线排或应接中性线排的中性线未接中性线排，每处扣1分 4. 引入线或引出线接线不留余量或余量不合理，每处扣2分 （最多可扣5分）	
7	10分	照明供电箱内布线 1. 相线、中性线、接地线按图样线径要求配线和分色 2. 线路按横平竖直走线，走向选择正确，线路布置整齐	1. 相线、中性线、接地线不按图样线径要求配线和分色，每处扣1分 2. 线路未按横平竖直走线，或走向选择不正确，线路凌乱，每处扣1分 （最多可扣10分）	
8	10分	照明供电箱外布线 1. 开关、插座、灯内接线留合理余量 2. 接线端头露铜合理 3. 导线线径和颜色选择正确 4. 导线进线槽、PVC管 5. 无漏接或错接线	1. 开关、插座、灯内接线不留余量或余量不合理，每处扣1分 2. 接线端头露铜过长或接触不良，每处扣1分 3. 导线线径和颜色选择不正确，每处扣2分 4. 导线未进线槽、PVC管，每处扣1分 5. 漏接或错接线，每处扣2分 （最多可扣10分）	
9	10分	通电测试 1. 通电前，要进行测试 2. 通电后灯可控 3. 通电后开关起控制作用，符合图样控制要求 4. 通电后输出电压及插座电压正常	1. 通电前，没有进行测试，扣5分 2. 通电后灯不亮，每处扣1分 3. 通电后开关不起控制作用或不符合图样控制要求，每处扣1分 4. 通电后输出电压及插座电压不正常，每处扣1分 （最多可扣10分）	

表 5-13　主观评分表

名称：用 PVC 管明装两地控制一盏白炽灯并有一个插座的线路

序号	配分	评分细则描述	考评员评分			最终得分
			1	2	3	
1	10 分	元器件安装不整齐，不美观，扣 10 分				
2	10 分	工具使用不熟练，操作不规范，扣 10 分				
3	10 分	操作台面不整洁，有材料浪费现象，扣 10 分				

（二）用 PVC 管，线槽明装有一盏白炽灯、一只门铃、一个插座的线路

1. 实训目标

1）熟练掌握电工工具的使用，操作规范，并合理利用电工材料。

2）理解电气图形符号、文字符号，能够识读相应的电气原理图，并可以根据电气原理图选择合适的电器元器件。

3）能够根据安装位置图进行元器件安装，元器件安装位置正确、牢固；PVC 管加工、敷设、弯曲的曲率半径、固定、排布符合规范要求。

4）掌握选择适当导线长度的方法，并使接头裸露合适，接线符合规定。

5）培养重视质量、安全文明操作等职业习惯。

2. 实训器材

1）实训实验考核设备一套。

2）万用表一块。

3）白炽灯、门铃、PVC 管、PVC 线槽、开关、插座、导线。

4）电工工具一套。

3. 实训内容

（1）识读用 PVC 管，线槽明装有一盏白炽灯、一只门铃、一个插座的原理图及安装图（见图 5-59）。

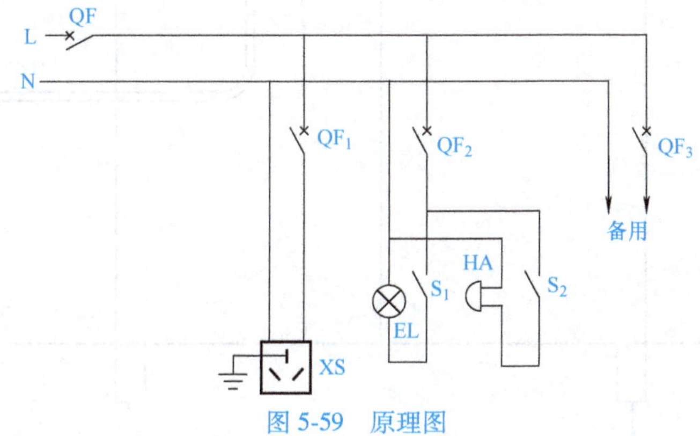

图 5-59　原理图

照明配电箱安装图如图 5-60 所示。

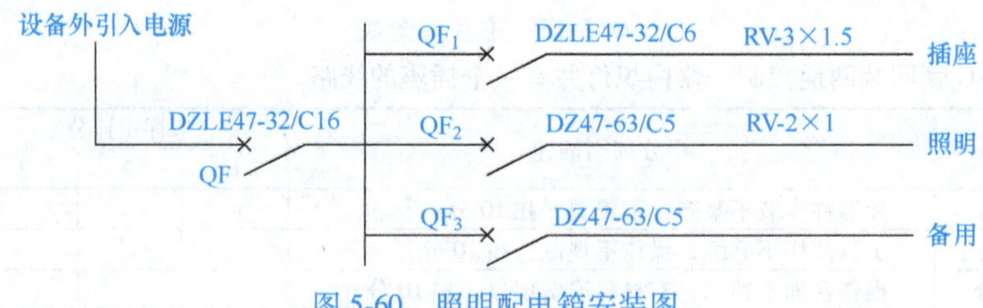

图 5-60　照明配电箱安装图

照明电路安装位置俯视图如图 5-61 所示。

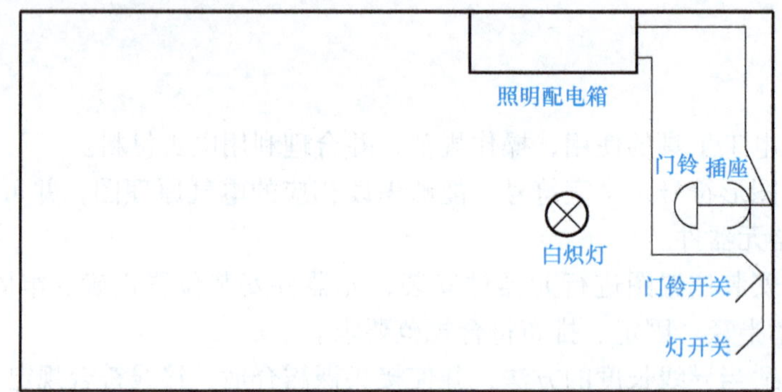

图 5-61　照明电路安装位置俯视图

照明电路电器安装位置与布线图如图 5-62 所示。

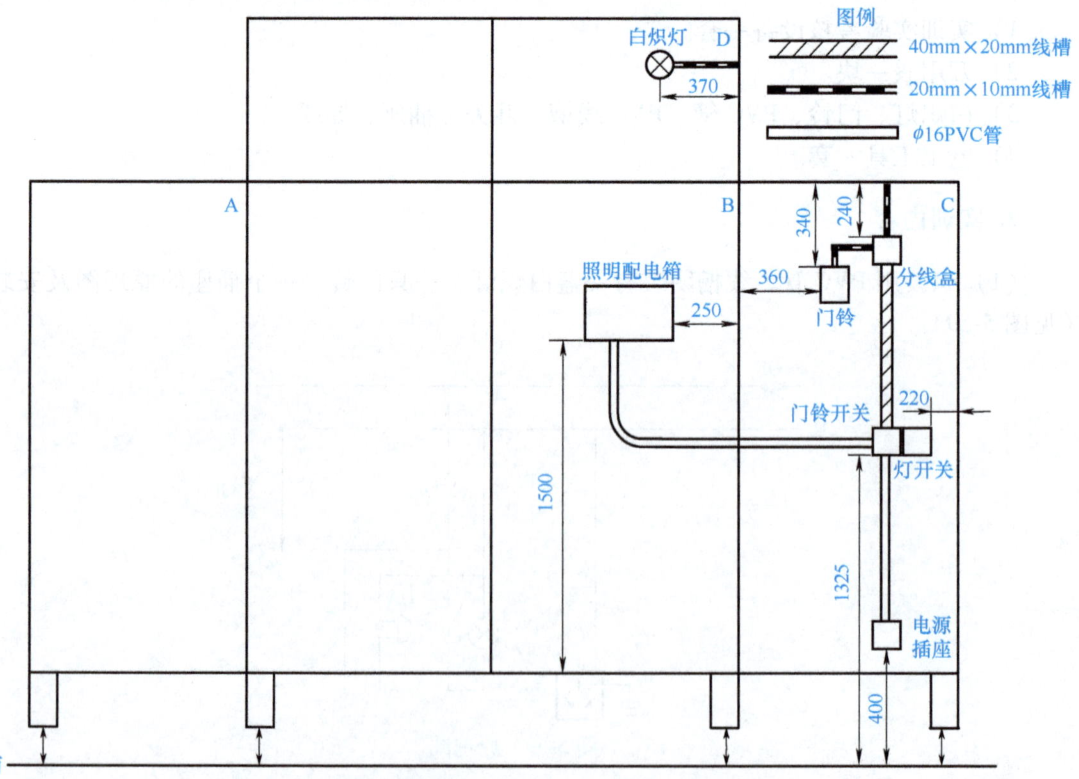

图 5-62　照明电路电器安装位置与布线图（单位：mm）

（2）照明配电箱的安装

1）器件安装。根据照明配电箱安装图选择相应的断路器，用万用表检测其通断情况。然后将4个断路器分别安装在照明配电箱导轨上，从左到右依次是总开关、空调插座开关、照明电路开关、备用开关，其中总开关为额定电流16A的剩余电流断路器，空调插座开关为额定电流6A的剩余电流断路器，照明电路开关和备用开关为额定电流5A的普通断路器，器件安装位置如图5-63所示。

2）箱内配线。

① 将照明电器元器件摆放好后，使用1.5mm²单股绝缘导线按照照明配电箱安装图进行线路的连接。照明配电箱接线示意图如图5-64所示。

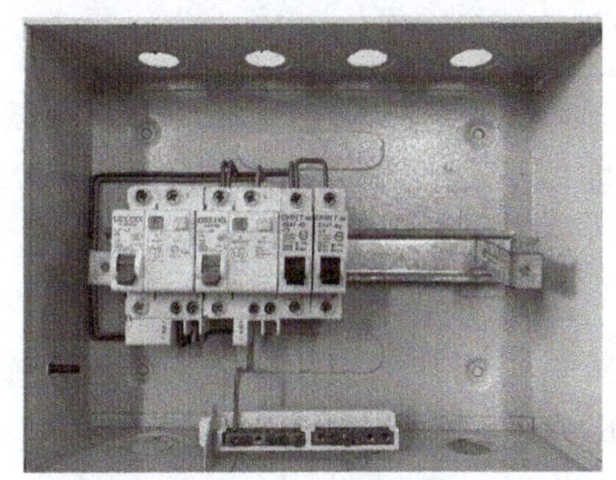

图5-63　照明配电箱的安装

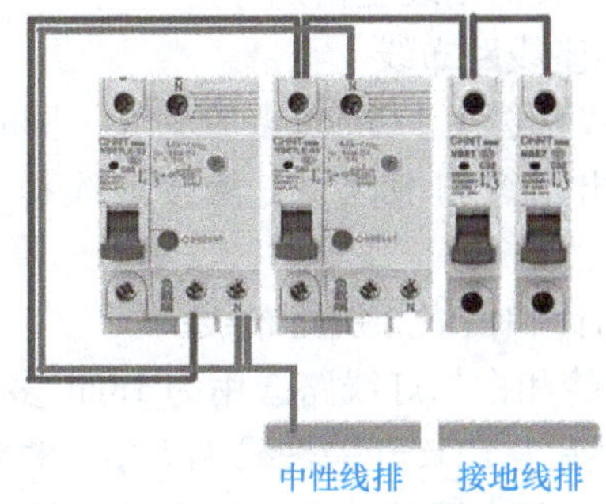

图5-64　照明配电箱的接线示意图

② 估算导线长度后将其剪断，用钢丝钳在台虎钳上拉直。

③ 根据导线敷设位置量好长度，并用尖嘴钳将导线弯出直角。重复此步骤，完成该导线弯曲制作。

④ 重复③的操作步骤，继续完成其他导线的制作。

⑤ 用螺钉旋具将所有的导线固定在照明箱内。

⑥ 完成整个照明配电箱的接线。

3）配线工艺要求。

① 导线做到横平竖直、固定牢靠、排列整齐，在正确的基础上注意所连接线路的实用方便性和美观性。

② 断路器接线时上面接进线，下面标有“负载端”接出线。

③ 总开关和空调插座开关为两极剩余电流断路器，上下均有两个接线柱，注意相线和中性线的位置不要接错，可通过开关上面的标记识别，标注有大写字母N的接线柱接中性线，则另一个接相线，如果在断路器上没有标注符号N，一般按照左接相线右接中性线来接。照明电路开关和备用开关为单极低压断路器，它只有一个进口和一个出口，所以只接相线。

④ 照明线路的相线用红色线，中性线用蓝色线，接地线用黄绿双色线。

⑤ 断路器按系统图顺序整齐排列，每个接线柱最多只接2根导线，且接线牢固。

（3）器件安装

1）器件定位。根据照明电路电器安装位置与布线图，使用记号笔在多孔安装底架上完成照明器件安装位置的标记，如图5-66a所示。注意*A*、*B*、*C*、*D*面分别对应设备左侧、正面、右侧、顶部。多孔安装底架参见图 5-56。

2）器件安装。根据照明电路电器安装位置与布线图，首先将接线盒上钻好线孔和锯好线槽，然后将照明配电箱、接线盒、开关、插座、灯座以及门铃等器件的底座固定在对应位置，如图 5-66b 所示。

（4）PVC 管和线槽敷设

根据照明电路电器安装位置与布线图，确定 PVC 管和线槽的固定点，进行 PVC 管或线槽的加工，完成线路的敷设，如图 5-66c 所示。

（5）照明线路布线

按照一盏白炽灯、一只门铃、一个插座原理图，从空调插座用开关引出线至插座，从照明电路用开关引出线至白炽灯。

1）插座线路布线

插座线路选用 $1.5mm^2$ 多股软线，同时取红色、蓝色、黄绿双色 3 根导线，从空调插座用开关引出相线和中性线，从接地线排引出一根地线，这三根导线连接到插座对应的端子上。

2）门铃和白炽灯线路布线

① 门铃和白炽灯线路选用为 $1mm^2$ 多股软线，从照明用开关引出一根相线至门铃开关进线端 L，然后从门铃开关进线端 L 引一根红线至灯开关进线端 L。

② 再从两个开关的出线端 L_1 分别引出两根红线至白炽灯和门铃。

③ 从照明配电线内中性线排上引出一根中性线，一路至白炽灯灯头接线柱，另一路至门铃接线柱。

综上，PVC 管中共有 5 根线，线槽 1 中共有 3 根线，线槽 2 中共有 3 根线，线槽 3 中共有 3 根线，线槽 4 中共有 2 根线，图 5-65 所示为布线示意图，图 5-66d 为布线实物图。

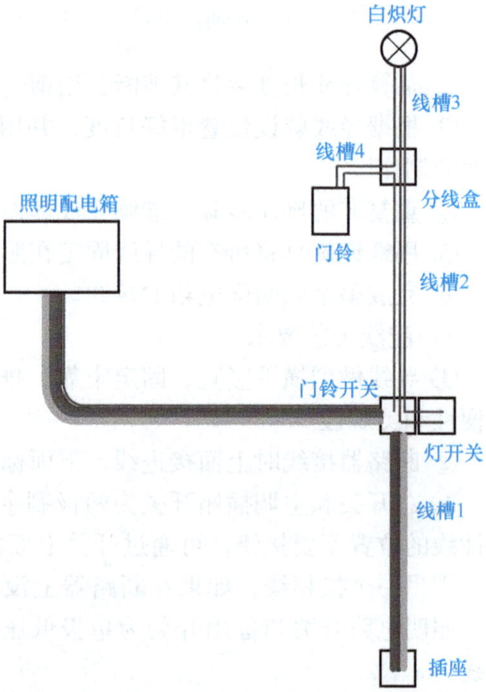

（6）照明线路的接线

按照一盏白炽灯、一只门铃、一个插座原理图进行接线，接线应规范，不得出现错接、漏接等现象，如图 5-66e 所示，接线完成后盖好线槽盖板，照明线路敷设安装完成效果如图 5-66f 所示。

图 5-65 一盏白炽灯、一只门铃、一个插座的线路布线示意图

（7）通电测试

1）用万用表检测断路器之间的连接情况。

2）将电源线引入照明配电箱内。

3）通电调试

电路连好并经教师同意后方可通电调试。

通电顺序为：闭合总开关—闭合空调插座开关—闭合照明开关—闭合备用开关

断电顺序为：断开备用开关—断开照明开关—断开空调插座开关—断开总开关

（8）清理现场

实训结束后，收拾好工具、仪表，整理实训工位。

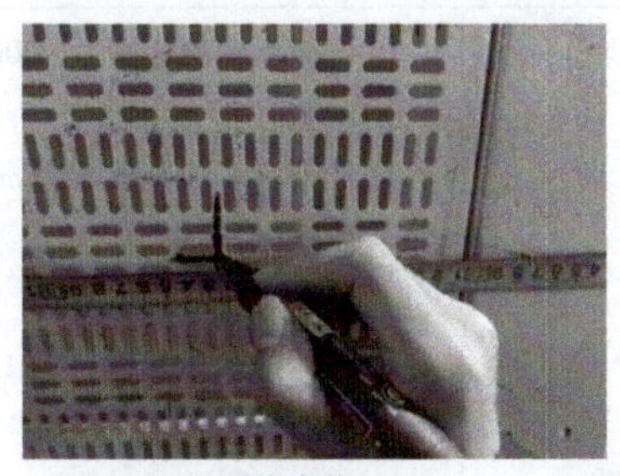

a) 画线定位

b) 器件固定

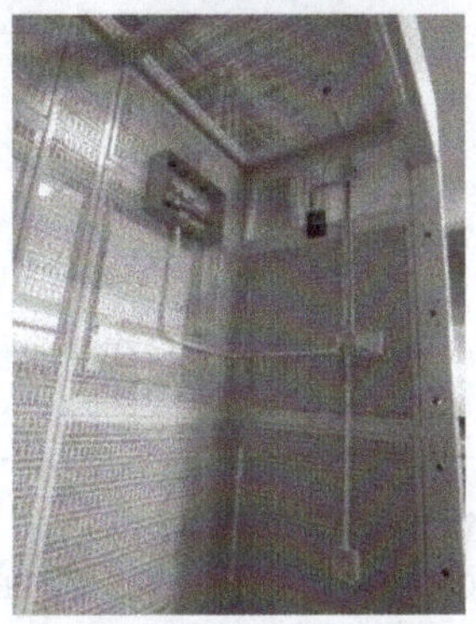

c) PVC管、线槽敷设

d) 照明线路布线

e) 照明线路接线

f) 照明线路安装完成

图 5-66　一盏白炽灯、一只门铃、一个插座的线路接线安装过程

4. 实训评价（见表 5-14 和表 5-15）

表 5-14　客观评分表

项目名称：用 PVC 管明装有一盏白炽灯、一只门铃、一个插座的线路

序号	配分	规定或标称值	评分细则描述	得分
1	5分	PVC 管布线 1. PVC 管固定应横平竖直 2. PVC 管应压入管卡中	1. PVC 管固定倾斜，扣 2 分 2. PVC 管未压入管卡中，扣 3 分 （最多可扣 5 分）	

（续）

序号	配分	规定或标称值	评分细则描述	得分
2	10分	器件安装位置按图纸尺寸施工	1. 电源插座离地高度400mm，｜偏差｜>10mm，扣1分 2. 灯开关安装位置1325mm×220mm（距地距离×距侧边界距离），｜偏差｜>10mm，扣1分 3. 照明配电箱安装位置1500mm×250mm（距下边界距离×距侧边界距离），｜偏差｜>10mm，扣1分 4. 门铃安装位置340mm×360mm（距侧边界距离×距侧上边界距离），｜偏差｜>10mm，扣1分 5. 分线盒安装位置距边界240mm，｜偏差｜>10mm，扣1分 （最多可扣5分） 安装位置详见图5-62	
3	10分	PVC管线路工艺 1. PVC管的弯曲处不应有折皱、凹穴、裂缝、裂纹 2. PVC管的弯曲半径不超出规定范围	1. PVC管的弯曲处有折皱、凹穴、裂缝、裂纹，每处扣1分 2. PVC管的弯曲半径超出规定范围，每处扣1分 （最多可扣10分）	
4	5分	PVC管进盒（箱）工艺 PVC管进盒（箱）应用连接件	PVC管进盒（箱）未用连接件，每处扣1分 （最多可扣5分）	
5	10分	线槽工艺 1. 底槽应伸进盒（箱）约10mm 2. 线槽应加盖	1. 底槽未进盒（箱），扣5分 2. 线槽未加盖，扣5分 （最多可扣10分）	
6	10分	照明供电箱内接线 1. 应按图纸要求接线 2. 接线端露铜、端子接线不超过2根，线端压接牢固 3. 地线接地线排或应接中性线排的中性线接中性线排 4. 引入线或引出线接线留合理余量	1. 不按图纸要求，每错接（漏接）每处扣1分 2. 接线端露铜、端子接线超过2根，线端压接松动，每处扣1分 3. 地线未接地线排或应接中性线排的中性线未接中性线排，每处扣1分 4. 引入线或引出线接线不留余量或余量不合理，每处扣1分 （最多可扣10分）	
7	10分	照明供电箱内布线 1. 相线、中性线、接地线按图纸线径要求配线和分色 2. 线路按横平竖直走线，走向选择正确，线路布置整齐	1. 相线、中性线、接地线不按图纸线径要求配线和分色，每处扣1分 2. 线路未按横平竖直走线，或走向选择不正确，线路凌乱，每处扣1分 （最多可扣10分）	

（续）

序号	配分	规定或标称值	评分细则描述	得分
8	10分	照明供电箱外布线 1. 开关、插座、灯内接线留合理余量 2. 接线端头露铜合理 3. 导线线径和颜色选择正确 4. 导线进线槽、PVC管 5. 无漏接或错接线	1. 开关、插座、灯内接线不留余量或余量不合理，每处扣2分 2. 接线端头露铜过长或接触不良，每处扣2分 3. 导线线径和颜色选择不正确，每处扣1分 4. 导线未进线槽、PVC管，每处扣2分 5. 漏接或错接线，每处扣2分 （最多可扣10分）	
9	15分	通电测试 1. 通电前，要进行测试 2. 通电后灯可控 3. 通电后开关起控制作用，符合图样控制要求 4. 通电后输出电压及插座电压正常	1. 通电前，没有进行测试，扣8分 2. 通电后灯不亮，每处扣2分 3. 通电后开关不起控制作用，或不符合图样控制要求，每处扣2分 4. 通电后输出电压及插座电压不正常，每处扣2分 （最多可扣15分）	

表 5-15　主观评分表

项目名称：用PVC管明装有一盏白炽灯、一只门铃、一个插座的线路

序号	配分	评分细则描述	考评员评分			最终得分
			1	2	3	
1	5	元器件安装不整齐，不美观，扣5分				
2	5	工具使用不熟练，操作不规范，扣5分				
3	5	操作台面不整洁，有材料浪费现象，扣5分				

【知识拓展】

手锯的使用

1. 手锯构造

手锯由锯弓和锯条构成，如图5-67所示。锯弓是用来安装锯条的，它有可调式和固定式两种。固定式锯弓只能安装一种长度的锯条，可调式锯弓通过调整可以安装几种长度的锯条，且可调式锯弓的锯柄形状便于用力，所以现在被广泛使用。

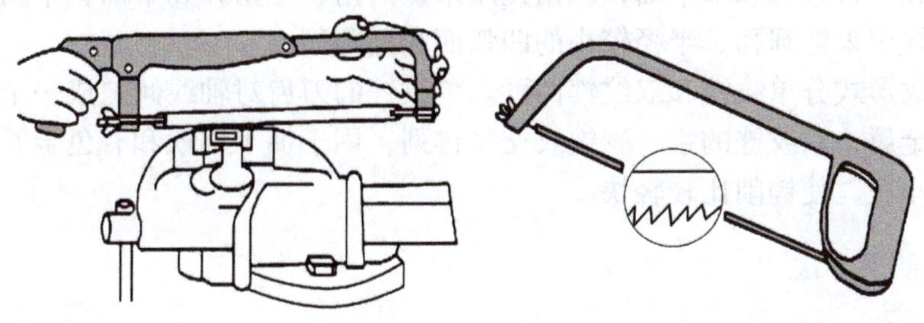

图 5-67　手锯的构造

2. 锯条的正确选用

根据锯齿的齿距的大小，锯条有细齿（1.1mm）、中齿（1.4mm）、粗齿（1.8mm）三种。应根据所锯材料的软硬、厚薄选用适当的锯条。锯削软且较厚的材料（如紫铜、青铜等）时应选用粗齿锯条；锯削硬或薄的材料（如工具钢、合金钢等）时应选用细齿锯条。一般地说，锯削薄材料时，在锯削截面积上至少应有三个齿轮能同时参加锯削，这样才能避免锯齿被勾住或崩裂。

3. 手锯的使用注意事项

1）应根据所加工材料的硬度和厚度正确地选用锯条。锯条安装要松紧适度，应随时调整。

2）被锯削的工件要夹紧，锯削时不能有位移和振动，锯削线离工件支承点要近。

3）锯削时要扶正锯弓，防止歪斜，起锯要平稳，起锯角不应过大，角度过大时，锯齿易被工件卡夹。

4）向前推锯时，双手要适当加力；向后退锯时，应将手锯略微抬起，不要施加压力。

5）安装或调换新锯条时，必须保证锯条的齿尖方向朝前，锯削中途调换新锯条后，应调头锯削，不宜继续沿原锯口锯削。

锉刀的使用

锉刀是一种用于锉光工件的手工工具，如图 5-68 所示，表面上有许多细密刀齿、条形，主要用于对金属、木料、皮革等表层做细微加工。

1. 锉刀的种类

锉刀按用途分为普通钳工锉刀、木锉刀、整形锉刀、刃磨木工锯用锉刀、专用锉刀。普通钳工锉刀用于一般的锉削加工。木锉刀用于锉削木材、皮革等软质材料。整形锉刀（什锦锉刀）用于锉削小而精细的金属零件。由不同剖面形状的锉刀组成一套。专用锉刀，如锉修特殊形状的平形和弓形的异形锉刀。

图 5-68 锉刀

锉刀按剖面形状分有扁锉（平锉）、方锉、半圆锉、圆锉、三角锉、菱形锉和刀形锉等（见图 5-68）。平锉用来锉平面、外圆面和凸弧面；方锉用来锉方孔、长方孔和窄平面；三角锉用来锉内角、三角孔和平面；半圆锉用来锉凹弧面和平面；圆锉用来锉圆孔、半径较小的凹弧面和椭圆面。

锉刀按锉纹形式分单纹锉和双纹锉两种。单纹锉的刀齿对轴线倾斜成一个角度，适于加工软质的有色金属；双纹锉的主、副锉纹交叉排列，用于加工钢铁和有色金属。它能把宽的锉屑分成许多小段，使锉削比较轻快。

2. 锉刀的使用方法

1）右手握锉刀柄，左手握住锉刀前端，一般锉削和精锉削握法略有不同。

2）锉削姿势和锯削相同，锉削时身体应保持平稳，锉刀应保持水平，不可摇晃。往前锉削时用力，回退时不要用力。

3. 锉刀的使用注意事项

1）不准用新锉刀挫削硬金属。

2）不准用锉刀挫削淬火材料。

3）有硬皮或粘砂的锻件和铸件，须在砂轮机上将其磨掉后，才可用半锋利的锉刀锉削。

4）新锉刀先使用一面，当该面磨钝后，再用另一面。

项目六

动力线路安装与调试

项目导读

【项目概述】

在现代社会生活与生产中，任何用电设备都离不开电气线路的安装与敷设。但是实际工作中，往往有部分电工在电气安装、敷设等施工中操作不规范，安装不合格，导致触电、火灾等事故。

本项目通过动力线路的模拟施工，来介绍电气线路安装与敷设施工中的各项规范与基本知识。

【知识目标】

1）了解动力线路中的电器。
2）熟练安装动力配电箱。
3）了解动力线路安装、敷设的规程与规范。

【技能目标】

1）树立安全用电与规范操作的职业意识。
2）会根据用电设备的要求，正确选择导线并规范敷设线路。

【学习重点】

1）动力线路电器的基本知识。
2）导线的选择。
3）动力线路的安装与敷设。

任务一 家用配电板的安装

【任务概述】

家用配电板安装是室内家用电器照明及家用电器供电等电气安装所必备的基本技能。低压配电板、配电箱是连接电源与用电设备的中间装置，它除了分配电能外，还具有对用电设备进行控制、测量、指示及保护等功能。将测量仪表和控制、保护、信号等器件按一定规律安装在面板上，便制成配电板；如果将其装入专用的箱内，便成为配电箱；装在屏板上，则为配电屏。本任务主要介绍家用配电板的安装工艺，初步学会电气线路安装的基本操作技能。

【知识学习】

一、刀开关

在家用配电板上，刀开关主要用于控制用户电路的通断。通常用5A或10A的二极开启式开关熔断器组，如图6-1所示。它采用瓷质材料做底板，中间装刀开关、熔体和接线桩，上面用胶盖保护。刀开关底座上端有一对接线桩与静触头相连，规定接电源进线；底座下端也有一对接线桩，通过熔体与动触头（刀片）相连，规定接电源出线。这样当刀开关闭合时，刀片和熔体均不带电，装换熔体比较安全。安装刀开关时，手柄要朝上，不能倒装，也不能平装，以避免刀片及手柄因自重下落，引起误闭合，造成事故。

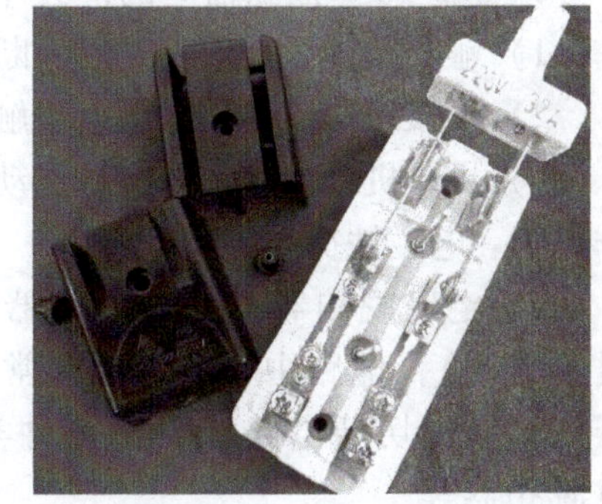

图6-1 开启式开关熔断器组

二、断路器

1. 断路器的功能和分类

断路器又称空气开关或低压断路器，是低压配电网络和电力拖动系统中非常重要的一种器件，它集控制和多种保护功能于一身。除了能完成接触和分断电路外，还能对电路或电气设备发生的短路、严重过载及欠电压等进行保护，同时也可以用于不频繁地起动电动机。

断路器的种类很多，按用途分为保护配电线路用断路器、保护电动机用断路器、保护照明线路用断路器及剩余电流保护断路器。按结构形式分有框架式断路器和塑壳式断路器。按极数分有单极、双极、三极和四极等。断路器外形图如图6-2所示。

在现代家庭照明线路中，基本已使用具有剩余电流保护功能的低压断路器，称为剩余电流断路器，如图6-3所示。

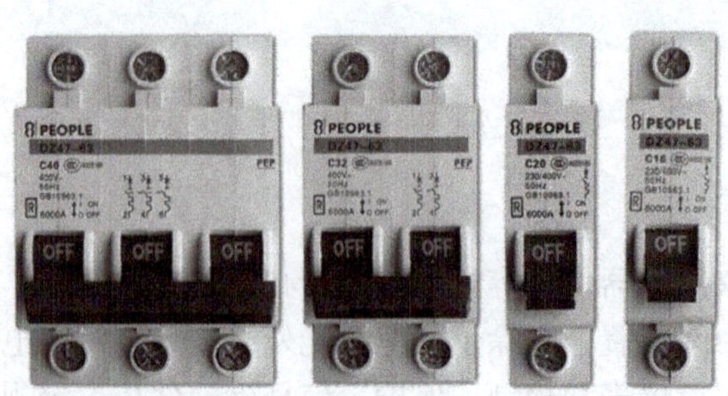

图 6-2　断路器外形图

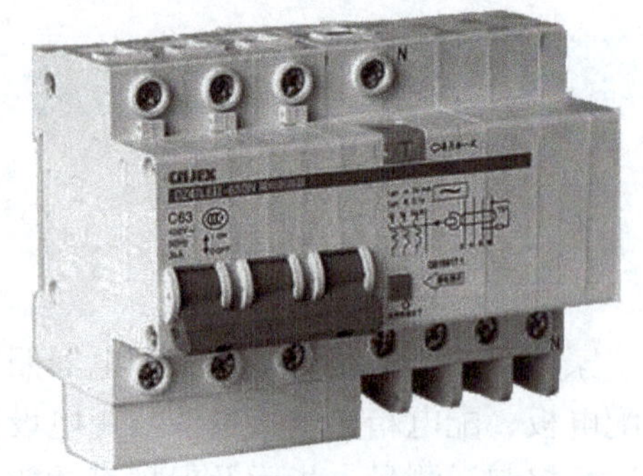

图 6-3　剩余电流断路器

电力拖动与自动控制线路中常用的断路器为塑壳式，如 DZ5-20 系列，如图 6-4a 所示。

断路器具有操作安全、使用方便、工作可靠、安装简单、动作后（如短路故障排除后）不需要更换元器件（如熔体）等优点。因此，在工业、住宅等方面获得广泛应用。

2. 断路器的结构和工作原理

（1）断路器的结构

以 DZ5-20 型断路器为例，其外形和结构如图 6-4 所示。

1）触头系统。其用于接通和断开电路。主、辅触头接线柱伸出壳外，便于接线。

2）灭弧系统。其用来熄灭主触头断开电路时产生的电弧。

3）操作机构。其用于实现自动控制断路器的闭合与断开，有手动操作机构、电动机操作机构、电磁铁操作机构等。

4）电磁脱扣器。其是断路器的感测器件，用来感测电路特定的信号（如过电压、过电流等），电路中一旦出现非常信号，相应的脱扣器就会动作，通过联动装置使断路器自动跳闸切断电路。脱扣器种类很多，有电磁脱扣器、热脱扣器、自由脱扣器、漏电脱扣器等。

5）外壳或框架。其是断路器的支持件，用来安装断路器的各个部分。

（2）断路器的工作原理

如图 6-4b 所示，断路器的三副主触头串联在三相电路中。当按下“合”按钮后，外力使锁扣克服反力弹簧的斥力，将固定在锁扣上面的动触头与静触头闭合，并由锁扣锁住搭钩，使开关处于接通状态。

当开关接通电源后，电磁脱扣器、热脱扣器及欠电压脱扣器若无异常反应，开关运行正常。当线路发生短路或严重电流过载时，或短路电流超过瞬时脱扣整定电流值时，电磁脱扣器产生足够大的吸力，将衔铁吸合并撞击杠杆，使搭钩绕轴向上转动与锁扣脱开，锁扣在反力弹簧的作用下将三副主触头分断，切断电源。

当线路发生一般性过载时，过载电流虽不能使电磁脱扣器动作，但能使发热元件产生一定热量，促使双金属片受热向上弯曲，推动杠杆使搭钩与锁扣脱开，将主触头分断，切断电源。

a) 外形图

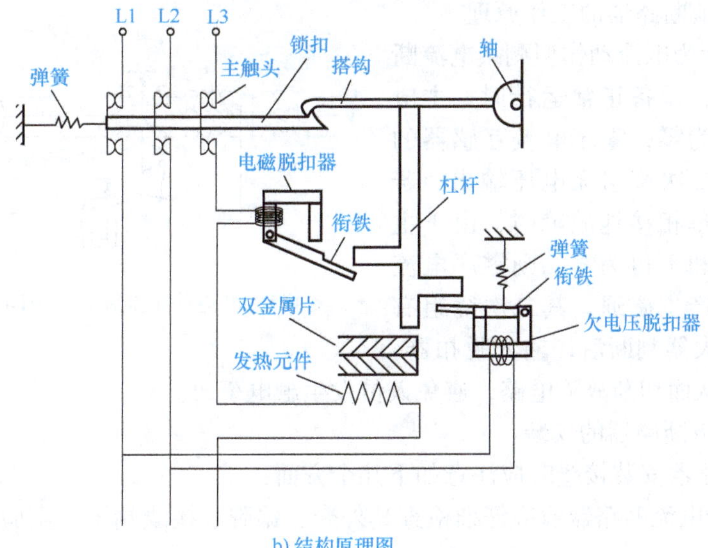

b) 结构原理图

图 6-4　DZ5-20 型断路器外形和结构原理图

欠电压脱扣器的工作过程与电磁脱扣器恰恰相反，当线路电压正常时，电压脱扣器产生足够的吸力，克服拉力弹簧的作用将衔铁吸合，衔铁与杠杆脱离，锁扣与搭钩才得以锁住，主触头方能闭合。当线路上电压全部消失或电压下降至某一数值时，欠电压脱扣器吸力消失或减小，衔铁被拉力弹簧拉开并撞击杠杆，主电路电源被分断。同样道理，在无电源电压或电压过低时，断路器也不能接通电源。

正常分断电路时，按下“分”按钮停止即可。

3. 断路器的选用原则

1）断路器的额定工作电压≥线路额定电压。

2）断路器的额定电流≥线路负载电流。

3）热脱扣器的整定电流=所控制负载的额定电流。

4）电磁脱扣器的瞬时脱扣整定电流>负载电路正常工作时的峰值电流。

4. 剩余电流断路器

剩余电流断路器是能够在检测与判断到触电或漏电故障后自动切断电路，用作电压电网

人身触电保护和电气设备漏电保护的断路器。按其脱扣原理的不同，有电压动作型和电流动作型两种，脱扣器结构有纯电感式、半导体式和灵敏继电器式三种。

（1）剩余电流断路器的结构

剩余电流断路器主要由三部分组成：检测元件、中间放大环节、操作执行机构。

1）检测元件。由零序互感器组成，检测剩余电流，并发出信号。

2）中间放大环节。将微弱的漏电信号放大，按装置不同（放大部件可采用机械装置或电子装置），构成电磁式保护器或电子式保护器。

3）操作执行机构。收到信号后，主开关由闭合位置转换到断开位置，从而切断电源，是被保护电路脱离电网的跳闸部件。

（2）剩余电流断路器的工作原理

如图 6-5 所示为电流动作型剩余电流断路器的工作原理，设备正常运行时，主电路电流的相量和为零，零序电流互感器的铁心无磁通，其二次绕组无电压输出。若设备发生漏电或单相接地故障时，由于主电路电流的相量和不再为零，则零序电流互感器的铁心中产生磁通，其二次绕组有电压输出。经放大器判断后，输入脱扣器，使断路器跳闸，从而切断故障电路，避免人员发生触电事故。

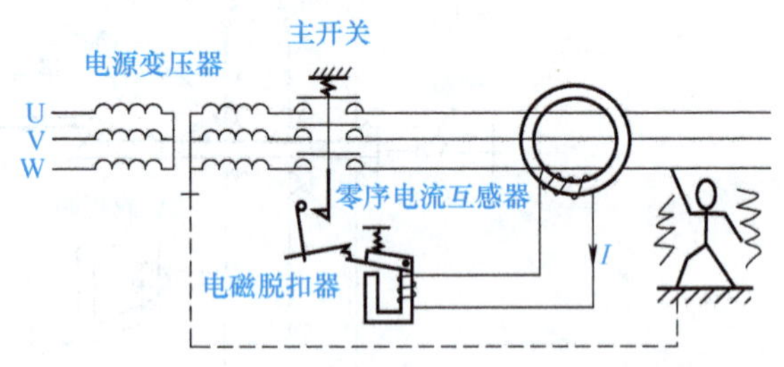

图 6-5　电流动作型剩余电流断路器工作原理

（3）剩余电流断路器的安装

剩余电流断路器安装接线时应注意如下几个方面：

1）安装剩余电流断路器前应仔细检查其外壳、铭牌、接线端子、实验按钮及合格证等是否完好。

2）剩余电流断路器应垂直于配电板安装，标有电源侧（进线端）和用电负载侧（出线端）的剩余电流断路器不得接反，否则会导致电子式剩余电流断路器的脱扣线圈无法随电源切断而断电，可能因长时间通电而烧坏。

3）安装时必须严格区分 N 线和 PE 线，不得接错或短接，否则会导致其误动作或拒动作。一般器件上有标记——“L”或“相线”、“N”或“中性线”。

4）安装完毕应操作实验按钮三次，带负载分合三次，确认动作无误，方可投入使用。

（4）使用注意事项

1）在使用中要按照使用说明书的要求使用剩余电流断路器，并按规定每月检查一次，即操作剩余电流断路器的试验按钮，检查其是否能正常断开电源。在检查时应注意操作试验按钮的时间不能太长，一般以点动为宜，次数也不能太多，以免烧毁内部元件。

2）剩余电流断路器在使用中发生跳闸，经检查未发现开关动作原因时，允许试送电一次，如果再次跳闸，应查明原因，找出故障，不得连续强行送电。

3）剩余电流断路器一旦损坏不能使用时，应立即请专业电工进行检查或更换。如果剩余电流断路器发生误动作和拒动作，其原因一方面是由剩余电流断路器本身引起，另一方面是来自线路的缘由，应认真地具体分析，不要私自拆卸和调整剩余电流断路器的内部器件。

三、熔断器

熔断器是根据电流超过规定值一段时间后，以其自身产生的热量使熔体熔化，从而使电路断开，运用这种原理制成的一种电流保护器。熔断器广泛应用于高低压配电系统和控制系统以及用电设备中，作为短路和过电流的保护器，是应用最普遍的保护器件之一。

家用配电板多用插入式小容量熔断器，由瓷底座和插件两部分组成，如图 6-6 所示。瓷底座上配有两个铜触头并装有接线桩，用于连接电源进、出线。插件上也装有两个铜触头，其上有两颗螺钉供安装熔体使用。瓷底座中有一个空腔，用于容量较大的熔断器在空腔中垫石棉片，与插件凸出部分组成灭弧室，以消除熔体熔断时产生的电弧。熔体的选择应视熔体后面用电器电流的总量大小而定。电流越大，所用熔体规格越大。常用铝锡合金熔体规格见表 6-1。

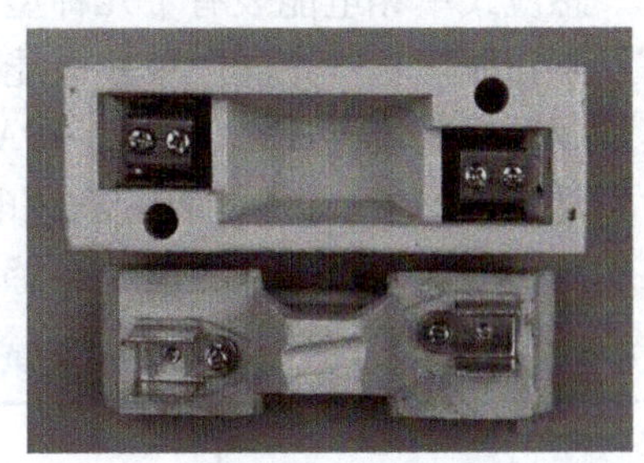

图 6-6　插入式熔断器

表 6-1　常用铝锡合金熔体的规格

直径/mm	额定电流/A	熔断电流/A	直径/mm	额定电流/A	熔断电流/A
0.28	1.00	2.00	0.81	3.75	7.50
0.32	1.10	2.20	0.98	5.00	10.00
0.35	1.25	2.50	1.02	6.00	12.00
0.36	1.35	2.70	1.25	7.50	15.00
0.40	1.50	3.00	1.51	10.00	20.00
0.46	1.85	3.70	1.67	11.00	22.00
0.52	2.00	4.00	1.75	12.50	25.00
0.54	2.25	4.50	1.98	15.00	30.00
0.60	2.50	5.00	2.40	20.00	40.00
0.71	3.00	6.00	2.78	25.00	50.00

如果在配电板上发现熔体熔断，应查明原因，如线路有故障，应排除故障后再换上同规格熔体。装换熔体时不得任意加粗，更不准用其他金属丝代替。

四、电能表

1. 电能表的定义

电能表是用来测量交流电能的仪表，外观如图 6-7 所示。它是用来测量电路中电能消耗的仪表。在电力系统中，交流单相与三相电能表使用十分广泛。通常交流电能表都是感应系仪表。

通过对交流电路中电能的测量，正确掌握电度表的使用方法，并通过测量与计算，加深对交流电路的认识与理解。

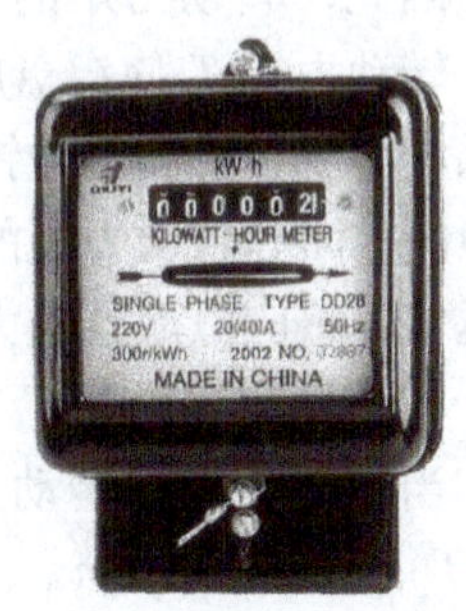

图 6-7　电能表的外观

2. 电能表的分类与规格

电能表按其测量的相数分类，可分成单相电能表和三相电能表。三相电能表又可分成三相二元件电能表和三相三元件电能表。

电能表按其测量的是有功电能还是无功电能，又可分为有功电能表和无功电能表。

感应式单相电能表有十几种型号。虽然其外形和内部元件的位置可能不同，但使用的方法及工作原理基本相同。单相电能表的额定电压一般为 220V，用于 220V 的单相供电线路。其常用额定电流有 2.5A、5A、10A、15A、20A 等规格。常见单相电能表的规格与可用负载对照见表 6-2。三相电能表的额定电压有 380V、380V/220V 及 100V 等规格，分别用于三相三线制、三相四线制及与电压互感器配套使用的高压供电线路。

表 6-2　单相电能表额定电流与可用负载对照表

电能表额定电流/A	2.5	5	10	15	20
可用负载/W	550	1100	2200	3300	4400

3. 电能表的工作原理

这里以单相交流电能表为例，如图 6-8 所示，为单相交流电能表的工作原理图。

电压线圈两端接上交流电压后，在线圈中产生交变磁通，这一磁通分成两部分，一部分穿过铝盘称为工作磁通，图中用 Φ'_u表示，另一部分不穿过铝盘而自行闭合的称为非工作磁通用 Φ''_u表示；同时电流线圈中流入交流电流后，产生相应的交变磁通 Φ_i，称为电流磁通，它两次穿过铝盘，分别在图中标以 Φ'_i和 Φ''_i。穿过铝盘的三个涡流和三个交变磁通相互作用产生转动力矩，驱动铝盘转动。其转动力矩的大小正比于 $UI\cos\varphi$，即

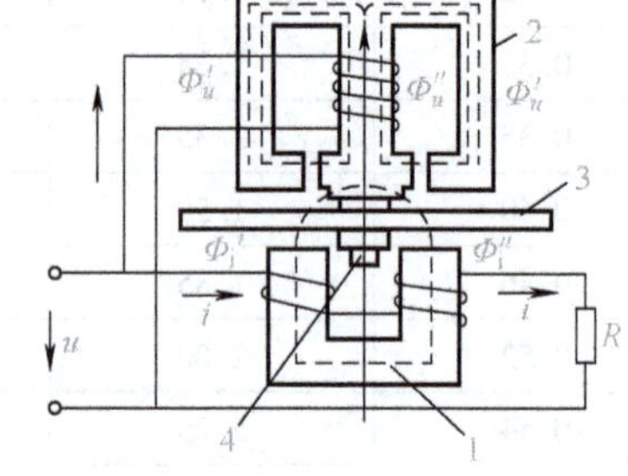

图 6-8　单相电能表的工作原理

1—电流元件铁心　2—电压元件铁心　3—铝盘　4—回磁板

$$T_1 = UI\cos\varphi = K_1 P$$

式中，U 为电压线圈上负载电压的有效值，单位为 V；

I 为电流线圈上负载电流的有效值，单位为 A；

φ 为负载电压和负载电流之间的有功功率。

因此，转动力矩的大小正比于负载的相位差。

转动力矩 T_1使铝盘旋转起来后，铝盘切割永磁铁的磁力线产生感应电动势并在铝盘中产生感应电流，它和永磁铁的磁通相互作用，就产生一个与铝盘旋转方向相反的制动力矩，制动力矩的方向和转动力矩的方向相反。永磁铁的磁通是恒定不变的，铝盘转得越快，切割磁力线就越快，感应电流就越大，制动力矩也越大。因此，制动力矩的大小正比于铝盘转速 n，即

$$T_2 = K_2 n$$

当制动力矩和转动力矩相等时，铝盘保持匀速旋转，并带动积算机构进行计数。此时，$T_1 = T_2$，即 $K_1 P = K_2 n$。

由此可得出，$n = \frac{K_1}{K_2}P = KP$。

由上式可知，铝盘转速与负载功率成正比。在某一时间 t 内负载消耗的电能 W 为

$$W=Pt=\frac{n}{K}t=\frac{r}{K}$$

式中，r 为铝盘在 t 时间内的总转数。

由上述分析可知，负载的功率越大，转动力矩就越大，铝盘转速也越快；用电时间越长，铝盘转的圈数就越多，积算机构累计的量也就越大。所以，最终只要知道铝盘的转数，就可以知道所测电能的大小。

在电能表铭牌上通常都注明每千瓦·时（1kW·h）的转数。例如，“2400r/(kW·h)”表示 1kW·h 电能（即 1 度电）对应的铝盘转数为 2400 转。这一数值称为电能表常数，一般电能表的电能表常数为 75～5000r/(kW·h)。

在日常工作中，可以根据电能表铝盘的转速及电能表常数来测试用电设备实际功率的大小。设电能表常数为 K、负载功率为 P（W），则运行时间 t（min）后，电能表旋转的圈数 r 为

$$r=K\times\frac{P}{1000}\times\frac{t}{60}=\frac{KPt}{60000}$$

设铝盘转速为 n（转/分），则

$$n=\frac{r}{t}=\frac{KP}{60000}$$

即

$$P=\frac{60000n}{K}$$

4. 电能表的接线

（1）单相电能表的接线

一般家庭用电量不大，电能表可直接接在线路上。单相电能表都有专门的接线盒，电压线圈和电流线圈的电源端出厂时已在接线盒中用连接片连接好。单相电能表接线盒里共有四个接线桩，从左至右为 1、2、3、4 编号，如图 6-9 所示。直接接线方法一般为：编号 1、3 端接电源（1 接相线，3 接中性线），2、4 端接负载（2 接相线，4 接中性线），相线由 1 进 2 出，3、4 两端实际上内部是连接在一起的，应接中性线。这种接法适用于低压（如 220V）小电流的情况，一般家用单相电能表都是采用这种接法。

如果要测量低压 220V 较大容量的单相有功电能时，负载电流将超过电能表的额定电流，此时应通过电流互感器再接入电能表，如图 6-10 所示。

由于有些电能表的接线方法特殊，单相电能表接线图在具体接线时，应以电能表接线盒盖内侧的线路图为准。单相电能表的选用应注意与家庭全部用电器的总电流相适应。在 220V 电压下，可根据公式 $P=UI$，计算出不同规格的电能表可装接用电器的最大总功率。

（2）三相电能表的接线

对于三相交流电路有功电能的测量，使用最多的是三相有功电能表，这样可以从刻度上直接读取三相交流电路总有功电能的数值。低压三相四线制线路中，若线路上负载电流未超过电能表的量程，可直接接在线路上，其接线如图 6-11 所示。

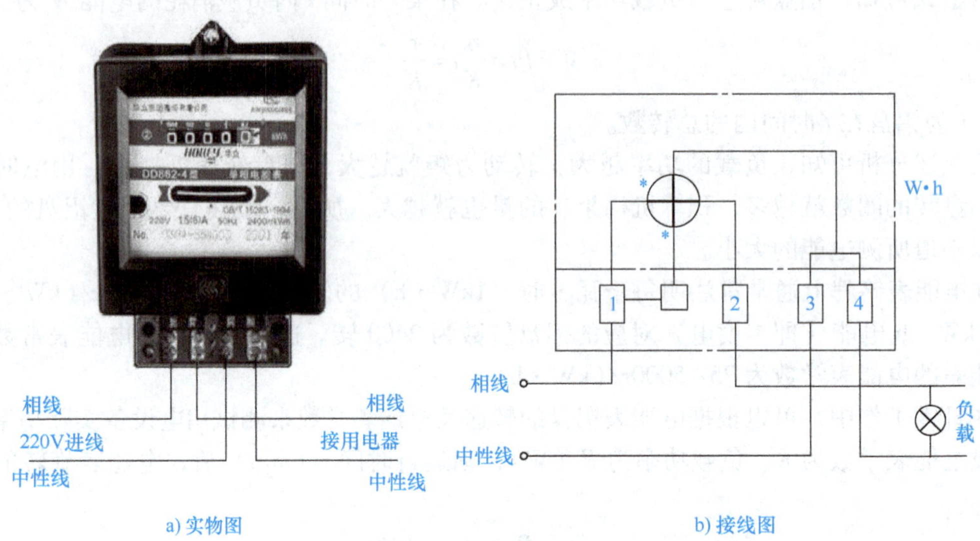

图 6-9　单相电能表的接线

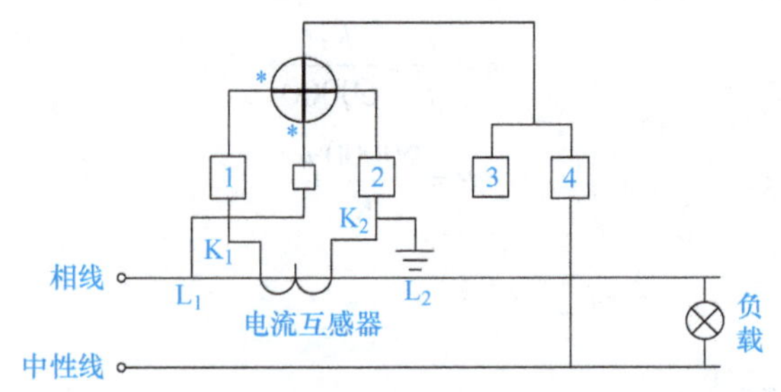

图 6-10　单相电能表经电流互感器的接线

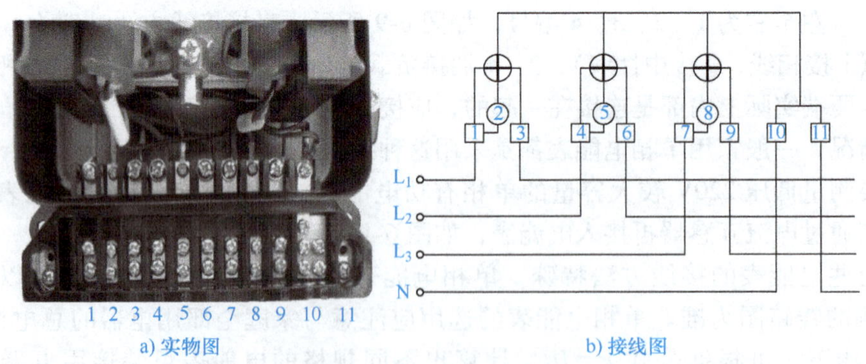

图 6-11　三相电能表的接线

对于高电压（如 6kV、10kV）、容量较大的三相供电线路，三相电能表一般采用电压互感器来扩大电压量程、电流互感器来扩大电流量程的接线方式。此时应注意电压互感器、电流互感器一、二次绕组的极性，要保证接入电压互感器、电流互感器后流过电能表的电压、

电流线圈的相位与电能表直接接入电路时一致。其读数也要乘以电压互感器与电流互感器的变比才是实际的数值。图 6-12 所示为间接式三相四线制电能表的接线。

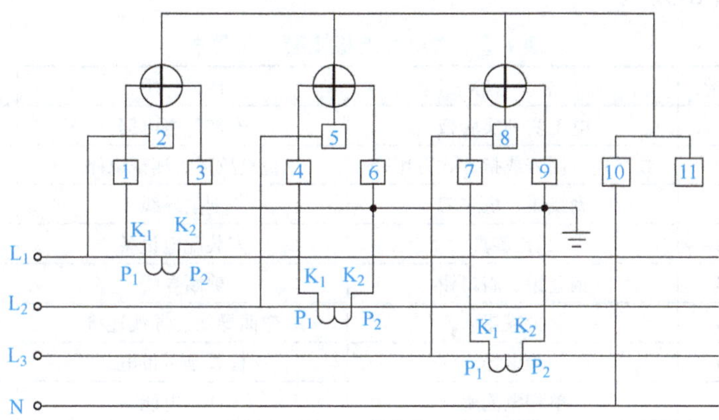

图 6-12 间接式三相四线制电能表的接线

5. 电能表的使用注意事项

1）电能表的选择要合适。电能表的额定电压要与被测电压一致。单相电能表的额定电压为 220V。电能表的额定电流要大于被测电路的负载电流，但不能选得过大，否则将使电能表的误差增大。

2）电能表的接线要正确。电能表的接线，尤其是采用互感器的电能表和三相电能表的接线比较复杂，容易接错。因此在电能表接线时，必须按照图样要求进行接线。接线错误可能会造成电能表的反转，如电压、电流线圈极性接反，电压、电流互感器极性接反。但要说明的是，电能表的反转并不一定是接线错误，具体原因要针对具体情况进行分析。

3）电能表的读数要正确。与电流互感器配套使用的电能表，其读数要乘以电流互感器的电流比才是实际的数值。与电压互感器和电流互感器配套使用的电能表，其读数也要乘以电压互感器与电流互感器的变比才是实际的数值。

随着单片机技术的发展，一种多功能数字化智能电能表已经开始应用，它具有电能计数、数字显示、电路保护、用电收费等功能。

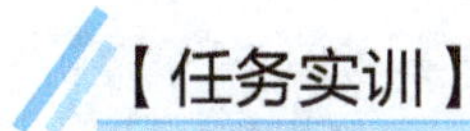

【任务实训】

家用配电板的安装

1. 实训目标

1）掌握单相电能表的图形符号、铭牌参数意义、计量单位和正确读法。

2）初步掌握画家用配电板电路图的方法。

3）了解电能表安装的进线与出线的方法。

4）培养重视质量、安全文明操作等职业习惯。

2. 实训器材

实训器材见表 6-3。

表 6-3　家用配电板安装实训器材

项目	序号	名　称	作　用	总数量
所用设备	1	电工实训实验板	安装配电电路	1 块
所用仪器仪表	1	数字式万用表或指针式万用表	检查故障、测试电路	1 块
所用工具	1	剥线钳、电工刀	剖削导线	各 1 把
	2	螺钉旋具	安装配电设备	1 套
	3	钢丝钳、斜口钳	剪断导线	各 1 把
	4	尖嘴钳	弯曲导线、导线连接	1 把
	5	验电器	检查是否带电	1 只
所用元器件	1	单相电能表	计量电能	1 块
	2	刀开关	通断电路	1 个
	3	熔断器	电路的短路保护	2 个
	4	白炽灯	电路负载	1 盏
所用材料	1	导线	连接电路	若干根

3. 实训内容

本实训为家用配电板安装。要求在配电板上合理安排电气元件，并完成电气线路的连接。正确完成连线后通电调试，直至成功。

（1）识读电路图

识读电路图，如图 6-13 所示。

（2）配电板的制作

家用配电板用厚度为 15~20mm 的松木制成，板后四周加框边，以容纳导线。如果自己加工配电板不便，可直接在市场上购买，电工器材商店出售各种规格的配电板。

（3）板面元器件的安排

家用配电板结构比较简单，电能表一般装在板面的左侧或上方。刀开关装在右侧或下方，如图 6-14 所示。

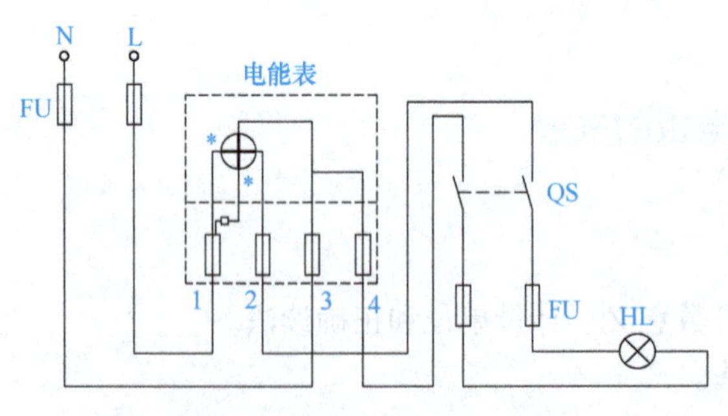

图 6-13　家用配电板电路

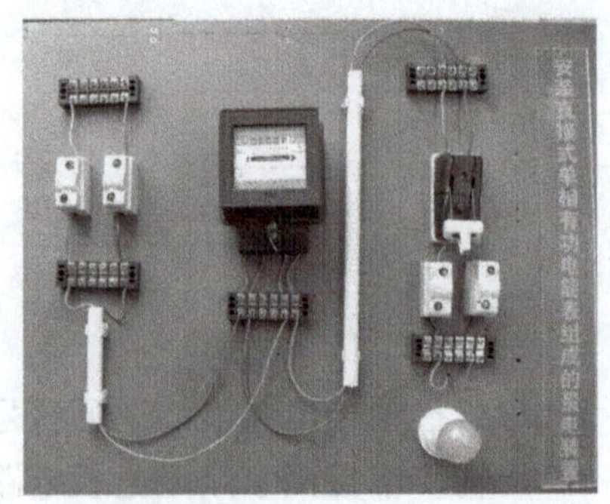
图 6-14　家用配电板实物

(4) 板面器材的安装

按照表6-4的要求将电能表、开关、熔断器位置确定之后，用铅笔做上记号，并在穿线的位置钻孔，然后用木螺钉将这些器件固定在已确定的位置上，按图6-13所示电路进行接线。接线方式分板后配线（暗敷）与板面配线（明敷）两种，板后配线是将接线端头从孔中穿出，并与相应接线桩连接。

表6-4 家用配电板上各设备间距离

相邻设备名称	上下距离/mm	左右距离/mm	相邻设备名称	上下距离/mm	左右距离/mm
仪表与线孔	80		指示灯与设备	30	30
仪表与仪表		60	熔断器与设备	40	40
开关与仪表		60	设备与板边	50	50
开关与开关		50	线孔与板边	30	30
开关与线孔	30		线孔与线孔	40	

配电板上元器件的安装工艺和线路敷设工艺要求如下：

1）元器件安装工艺要求。

① 在配电板上要按预先的设计进行安装，元器件安装位置必须正确，倾斜度不超过1.5~5mm，同类元器件安装方向必须保持一致。

② 元器件安装牢固，稍加用力摇晃无松动感。

③ 文明安装，不得损伤、损坏器材。

2）线路敷设工艺要求。

① 按图施工，配线完整、正确、不多配、少配或错配。

② 在有主电路又有辅助电路的配电板上敷线，两种电路必须选用不同色的线以示区别。

③ 配线长短适度，线头在接线桩上压接不得压住绝缘层，压接后裸线部分不得大于1mm。

④ 凡与有垫圈的接线桩连接，线头必须制成羊眼圈，且羊眼圈略小于垫圈。

⑤ 线头压接牢固，稍加用力拉扯不应有松动感。

⑥ 如果线路连接采用硬线，要求走线横平竖直，分布均匀。转角圆成90°，弯曲部分自然圆滑，弧度全电路保持一致；转角控制在90°±2°以内；长线沉底，走线成束。同一平面内不允许有交叉线。必须交叉时应在交叉点架空跨越，两线间距不小于2mm。

⑦ 使用螺旋式熔断器接线时，中心接片接电源，螺口接片接负载。

⑧ 配电板应安装在不易受振动的建筑物上，板的下缘离地面1.5~1.7m。安装时除注意预埋紧固件外，还应保持电能表与地面垂直，否则将影响电能表计数的准确性。实训室内可视具体情况选择是否执行本步骤。

(5) 通电运行

1）自检电路。接线完毕后，对照原理图用万用表检查线路是否存在短路现象。

2）通电运行。经电路自检，再由教师检查无误后，在教师的指导下闭合刀开关，通电观察结果。

(6) 清理现场

实训结束后，收拾好工具、仪表，整理实训台。

4. 实训评价

家用配电板安装的评价标准见表6-5。

表6-5 家用配电板安装评价表

班级		姓名		学号		组别	
项目	考核内容	配分	评分标准			自评	互评
识读电路图	1. 元器件的识别 2. 电路图功能的描述	20	1. 不能正确识别、选取电路元器件或不能正确判断元器件好坏，每处扣5~10分 2. 不能正确描述电路功能，扣5~10分				
电路安装	1. 电路元器件安排合理 2. 电路元器件安装牢靠 3. 电路正确连接	30	1. 电路元器件安排不合理，每处扣1~5分 2. 电路接点不牢固，每处扣1~5分 3. 不能正确连接电路，扣1~5分				
通电调试	1. 正确完成电路上电步骤 2. 正确完成电路断电步骤 3. 电路功能正确	40	1. 通电次序不正确，扣5~10分 2. 断电次序不正确，扣5~10分 3. 不能完成电路控制功能，每处扣10分				
安全文明操作	1. 工作台上工具摆放整齐 2. 严格遵守安全操作规程	10	1. 工作台不整洁，扣1~5分 2. 违反安全操作规程，酌情扣1~5分				
合计		100	10				
学生交流改进总结：							
教师总结及签名：							

【知识拓展】

低压电器

低压电器通常是指工作在交流频率为50Hz、额定电压为1200V以下，及直流额定电压1500V以下的电路中，能根据外界的信号和要求，手动或自动地接通、断开电路，以实现对电路或非电对象的切换、控制、保护、检测、变换和调节的元器件或设备。

低压电器的种类繁多，分类方法有很多种。

1. 按动作方式分类

1）手动电器：依靠外力直接操作来进行切换的电器，如刀开关、按钮等。

2）自动电器：依靠指令或物理量变化而自动动作的电器，如接触器、继电器等。

2. 按应用场所提出的不同要求分类

1）低压配电电器：主要用于低压配电系统中，对低压供电系统和电气设备进行电能分配、接通和分断以及对配电系统进行保护的电器。如刀开关、转换开关、断路器和保护继电器。对低压配电电器的要求是在系统发生故障情况下动作准确，工作可靠，有足够的稳定性。

2）低压控制电器：主要用于电力拖动系统和用电设备中，对电动机的运行进行控制和保护。包括控制继电器、接触器、启动器、控制器、调整器、主令电器、电阻器、变压器和电磁铁，对低压控制电器的要求是寿命长、体积小、重量轻和工作可靠。

3. 按种类分类

其可分为刀开关、刀形转换开关、熔断器、低压断路器、接触器、继电器、主令电器等。

4. 按具体工作条件分类

1）一般工业用电器：用于冶金、发电厂、变压所、机器制造等工作，作为配电系统和电力传动系统中以及机床、通用机械的电气控制设备中的电器元器件。

2）船用电器：具有一定耐潮、耐腐蚀、抗摇摆和抗振性能，适用于船舶、舰艇上的电器。

3）化工电器：具有一定耐潮、耐腐蚀和防爆性能，适用于化学工业的电器。

4）矿用电器：要求隔爆、密封、耐潮、抗冲击振动且整体非常坚固，适用于矿山井下作业的电器。

5）牵引电器：用于汽车、拖拉机、起重机械、电力机车等交通运输工具的抗振、抗振动、抗摇摆的电器。

6）航空电器：用于飞机和宇航设备等有特殊要求的电器。

任务二 三相动力配电箱的安装与敷设

【任务概述】

为了提高实际操作能力，能更快适应社会企业的岗位需求，本任务通过三相动力配电箱的安装与敷设，培养学生的岗位操作能力。通过任务的实施过程，加强学生职业素养的培养，树立安全用电与规范操作的职业意识。

【知识学习】

一、动力与照明线路的基本配电方式

低压配电系统由配电装置（配电盘）及配电线路（干线及分支线）组成。动力与照明的低压配电线路的基本配电方式分为几种，如图 6-15 所示。

1. 放射式配电方式

其优点是各负荷独立受电，当线路发生故障时，不影响其他回路供电，故它的可靠性较高，但投资费用较高，有色金属消耗量较大。放射式配电一般用于用电设备容量大或负荷重要，或在有潮湿及腐蚀性环境的场合供电。

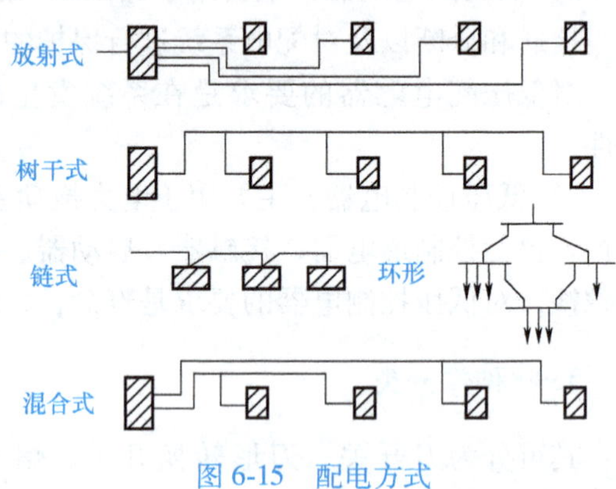

图 6-15　配电方式

2. 树干式配电方式

其特点是多个负荷由一条干线供电。与放射式配电系统比较，其优点是建设费用低，但若干线发生故障时影响范围大，可靠性差。此配电方式适用于供电容量较小而用电设备分配比较均匀的场合。

3. 链式配电方式

其特点是后面设备的电源引自前面设备的端子，线路故障或检修时，相连设备全部停电，供电可靠性较低。它与树干式配电方式相似，适用于距离配电所较远、彼此之间相距又较近的不重要的小容量设备，链接的设备一般不超过 4 台，总容量不宜超过 10kW。

4. 环形配电方式

供电的可靠性较高，但保护配合复杂。环形接线实质上是两端供电的树干式接线。为了避免环形线路上发生的故障影响整个电网，也为了便于实现线路保护的选择性，多数环形线路采用“开口”运行方式，即环形线路中有一处开关是断开的。

5. 混合配电方式

在工厂的低压配电系统中，往往是几种接线方式的组合。大多数情况下，采用放射式与树干式两种配电方式的综合应用，称为混合式配电方式。混合式配电方式具有两种配电方式的优点，在实际工程中应用最为广泛。

二、电线、电缆的截面积选择与连接

1. 电线、电缆截面积的选择

为保证供电系统安全、可靠、优质、经济地运行，电线、电缆截面积的选择必须满足发热条件、电压损耗、经济电流密度及机械强度的要求。对于线路较短的10kV及以下的线路，可以不进行电压损耗与经济电流密度的选择，机械强度也无须计算。因此，主要是按发热条件选择导线截面积，可用“口诀法”来计算与选择。

按发热条件选择导线的原则：应使允许载流量 I_a 大于通过该导线的计算电流 I_{js}。即

$$I_a \geqslant I_{js}$$

所谓导体的允许载流量就是在规定的环境条件下，导体能够连续承受而不致使稳定温度超过规定值的最大电流。

各种导线的允许载流量可在相关手册中查到。而利用口诀法，再配合一些心算，便可直接估算出来，不必查表。

（1）口诀

铝芯绝缘线允许载流量与截面积的倍数关系：

10下五，100上二；
25，35，四、三界；
70，95，二倍半；
穿管、温度，八、九折；
裸线加一半；
铜线一点三。

（2）说明

口诀对各种截面积的允许载流量不是直接指出的，而是用截面积乘上一定的倍数来表示的。为此，先将我国常用的导线标称截面积（mm^2）排列如下：

1，1.5，2.5，4，6，10，16，25，35，50，70，95，120，150，185，…

口诀中的阿拉伯数字表示导线截面积，汉字数字表示倍数，二者关系可排列如下：

1~10	16，25	35，50	70，95	120及以上
5倍	4倍	3倍	2.5倍	2倍

口诀“10下五”是指截面积在 $10mm^2$ 以下，允许载流量都是截面积数值的5倍。“100上二”是指截面积在 $100mm^2$ 以上的允许载流量是截面积数值的2倍。截面积 $25mm^2$ 和 $35mm^2$ 是4倍和3倍的分界处。这就是口诀中的“25，35，四、三界”。而截面积为 $70mm^2$ 和 $95mm^2$ 的则为2.5倍。

后面三句口诀是对条件改变的处理。“穿管、温度，八、九折”是指：若是穿管敷设，算出的结果再打八折；若环境温度超过25℃，算出的结果再打九折；若是既穿管敷设，温度又超过25℃，则将算出的结果打八折后再打九折，或直接按七折计算。

关于环境温度，按规定是指夏天最热月份的平均最高温度。实际上由于温度是变动的，它对导线允许载流量的影响并不大，通常只对高温车间或较热地区温度超过25℃时，才考虑打折扣。

对于铝裸导线的允许载流量，口诀是“裸线加一半”，即裸线允许载流量算出后再加它的50%，就是同样截面积的裸铝导线的允许载流量是铝芯绝缘线允许载流量的1.5倍。

例如：在高温下截面积为 $16mm^2$ 的裸铝导线的允许载流量：

$$I_a = 16 \times 4 \times 1.5 \times 0.9A = 86.4A$$

对于铜导线的允许载流量，口诀是“铜线一点三”，即将同截面积铝导线的允许载流量

乘以 1.3，即可得到该截面积的铜导线的允许载流量。

对于直埋地下的高压电缆，大体上也可直接采用口诀中允许载流量和截面积的倍数关系计算。

另加说明的是，三相四线制中中性线的截面积，通常选择相线的 50%左右。当然不得小于按机械强度要求所允许的最小截面积。在单相线路中，由于中性线和相线所通过的负荷电流相同，因此中性线截面积应与相线截面积相同。

2. 导线连接的技术要求

1）导线在箱、盒内的连接宜采用压接法，可使用接线端子及铜（铝）套管、线夹等连接，铜芯导线也可采用缠绕后搪锡的方法连接；单股铝芯线宜采用绝缘螺旋接线钮连接，禁止使用熔焊连接。

2）导线与电器具端子的连接

单股铜（铝）芯及导线截面积为 2 mm^2 及以下的多股铜芯导线可直接连接但多股铜芯导线的线芯应先拧紧，搪锡后再连接。

多股铝芯导线及 2.5 mm^2 的多股铜芯导线应压接端子后再与电器具的端子连接（设备自带接插式的端子除外）。

3）铜、铝导线相连接应有可靠的过渡措施，可使用铜铝过渡端子、铜铝过渡套管、铜铝过渡线夹等连接，铜铝端子相连接时应将铜线接线端子做搪锡处理。

4）使用压接法连接导线时，接线端子铜（铝）套管压模的规格应与线芯截面积相符合。

5）铜芯导线及铜接线端子搪锡时，不应使用酸性焊剂。

3. 导线电缆的颜色标记

1）交流三相线路：L_1 相为黄色，L_2 相为绿色，L_3 相为红色；中性线为淡蓝色；保护地线（PE 线）为黄绿相间色。

2）直流线路：正极（+）为棕色，负极（-）为蓝色，接地线为淡蓝色。

3）绿黄双色线只用于标记保护接地，不能用于其他目的。淡蓝色只用于中性线或中间线。

4）颜色标记可用规定的颜色或用绝缘导体的绝缘颜色标记在导体的全部长度上，也可标记在所选择的易识别的位置上（如端部或可接触到的部位）。

三、线路敷设

1. 电缆的敷设方式

电缆的敷设有直接埋地、电缆沟敷设及电缆架桥敷设三种。

2. 车间电力线路的敷设

（1）车间电力线路敷设的安全要求

1）离地面高度 3.5m 以下的电力线路必须采用绝缘导线，离地面 3.5m 以上的允许采用裸导线。

2）离地面高度2.5m以下的导线必须加机械保护。常用的是穿钢管或穿硬塑料管。

3）绝缘导线的线芯的最小截面积要符合机械强度要求。

（2）车间电力线路常用的敷设方式

1）明敷。明敷有沿屋架横向明敷、跨屋架纵向明敷、沿墙或沿柱明敷等几种。

2）穿管。穿钢管的支流线路应将统一回路的三相导线或单相的两根导线穿于同一钢管内，否则合成磁场不为零，管壁上存在交变磁场，会产生铁损，使钢管发热。硬塑料管耐腐蚀，应用于干燥或有腐蚀性物质的场所。

3）线槽敷设。在绝缘导线或电缆较多的地方，可采用线槽敷设，一槽可敷设少于30根的绝缘导线。无腐蚀性环境可采用镀锌钢线槽，有腐蚀性的场所则采用塑料线槽。

4）电缆架桥敷设。适用于有多根电缆时的场合。

【任务实训】

三相动力配电箱的安装与调试

1. 实训目标

1）识读三相动力配电箱电路图。

2）在配电箱板上进行布线、接线。

3）通电调试。

2. 实训器材

1）三相动力配电箱、熔断器式隔离器、三相四线剩余电流断路器、三相四线插座。

2）万用表一块。

3）电工工具一套。

4）导线若干（截面积为$2.5mm^2$单股导线）。

3. 实训内容

1）根据图6-16所示实物以书面的形式写出各电器元器件名称。

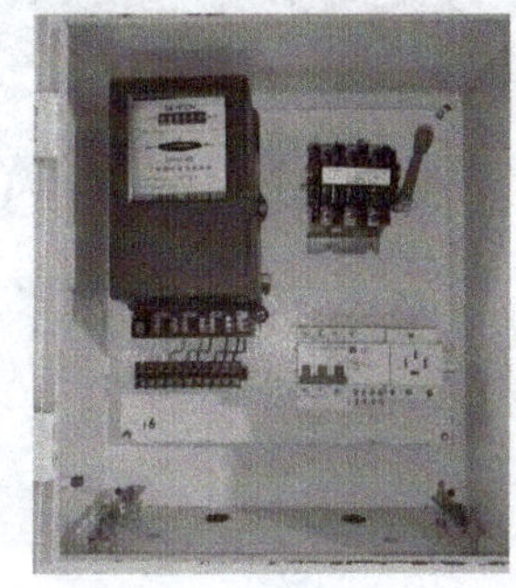

a）实物图

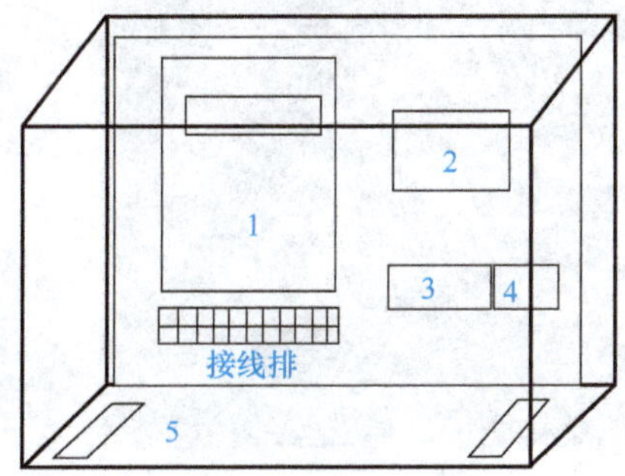

b）元件布置示意图

图6-16　三相动力配电箱实物和元器件布置示意图

1. ______、2. ______、3. ______、4. ______、5. ______

2）识读三相动力配电箱电路图，如图 6-17 所示。

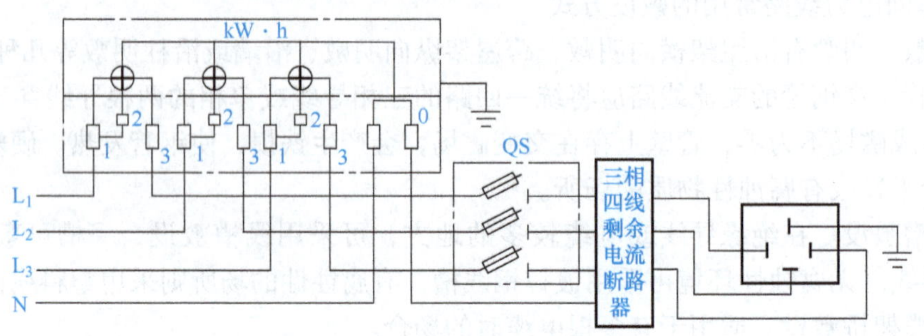

图 6-17　三相动力配电箱电路图

3）按三相动力配电箱电路图进行布线、接线。

① 配电板配线。

a）选用 2.5mm² 单股绝缘导线按三相动力配电箱电路图进行线路的连接。

b）估算导线长度后将其剪断，用钢丝钳在台虎钳上拉直，如图 6-18a 所示。

c）根据导线敷设位置量好长度，如图 6-18b 所示，然后用尖嘴钳将导线弯出直角，如图 6-18c 所示。重复此步骤，完成该导线弯曲制作。

d）重复 c）的操作步骤，继续完成其他导线的制作。

e）用螺钉旋具将所有的导线固定在配电板上，如图 6-18d 所示。

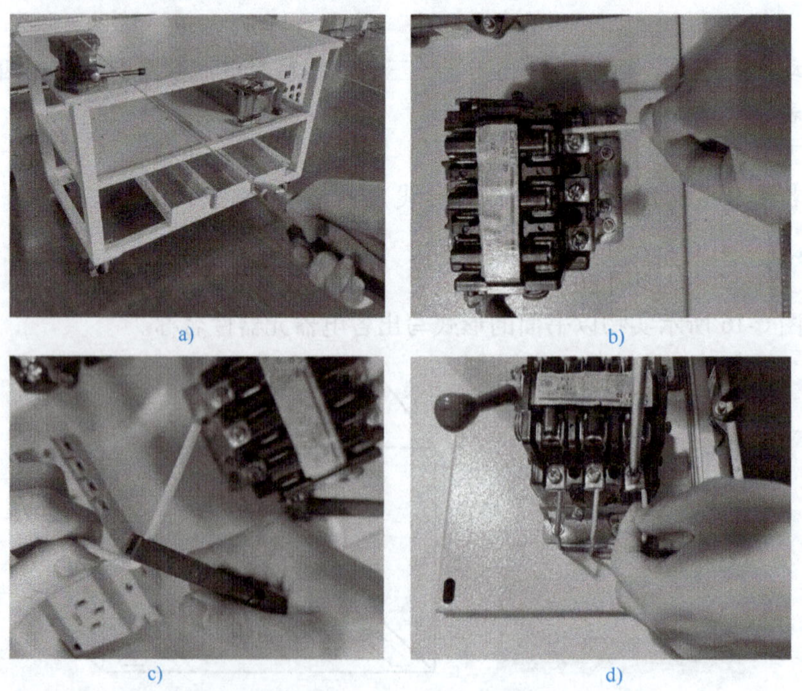
a)　b)　c)　d)

图 6-18　三相动力配电箱安装过程

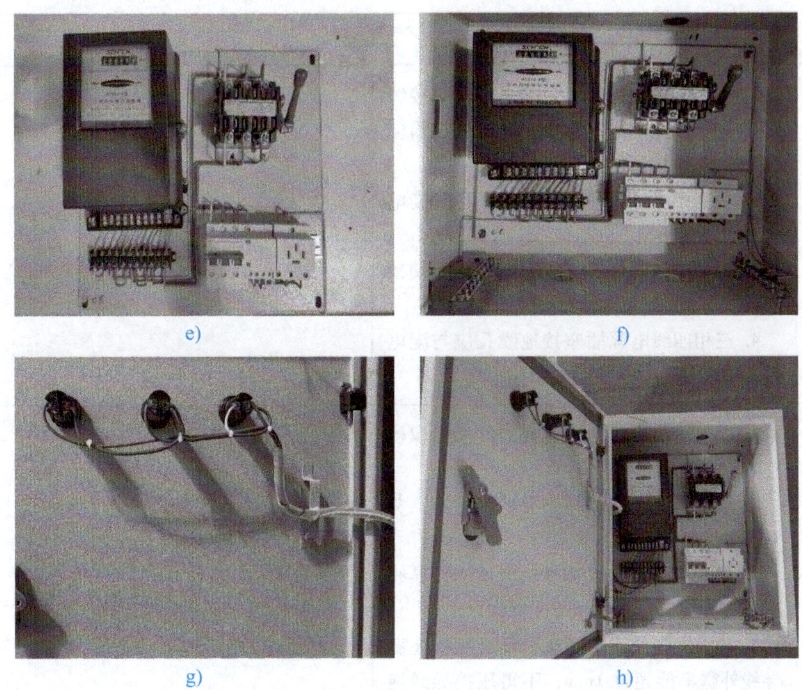

e)　f)　g)　h)

图 6-18　三相动力配电箱安装过程（续）

f）完成整个配电板的接线安装，如图 6-18e 所示。

② 安装配电箱。将配电板装入三相动力配电箱，将中性线接到中性线排，接地线接到接地线排，如图 6-18f 所示；然后完成电源指示灯的接线，如图 6-18g 所示；最后完成进、出线的连接，这样，三相动力配电箱就安装完毕，其安装效果如图 6-18h 所示。

4）安装、接线完毕后，用绝缘电阻表自检绝缘电阻，经指导教师允许后方可通电调试。

5）安全文明操作，未经允许不得擅自通电，以免造成设备损坏。

4. 实训评价（见表 6-6 和表 6-7）

表 6-6　三相动力配电箱安装与调试客观评分表

序号	配分	规定或标称值	评分细则描述	得分
1	5 分	写出配电箱内的电器元器件名称：三相四线有功电能表、熔断式刀开关、剩余电流断路器、三相四线电源插座、接线排、中性线排、接地线排	元件识别错误，每处扣 1 分，扣完为止	
2	10 分	三相相线颜色：U 相线为黄色，V 相线为绿色，W 相线为红色，中性线为浅蓝色，接地线黄绿色	相线、中性线、接地线不按要求配线和分色，每处扣 2 分，扣完为止	

（续）

序号	配分	规定或标称值	评分细则描述	得分
3	10分	1. 三相有功电能表引入线、引出线接线正确，引入线中的中性线、接地线进箱应分别直接接中性线排接地线排 2. 垂直装设的熔断式刀开关上端接电源，下端接负荷 3. 剩余电流断路器上端接电源，下端接负载 4. 三相四线电源插座接地线孔应与配电箱内PE连接，三相线按相序接线	箱内电器元器件接线错接或漏接，每次扣2分，扣完为止	
4	10分	1. 配电箱内导线与电气元器件采用螺栓连接牢固可靠 2. 配电箱上配线需排列整齐、清晰、美观，导线绝缘良好，无损伤 3. 配电箱内的导线选择长度适当，导线不得有接头，导线芯线应无损伤 4. 导线剥削处不应过长，导线压接处裸导线外露不能超过1mm；不得压接导线绝缘层；导线压接紧固	接线工艺不符合要求，每处扣2分，扣完为止	
5	15分	1. 会正确使用绝缘电阻表 2. 会测量配电箱内线路的绝缘电阻	绝缘电阻表不会使用，扣3分；测量方法不正确，扣2分	
6	10分	通电调试应一次成功	通电调试不成功，每次扣2分；3次以上或短路，扣6分	
7	10分		未穿电工鞋，扣1分	
否决项		安全文明操作，不擅自通电	未经允许擅自通电，造成设备损坏者，该项目记0分	

表6-7　三相动力配电箱安装与调试主观评分表

序号	配分	评分细则描述	考评员评分	最终得分
1	10分	元件安装不整齐，不美观，扣10分		
2	10分	工具使用不熟练，操作不规范，扣10分		
3	10分	操作台面不整洁，有材料浪费现象，扣10分		

【知识拓展】

电力电缆的敷设要求

1）敷设前应按设计或实际路径计算每根电缆的长度，合理安排每盘电缆，减少电缆接头。

2）在带电区域敷设电缆应有可靠的安全措施。

3）电力电缆在终端头与接头附近宜留有备用长度。

4）电缆各支持点间的距离应符合设计规定。当无设计规定时，长度不大于表 6-8 所列数值。

表 6-8 电缆各支持点间的距离 （单位：mm）

电缆种类		敷设方式	
		水平	垂直
电力电缆	全塑型	400	1000
	除全塑型外的中低压电缆	800	1500
	35kV 及以上高压电缆	1500	2000
控制电缆		800	1000

注：全塑型电力电缆水平敷设沿支架能把电缆固定时，支持点间的距离允许为 800mm。

5）电缆的最小弯曲半径应符合表 6-9 的规定。

表 6-9 电缆最小弯曲半径

<table>
<tr><th colspan="3">电缆形式</th><th>多芯</th><th>单芯</th></tr>
<tr><td colspan="3">控制电缆</td><td>10D</td><td></td></tr>
<tr><td rowspan="3">橡皮绝缘电力电缆</td><td colspan="2">无铅包、钢铠护套</td><td colspan="2">10D</td></tr>
<tr><td colspan="2">裸铅包护套</td><td colspan="2">15D</td></tr>
<tr><td colspan="2">钢铠护套</td><td colspan="2">20D</td></tr>
<tr><td colspan="3">聚氯乙烯绝缘电力电缆</td><td colspan="2">10D</td></tr>
<tr><td colspan="3">交联聚乙烯绝缘电力电缆</td><td>15D</td><td>20D</td></tr>
<tr><td rowspan="3">油浸纸绝缘电力电缆</td><td colspan="2">铅包</td><td colspan="2">30D</td></tr>
<tr><td rowspan="2">铅包</td><td>有铠装</td><td>15D</td><td>20D</td></tr>
<tr><td>无铠装</td><td>20D</td><td></td></tr>
<tr><td colspan="3">自容式充油（铅包）电缆</td><td></td><td>20D</td></tr>
</table>

注：表中 D 为电缆外径。

6）电缆敷设时电缆应从盘的上端引出，不应使电缆在支架上及地面摩擦、拖拉。电缆上不得有铠装压扁、电缆绞拧、护层折裂等未消除的机械损伤。

7）电力电缆接头的布置应符合下列要求：

① 并列敷设的电缆，其接头位置宜相互错开。

② 电缆明敷时的接头应用托板托盘固定。

③ 直埋电缆接线盒外面应有防止机械损伤的保护盒（环氧树脂接头盒除外）。

8）电缆敷设时应排列整齐，不宜交叉，加以固定，并及时装设标志牌。

参考文献

[1] 庄汉清. 电气安装与维修技术［M］. 北京：电子工业出版社，2015.

[2] 王照清. 维修电工（五级）［M］. 2 版. 北京：中国劳动社会保障出版社，2014.

[3] 姚锦卫. 电工技术基础与技能［M］. 3 版. 北京：机械工业出版社，2019.